公野猪

母野猪

育成野猪

仔野猪

半开放猪舍

封闭猪舍

暖棚育肥舍

运动场

怀孕母猪舍

空怀母猪舍

产床

双列育肥猪舍

野猪保育及保育床

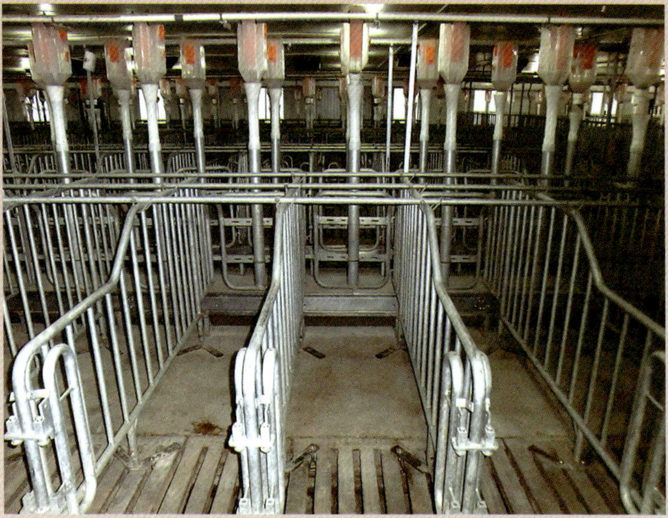

单体限喂栏

产仔箱

塑料漏缝地板

水泥漏缝地板

野猪转运车

湿帘

风机

水帘

强农惠农丛书·特种动物养殖系列

野猪养殖关键技术

杜忍让　主编

中原农民出版社
·郑州·

图书在版编目(CIP)数据

野猪养殖关键技术/杜忍让主编.—郑州:中原农民出版社,2015.6
(强农惠农丛书·特种动物养殖系列)
ISBN 978-7-5542-1164-9

Ⅰ.①野… Ⅱ.①杜… Ⅲ.①猪-野生动物-饲养管理 Ⅳ.①S828.8

中国版本图书馆 CIP 数据核字(2015)第 077998 号

野猪养殖关键技术

杜忍让 主编

出版社: 中原农民出版社
地址: 河南省郑州市经五路 66 号 **邮编:** 450002
网址: http://www.zynm.com **电话:** 0371-65788655
发行单位: 全国新华书店 **传真:** 0371-65751257
承印单位: 郑州曼联印刷有限公司

投稿邮箱: 1093999369@qq.com
交流 QQ: 1093999369
邮购热线: 0371-65724566

开本: 890mm×1240mm A5
印张: 8.5 **彩插:** 8
字数: 227 千字
版次: 2015 年 6 月第 1 版 **印次:** 2015 年 6 月第 1 次印刷

书号: ISBN 978-7-5542-1164-9 **定价:** 25.00 元

本书作者

主　编　杜忍让

副主编　李新建

编　者　胡建宏　薛增迪　李志成　谷撑贤
　　　　　韩雪蕾　杜忍让　李新建

前　言

猪肉是我国人民消费的主要肉类，随着人民生活水平的不断提高，单一的消费已不能满足人们日益增长的生活需要，健康安全多样化的产品日益受到人们的青睐。野猪肉作为现代猪肉的一种补充，以其“三高一低”（蛋白质、氨基酸、亚油酸含量高，脂肪含量低）的营养优势而备受消费者青睐，野猪的生产也得到快速的发展。

本书针对野猪生产中的关键技术及生产中的问题，从野猪的特性、品种和杂交利用、野猪场建设、饲养管理、疫病防治及产品加工等方面系统地介绍了野猪生产的实用技术。本着简明实用的原则，由具有实践经验的科技人员分工协作完成，编写分工为第一章、第二章、第五章、第六章由西北农林科技大学杜忍让高级畜牧师编写，第三章、第七章由河南农业大学李新建副教授、韩雪蕾博士编写，第四章由西北农林科技大学胡建宏教授编写，第八章由杨凌职业技术学院薛增迪副教授、谷撑贤高级兽医师编写，第九章由西北农林科技大学李志成副教授编写，全书由杜忍让统稿。在编写过程中编著者参考了相关的著作和大量的资料，引用了有关作者的公开资料，在此谨向各位作者表示衷心的感谢。

由于野猪养殖目前相对较少，加之编写者水平有限、时间仓促，书中难免出现错误，恳请读者和同行批评指正。

编者

2015.1

目 录

第一章　野猪养殖概述

随着人们生活水平的提高，人们对猪肉的多样化需求日益增多，开发新的猪肉资源满足人们的特殊需要日益成为养猪生产者的新目标，野猪肉的生产将是新的猪肉开发途径之一，通过野猪品种资源的合理利用，开发出具有特色肉质的猪肉产品将对改善猪肉品质，增加遗传资源，拓宽农民致富门路具有重要意义。

第一节　野猪养殖的意义与前景

一、野猪养殖的意义

野猪是猪种质资源的一个重要种类，具有适应性广、抗病力强、耐粗饲、肉质优良等特点，但是同时又有生长速度慢、饲料利用率低的缺点，作为一个可开发的新型的肉类品种，需要对其进行有效的改进，生产出既符合人类需要、健康安全，又能较高效率生产的新品种。这就需要通过利用野猪和家猪杂交，生产出既保留野猪适应性强、耐粗饲和具有高蛋白质、高氨基酸、高亚油酸和低脂肪等优势，又发挥出家猪性情温驯、繁殖力高、生长快、易饲养等优点的特种猪，这种特种猪具有肉质鲜嫩、野味浓郁、瘦肉率高、脂肪含量低等特点，对猪肉生产和满足人们不同需要具有重要的意义。

（一）改善人们的膳食结构，提高肉品质

我国国民的膳食变化由20世纪60年代的解决温饱到改革开放肉食品供应初步满足，再到20世纪末21世纪初的摄入脂肪太多，经历了动物产品供应不足到基本满足，目前人均猪肉占有量38千克，接近世界人均消费中等水平，尽管摄食水平不高，但肥胖人数急剧增多，已经成为我国居民必须重视的问题，引起肥胖问题原因很多，其中摄入过多脂肪是肥胖产生的主要原因之一，克服肥胖的主要措施是减少脂类摄入。根据我国居民肉类消费中猪肉占60%～70%的实际情况，预防和消除肥胖，很有必要从减少脂类消费着手。在不改变人们吃猪肉习惯的基础上，要减少脂类消费就必须增加含脂类低的肉类，而特种野猪肉正符合这种需要。据测定，野猪肉营养丰富、瘦肉率高、脂肪含量低、肉质鲜嫩、野味浓郁、胴体瘦肉率比家猪高6%～8%，可达到70%，含有17种氨基酸和多种微量元素，脂肪含量低（仅为家猪脂肪含量的50%），并且有较高的亚油酸和亚麻油酸，肌肉中亚油酸含量比家猪高出1.5～2.5倍，是目前保证人们饮食习惯不变，减少肥胖的理想食品。

（二）增加生物多样性，扩大生猪生产遗传资源

现代生猪生产是通过人为的选择，筛选出人们需要的特性，形成具有高生产水平的生猪品种。这些品种经过育种专家对品种特性的不断筛选，将优质高效的基因不断纯化固定，使高生产性能的基因得到最大程度的发挥。强化高生产性能基因的同时其他一些基因必然被弱化，如抗病性、适应性等原本优良的基因会随着生产性能基因的优化选育退化甚至丢失。这种基因在现代选育的家猪中很难通过杂交得到恢复，而野猪是自然生存的动物，在大自然中生存首先要有非常强的适应性，通过野猪与家猪杂交可以将这些在家猪选育中丢失的基因得到恢复，增加了生猪基因的多样性，克服生猪选育中部分基因的缺失，扩大生猪生产的遗传资源。

（三）增加肉类品种，满足不同层次需要

野猪养殖作为养殖的一个类别，一是开辟了新的养殖渠道，使养猪由单一的现代品种扩大到现代品种和原始品种兼顾，满足人们了解现代生猪的过去，通过对比增加人们对食物选择的机会。二是通过野猪养殖发挥特有的抗病性强和耐粗饲能充分利用饲料粗纤维的优势，利用现代猪不能利用的粗饲料，保持肉质原始品味，实现生态效益和经济效益同时增加。由于野猪食量小、野性强、管理粗放、对粗饲料利用率高以及饲养方式上更趋向回归自然，其生产的产品成本有可能低于现代生猪生产。同时，又由于其饲养粗放，抗病力强，所以抗生素等化学抗菌药使用极少甚至不使用，因此产品质量具有优势，价格相对较高。

（四）发挥医疗保健作用，增进消费者健康

据资料记载，野猪肉具有极高的保健和药用价值，是健康消费的首先食材。其肉、皮、肝、肚在中医方面具有较高的药用价值。我国的医典名著《本草纲目》对野猪肉具有较高的评价，野猪肉主治癫痫、补养肌肤、益五脏、不发虚气，经常食用可起到美容的效果。野猪的脂肪，可使妇女多乳，服后脸色怡人，消除风肿毒，而野猪蹄更是妇女肌肤和缺乳汁的最佳食疗食品，并能降低和预防人的动脉硬

化症；野猪的胆可治恶热毒气、癫痫，小儿各种疳积；野猪的皮主治恶疮，消除人的高度疲劳和小儿发育不良；野猪的肝有补肝明目养血的功效；野猪肚性微温、味甘，有终止胃炎、健胃补虚的功效。另外，野猪蹄还可治疗关节炎、风湿症，降低和预防人的动脉硬化症；野猪心可治疗惊痛、心跳、劳神。《食疗本草》《日华子本草》《唐本草》《食医心镜》《医林纂要》《随息居饮食谱》等对野猪肉及其他产品也有著述，如野猪肺治咳血、咳嗽；野猪舌、肚有补中气、健脾胃，更有治疗胃出血、胃炎、胃下垂的功效；野猪胆有清热解毒的作用；野猪皮可消除人的高度疲劳症和儿童发育不良症。

（五）野猪是比较好的实验动物

猪的许多器官和组织与人类很相似，许多科学家认为猪是很好的实验动物之一，科学研究对实验动物的要求是体型小、生长慢、抗病性强、健康状况好，这些要求野猪都具备，所以说野猪作为实验动物是很适宜的。野猪除作为实验动物外，其器官和组织也可以作为人类的器官替代品，医学研究证实野猪的心瓣可以用于人体，肝脏可以移植给人体，野猪的皮可以移植给烧伤病人等。

二、野猪养殖现状及前景

（一）养殖现状

野猪作为特种养殖的一个产业，目前在国内发展较快，数量方面据不完全统计 2009 年全国养殖数量在 200 万头左右；技术方面，野猪驯化、杂交改良、选育、繁殖等均取得突破，基本上解决了野猪繁殖成活率低、季节性发情、胎次少、产仔少、饲养难的问题。可以说通过近几年的努力，野猪养殖技术水平可以满足生产需要。选育驯化的公猪，可以进行本交和采集精液，杂交生产的含野猪血统 37.5% ~50% 的母猪，作为母本生产特种野猪，即可达到理想的饲养效果。

野猪生产的主要问题是市场问题，具体说一方面是消费市场具有很大的潜力，据有关资料预测每年野猪的需求量在 500 万头左右，而实际生产只有约 200 万头，生产不能得到满足，急需得到很好地开发；另一方面是养殖户或饲养场找不到消费群体，销售只能通过酒店、特产商店等销售，有些潜在用户不知道什么地方能买到优质的野猪肉，销售渠道不是很畅通。饲养场饲养的野猪50%以上是靠出售种猪来获取利润，大家以炒种获取利润，但没有很好地开发商品生产市场，本来是较好的市场却由于缺乏有效的市场开发显得后劲不足。根据野猪肉具有瘦肉率高、野味浓郁、口感好、肉质红润、香味独特的特点和人们追求无公害、低残留和回归自然食品的理念，通过开发新市场，改变人们将野猪肉作为节日礼品或只是尝尝的观念，将野猪肉作为健康、优质猪肉进行消费，使其进入中高档消费系列。

（二）野猪肉生产具备的优势

1. 我国消费潜力很大

我国2012年生猪出栏6.7亿头，猪肉产量5 400万吨；人均消费猪肉38千克左右，按照目前我国城镇人口3亿左右计算，以人均每年消费野猪肉量占猪肉消费的3% ~5%估计，每年每人消费在1千克左右，这样每年的总消费量将达到3亿~4亿千克，供应这个消费量需饲养500万头野猪，另外将野猪肉作为高端优质猪肉，富人消费相对多于一般百姓，如果将资产值在600万元以上确定为富人的话，我国大约有270万富人，他们的健康消费理念非常强，所以消费价格不成问题，这样每人年消费野猪肉超过5千克，仅这群人消费就可以达到$1\ 350 \times 10^5$千克，相当于饲养22.5万头野猪。加上大众消费，年需要522.5万头，而我国目前养殖数量仅有约200万头，所以消费和生产之间还有1.5倍的空间可以开发。

2. 野猪生产技术基本成熟

野猪养殖经过几年的探索和实践，生产技术得到有效的普及，许多养猪户基本掌握了野猪的各项生产技术，并积累了一定的饲养经验，解决了野猪生产中纯种成活率低、交配难、产仔少等技术难题，通过和地方品种进行杂交试验，筛选出具有独具地方特色的杂交组合，并开始培育具有地方特色的优质特种野猪生产品系，在饲养技术方面，结合地方特色参考家猪的饲养标准，初步制定出具有指导意义的饲养标准，筛选出利用地方资源的饲料配方，基本形成了饲养技术配套方案，可以在生产中广泛应用。对养猪户来说只要适当的投资和技术指导就可以饲养野猪。

3. 我国饲养野猪的资源较为丰富

（1）品种资源　全世界野猪品种资源丰富，在这些资源中欧洲野猪就有27个亚种，分布在世界各地，我国野猪的亚种有6个，分布在我国大部分地区，其品种独具特色，适应性强，品种资源既适应我国自然条件，又符合生产特种野猪需要，完全可以满足养殖户生产要求；作为生产特种野猪肉的母本家猪，品种资源也很丰富，据统计我国现有地方品种48个，是世界上猪种资源最丰富的国家，占全球家猪品种的34%，作为特色野猪生产的杂交母本，具有繁殖力高、抗逆性强、肉质好、对周围环境高度适应等优良种质特性，是生产杂交野猪肉的良好母本资源。

（2）饲料资源　野猪的饲料是以青绿饲料、块根、块茎饲料为主，辅助以精饲料，我国有丰富的饲草资源和饲料资源，草地和森林面积较大，退耕还林还草后，可刈割饲草资源很丰富，同时，农作物副产品资源也很丰富，这些饲料资源可以满足野猪饲养需要。

（3）人力资源　我国是一个人口大国，劳动力丰富，随着农业现代化和机械化程度的普及，原来从事农业生产的劳动力出现剩余，大量的农业劳动力可以转移到其他行业，同时每年又有大量的大学生等高层次技术人才需要就业，这为野猪养殖提供了丰富的人力资源，农业劳动力转移和有知识有文化的现代大学生就业，可以满足野猪养殖、产品加工、技术服务等产业链中不同层次的人才需要。

（三）野猪养殖前景

野猪肉或杂优特种野猪肉作为无公害优质特殊猪肉，既是一个特殊的肉品又是一个大众食品，随着我国人民生活水平的不断提高，美味营养的绿色保健食品逐渐成为人们追求的目标，野猪经过改良后，肉质鲜嫩，风味独特，野味浓郁，营养全面，脂肪含量低，具有人体不能合成的必需脂肪酸——亚油酸，符合当今人们对绿色天然食品的消费需要，今后将以独特的风味、保健的作用成为消费的热点。我国作为一个猪肉消费和生产大国，众多的人口决定了消费需要量大和品种需要多，野猪肉作为家猪肉消费的补充，在我国发展前景非常广阔。

第二节　野猪的生物学特性

野猪在动物分类上属偶蹄目猪科真猪亚科野猪属。野生野猪毛色灰褐色或棕灰色，间有黑色等，其毛色属一种自然保护色，野猪皮肤粗厚坚硬，被毛粗糙呈暗褐色或棕色，颈背侧鬃毛有的长达 17 厘米。身体健壮，头较长，耳小并直立，吻部突出呈圆锥体，顶端为拱鼻，牙齿发达，雄性野猪有尖锐獠牙，突出额外，长 7～13 厘米；前躯发达，腹部紧缩身躯窄浅，前高后低，身体不大；四肢较粗，每蹄有 4 个脚趾，其中 2 个趾特别发达。成年野猪体长 90～180 厘米，尾长 20～30 厘米，体重 50～200 千克。幼龄仔野猪被毛褐色纵条纹，成年后恢复正常毛色。

一、生活习性

野猪野性强，胆小易受惊，神经敏感，跳跃和攀爬能力强，冬季喜欢选择阳坡、缓坡或平坡，靠近水源、隐藏条件好、人为干扰少和安静的地方卧息。常在河流上游的山区、草原及森林资源丰富、植被保护完整、农作物种类繁多的地方出没。经过长期的大自然选择，野猪含有较多的抗病基因，表现出抗病力强、生命力旺盛等特性，能在恶劣的条件下生存。

二、采食特性

野猪是杂食性动物，门齿和臼齿比家猪发达，胃为单室胃，能广泛利用多种动植物和矿物质饲料。具有明显的杂食性，喜食青绿饲料，多夜间采食，一次性采食量少，约为家猪的 2/3。在野生情况下，用鼻尖拱寻食物，一般在早晨和黄昏觅食。春季采食植物的嫩叶、幼芽,秋季常食野果、盗食玉米、甘薯等,偶尔也采食昆虫及小型动物等。在驯养条件下,适当供给上述食物,并注意补加矿物质和微量元素。由于野猪长期处于野生状况,所以对精饲料的消化能力差,不太适应蛋白质含量较高的精饲料,采食含蛋白质较高精饲料易产生腹泻等。经过驯化的野猪,对精饲料消化率有一定的提高,可在哺乳期供给蛋白质及维生素含量丰富的饲料,在幼年期,适当补给易消化的饲料。野猪对精饲料的消化率比家猪低,但对青草、藤蔓和优质干草的消化率比家猪高。尤其是对纤维素较高的粗饲料利用能力比家猪要强。野猪饲养中料肉比随着含野猪血统的多少而变化,纯种野猪的料肉比为(6～7)∶1,和家猪杂交后的特种野猪为(4～5)∶1,含野猪血统62.5%的特种野猪料肉比为4∶1。

三、行为特性

野生条件下,野猪喜群居,常并排栖息一穴,一般情况下野猪群规模在20～60头,由2～3头母猪和一群幼野猪组成,野猪的活动一般在熟悉的地方,范围在10千米^{2}左右;喜泥浴,可翻滚数小时;常将长得很高的草咬断做窝,隐藏其中;昼伏夜出,喜卧光线较暗的地方,对人有惧怕的行为,有时也有攻击人的行为;视力较差,主要靠听、嗅觉发现敌害,一般情况下野猪能嗅到顺风上方1千米处人的气味,也能闻到埋在地下60厘米处的食物,公猪、母猪靠嗅觉确定对方的位置;性情凶猛,受伤后更突出,易受惊发怒,发怒时低头咬牙,竖起背毛向前冲。野猪的群居习性为实行规模驯养提供了有利条件。野猪具有较强的防御能力,其跳墙、爬越能力较强,与家猪同舍饲养时发生细小的声音都会引起警觉,野猪采食地点和排粪地点一般会在固定的在一个地方,容易培养其良好的卫生习惯。

四、繁殖习性

纯种野猪性成熟较晚,根据所处条件不同差异明显,在野生条件下,野猪生长缓慢,雄性野猪性成熟需要3～4年,雌性需要18～20个月,驯养的野猪一般在8～18月龄(体重30～40千克)时就有发情表现,10～20个月(体重40～50千克)才可以达到性成熟。繁殖期一般为6~8年，繁殖有明显的季节性，在秋末冬初发情明显，发情周期约21天，发情持续期1~2天，妊娠期114~117天；1年排卵1次，一般春季产仔，年产1胎，第一胎较少，一般4~5头，体重0.5~0.75千克/头。第二胎以后产仔数相对较多，可以达到6~8头，有的多达11头。2月龄断奶，断奶体重约4千克；繁殖纯种母野猪乳头一般4~5对；母猪性成熟多在12~18月龄，生长缓慢，体型小，1岁体重约为成年体重的25%。3岁体重70~80千克，4~5岁时结束生长。野猪的寿命约20年。公猪在繁殖期易打斗，繁殖期母猪具有强烈的亲仔行为，剪牙、注疫苗时，做好防护安全措施。

经过杂交改良的野猪，俗称特种野猪，与家猪繁殖特性接近，一般6~8月龄性成熟，母猪初情期为4~5月龄，初配7月龄，发情期18~23天，发情持续期4~7天，每年产2胎，每胎产仔7~8头，经产母猪每窝产仔8~12头，2月龄体重可达10千克。

五、换毛性

野猪的换毛分两种方式：年龄性换毛和季节性换毛。年龄性换毛是指野猪随着年龄的增长，成年后换掉出生和幼年时的毛色，纯种野猪刚出生毛色为棕白相间，条纹为与身体纵轴平行的条斑状被毛，长到4月龄时全部换成棕黑或棕黄色被毛。季节性换毛是指野猪为了适应季节温度的变化，随着季节的更替而退掉平衡气温生长的毛。如小暑时野猪的被毛开始脱落，到大暑时长出黑白或黑棕色鬃毛，毛粗硬，皮肤粗糙、较厚。

六、等级次序明显

野猪之所以能群居，与其具有严格的等级有密切的关系，每个野猪群体都有严格的等级。在野外觅食，前后顺序是有明显区分的。一般年长的在前，母野猪在后，仔野猪围绕在母野猪身边。一般情况下野猪不单独行动，而是以固定的群体集体活动。野猪群中等级制度在仔猪阶段就形成了，同窝仔野猪中，体格大的和强壮的野猪往往在采食和日常活动中占有优势。这种最初形成的等级制度，能保证同窝仔野猪之间和睦相处，对于不同窝的野猪合群饲养，初期会发生非常厉害的争斗，在取得胜负建立起等级次序后，就会形成一个较稳定的群居环境。

第三节　野猪养殖的增效措施及市场预测

一、野猪养殖的增效措施

近年来，追求无公害食品、原生态食品、安全无抗生素食品和有机食品成为人们的时尚，为迎合人们的这种心态而发展起来的野猪养殖也成为饲养者追求的热点。通过宣传野猪肉瘦肉率高、营养价值高、无公害和有机、可治疗许多疫病及具有美容作用等，极大地调动了人们食用野猪肉的积极性。野猪肉食用量增加，会促进野猪的养殖，客观地讲，野猪养殖有其有利的方面，但也受到许多限制，生产中只有采用科学的态度和切合实际的饲养方法才可能取得较高的经济效益，切忌盲目养殖。生产实际中应重点做好以下工作：

1. 选好养殖品种

近几年科技工作者在养殖野猪方面开展了许多研究，在野猪驯化、杂交、选育方面都取得了较显著的成绩，通过野猪与家猪杂交等，解决了野猪成活率低、季节性发情、胎次少、产仔少、难饲养的问题。目前人们常说的特种野猪就是用野猪和家猪杂交生产的猪，这种猪外形毛色、生长速度、瘦肉率、饲料报酬等都很优良。饲养这样的品种既可以保持原来野猪肉的外形和风味，又可以较高地利用配合饲料，生长速度也较快。

2. 明确市场定位

据统计 2009 年全国特种野猪饲养量在 200 万头左右，从销售市场看，一方面潜力巨大的消费市场没有得到有效地开发，消费者得不到所需要的符合要求的野猪肉；另一方面许多养殖场又找不到销路，导致有的野猪养殖场效益很好，有的野猪养殖场出现亏损。究其原因养殖卖种者效益可观，作为商品生产者效益较低，对于将饲养野猪作为一项致富门路的养殖户，选择饲养野猪，就必须开展深入的市场调研，克服企图通过“炒种”获取利润的观念，客观公正地做好市场定位和销售工作，发展具有特色的野猪肉，利用优质、健康、无公害的优势，占有市场获得利润。

3. 做好规模养殖与消费引导

目前从野猪市场看，野猪养殖基本上处于小、散、乱，无计划缺乏长远发展的阶段，野猪肉进入市场消费在20%～40%，仅仅这一部分还是主要靠几个传统节日消费，消费者目前仍停留在“尝”而不是“吃”的阶段，由于许多养殖者没有将野猪肉独特的风味表现出来，只是在价格上比普通猪肉高，猪肉本身没有区别，消费者花较高价钱买回去吃不出特色，当然消费就会受到影响，这就要求饲养者在饲养管理和市场经营方面，克服炒种、卖种，从基础做起，选育出优质品种，开发出特色肉品，迎合市场，同时积极引导消费者增加消费。

4. 因地制宜开展养殖，最大限度降低成本

野猪养殖在生长速度和饲料利用率方面都低于现代品种猪，这是养殖的劣势，同时它又有优于现代品种猪的优点，那就是野猪可以有效地利用粗饲料、适应性广、抗病力强、管理粗放、不需要投入大量资金建设猪场。所以，饲养者要充分利用野猪这方面的特点，通过利用森林、草地和秸秆等粗饲料，在林地、草原和山脚下养殖，让野猪充分采食当地的植物饲料，尽可能减少精饲料喂量，从而降低成本。野猪养殖是基本饲养技能的重复劳动，在人工方面，尽可能利用当地劳动力，通过野猪养殖的技术培训使饲养者掌握饲养管理的基本技能即可上岗。

二、市场预测

（一）市场调研

尽管野猪养殖和家猪养殖有许多相同的地方，但是又有很大的区别，因为其消费具有特殊性，所以在饲养前一定要进行深入的调研，主要做好消费群体和消费价格调研，了解消费群体的多少，消费者可以接受什么样的价格，消费群体距离养殖场距离；其次开展养

殖成本调研，了解养殖野猪的当地饲料资源、劳动力价格、运输成本等，根据当地的饲料资源情况和劳动力价格等，对养殖效益进行初步估算；第三是对自身养殖技术和能借助的养殖技术进行评估，充分估计养殖中出现的问题及解决问题的能力，保证技术上不会出现重大问题。

（二）市场预测

市场预测是一个比较复杂的系统工程，有关养猪生产的市场波动规律、价格走势和市场预测是许多生产经营者都觉得较难的事情。加上我国有些数据难以得到，因此市场预测只能靠经验和基本原理进行，下面介绍市场预测的基本知识，供养殖者参考。

1. 市场预测的含义和主要内容

市场预测是指在市场调查的基础上，利用各种信息资料，采用科学的方法进行分析研究，以推测未来一段时间内市场需求情况以及发展趋势，为经营者确定生产目标和策略提供依据。市场预测按时间划分：5 年以上为长期，2 ~5 年为中期，1 ~2 年为短期，1 年以内为近期。作为野猪饲养市场预测主要包括：产需预测（包括存栏量、仔猪生产量、肉猪生产量、社会需求量的预测）、供求预测、季节性需求预测、购买力投向预测等。对野猪养殖户来说需要掌握的资料很多，但是下列内容是很必需的。

（1）市场供给变化　预测生产企业数量及生产能力发挥情况，对于野猪养殖户来说，就需要了解国家、地方及养猪企业在扩大再生产方面的投资情况和从投资到发挥生产能力的时间长短等因素。预测宏观决策对供给的影响，政府为了保证市场供需平衡和产业结构的合理，经常出台一些调控政策，这些政策将直接影响到市场的供给变化。

（2）市场需求变化　这种变化是市场预测的最主要内容，由于影响市场变化的许多因素本身也在不断发展变化的，因此做好 3 个方面的变化预测：一是社会购买力的变化，包括社会集团购买力、城乡居民购买力、购买力转移，对野猪养殖户，社会集团购买力影响较小,主要表现在具有较高收入阶层的购买力,购买力转移方面,因为随着人们生活水平的提高,野猪肉的大众消费将逐步增加,消费群体扩大可能成为潜在的主要市场;二是产品销售领域的变化,主要包括用户变化、市场区域变化和过节到普及变化,野猪肉的用户城市较多,小城镇相对较少,农村更少,猎奇尝鲜较多大宗消费欠缺,作为特殊消费这些领域的变化将随着经济的平衡发展而消除,取而代之的是普通消费将成为预测的重点;三是消费结构与消费倾向变化,消费结构,即社会购买力比例变化,如人们过去以粮食为主转变为现在肉食类增加粮食消费相对减少,人们对食物要求从解决温饱逐渐转化为强调营养保健等。

(3)产品发展阶段和更新换代　随着人们生活水平的提高,过去人们认为脂肪型的猪肉较好,时至今日瘦肉型猪已成为人们追捧的对象,无公害猪肉、有机猪肉将进一步为人们所青睐,这种更新换代对市场预测也有重要意义。

(4)价格变动　猪肉价格变化主要涉及产前和产后,产前主要是饲料、人工和药品价格变化,这部分变化涉及生产成本;产后主要涉及活猪以至猪肉价格变化,这部分变化主要影响到销售数量及经济效益,其对安排生产极为重要。

(5)突发事件及国际贸易　野猪生产意外事件主要是指突发疫病,如前几年发生的猪链球菌病,不但影响到猪的正常生产,更重要的是食品安全对人产生严重的影响,一提到猪肉都是敬而远之,国外市场限量进口,国内市场销售受阻,其市场严重下滑。野猪尽管疫病很少,但是有效地预测和防控对稳定发展野猪养殖具有重要作用。

2. 市场预测的方法

开展市场预测,必须运用科学的方法,目前发达国家已经应用的各种预测方法有上百种,其中广泛使用的有十多种,这些方法可以划分为定性预测法和定量预测法两类。

(1)定性预测法　定性预测法是依靠预测者的知识,经验和对各种资料的综合分析，来预测市场未来发展变化趋势，其特点是简便易行，不经过复杂的运算过程，生产中主要有：个人经验判断法，预测者根据个人的经验和知识，通过对影响市场未来变化的各种因素进行分析，判断和推理来预测市场发展趋势，在预测者经验丰富、占有资料详尽和准确的前提下，采用这种方法可做出准确的预测；集体经验判断法，这是指预测人员邀请生产、财务、市场、销售等各部门负责人集体讨论，广泛交换意见，再做出预测的方法，由于预测参加者分属于各个不同的部门和环节，做出的预测往往较为准确和全面；专家调查预测法（又称德尔菲法），运用这一方法的程序是先确定预测目标和预测专家若干名，并将预测目标通知专家们，同时向专家提供所需的资料，要求每位专家提出哪些资料可用于该项目的预测，专家们接到通知后，根据自己的经验和知识做出初步预测，并说明其依据和理由，回寄给主持者，主持者对各种预测结果进行归纳整理，对不同的预测值注明理由和依据，再分别寄给各位专家，要求专家修改自己的预测，专家接到反馈意见后，通过分析各种预测意见和理由，提出自己的修改意见及理由，如此反复多次，直到专家们的意见趋于一致为止。

（2）定量预测法　定量预测法主要是依靠数学模型和数理统计的方法，将各种资料进行分析从而对市场变化做出预测。这类方法适用于历史资料准确、详尽、发展变化的客观趋势比较稳定的对象的预测。生产中主要是简单平均法，产品的需求形态近似于平均形态或产品处于成熟期，可用此法进行预测，将过去的实际销售量序列数据进行简单平均，将平均值作为下一期预测值。使用简单平均法预测销售量时，期数的选择较为随意，不过经常选择之前的 3 ~5 期。

计算公式如下：$预测销售量=\dfrac{期数(n)}{过去各期实际销售之和}$

简单平均法将远期销售量和近期销售量同等对待，没有考虑到近期市场变化趋势，所以准确度较低，只宜用于短期预测。

3. 市场预测的程序

（1）选择预测目标　预测目标是指预测的具体对象的目标和指

标，选择预测目标要明确预测活动的目的、时间、地区等，如果是短期预测，允许误差的范围小，而中长期预测误差可以适当大些。

（2）广泛收集资料　进行预测必须要有充分的市场信息资料，在选择、确定市场需求预测目标后，首要的工作是广泛地收集与本次预测对象有关的数据和资料，如饲料价格、仔野猪价格、野猪存栏量等，收集资料是市场需求预测的重要环节，收集资料越广泛越全面，预测的准确程度就越高。

（3）选择预测方法　收集完资料后，要对这些资料进行分析、判断。常用的方法是先将资料列出表格，制成图形，以便直观地进行对比分析，观察市场活动规律。要寻找影响因素与市场需求预测对象之间的关系，分析预期市场的供求关系，当前消费需求以及其变化，消费者心理变化趋势等。预测的方法较多，采用哪种方法要灵活掌握，一般情况下，掌握的资料少、时间紧，预测要求的准确性较低可用定性预测法。掌握的资料多、时间充分可用定量预测法。实际中应尽量采用几种不同的预测法，以便对结果进行验证对比。

（4）建立模型计算结果　将定量和定性的预测方法结合使用效果更好，定性的方法经过简单运算，可以直接得到预测结果。定量方法中要建立数学模型，用数学的方程式构建市场经济变量之间的函数关系，抽象地描述经济活动中各种经济过程、经济现象的相互联系，然后输入掌握的信息资料。

（5）结果评价　计算所得的结果要经过多方面的评价和检验，才能最终使用。检验的方法通常有理论检验、资料检验和专家检验。理论检验是运用经济学、市场学的理论和知识，采用逻辑、分析的方法，检验预测结果的可靠程度。资料检验重新验证、核对预测所依赖的数据，将新补充的数据和预测初步结果与历史数据进行对比分析，检验初步结果是否合乎事物发展逻辑，符合市场发展情况。专家检验是邀请有关专家，对预测初步结果做出检验、评价，然后综合专家意见，对预测结果进行充分论证。

第二章　野猪的品种与杂交利用

野猪几百万年以前就已经存在。几百万年过去了，野猪几乎没有发生什么变化，仍然是单胃，杂食，夜行性为主，主要通过掘食植物根茎、果子、树叶为食，同时也吃些昆虫、蜗牛、蚯蚓、小鸟等动物性食物。具健硕的体态和颀长的口鼻。

第一节 野猪的品种

一、野猪的分类与分布

(一)野猪的分类

野猪在生物分类上属哺乳纲偶蹄亚目猪科野猪属,野猪亚种。我国习惯使用的分类方法是将野猪分为欧洲野猪和亚洲野猪。除这种习惯分类法外,按照野猪的分布区域可将其分为分布在欧亚大陆的野猪和分布在非洲地区的野猪,欧亚大陆的野猪有欧洲野猪、须野猪、倭猪、鹿猪、南洋多疣猪;非洲的野猪有非洲野猪(又称红河野猪)、巨林猪、疣猪。还有一种分布在中南美洲,在分类学上单独为一科而非"猪科"的猪——西貒,也有人称之为南美野猪,它有3个亚种,为中美貒、白唇貒和草原貒。

1. 欧洲野猪

野猪(欧洲野猪)亚种较多,现代的家猪也是由其进化而来,其分布范围极广,亚、欧及北非地区均有分布,其范围涵盖欧亚大陆,包括东亚、东南亚(中南半岛、大巽他群岛、小巽他群岛)、日本列岛、西伯利亚南部、中亚、南亚、中东、非洲北部及地中海沿岸、欧洲的斯堪的纳维亚南部、中东欧、西欧、伊比利亚和不列颠群岛,并传入新几内亚岛、所罗门群岛、新西兰和北美洲。由于其适应性广,饲养容易,所以相继被引入世界各地;目前除澳大利亚、南美洲和南极洲外世界各地均有分布。

中国的这类野猪分布主要在黑龙江、吉林、辽宁、云南、贵州、福建、广东等地。从20世纪80年代开始引进人工养殖野猪的技术,目前野猪养殖遍布全国各地,其中福建、广东、江西等地饲养量相对较多。

形态特征主要表现为:体躯健壮、四肢粗短、头较长、耳小直立,具有似圆锥体形的突出吻部,吻部(拱鼻)顶端有裸露的软骨垫;每蹄有4趾、趾角质化较硬、中间2趾着地;尾巴细短;犬齿发达,雄性上犬齿外露，并向上翻转，呈獠牙状；耳部有刚硬而稀疏的针毛，背脊鬃毛较长而硬；整个体色棕褐或灰黑色，因地区不同而略有差异。皮肤灰色，且被粗糙的暗褐色或者黑色鬃毛所覆盖，在激动时竖立在脖子上形成一绺鬃毛，这些鬃毛可生长到17 厘米长。雄性野猪的比雌性野猪的大。仔野猪出生时带有条状花纹，毛粗而稀，鬃毛几乎从颈部直至臀部，耳尖而小，嘴尖而长，头和腹部较小，脚高而细，蹄黑色。背直不凹，仔猪生长到 5 月龄时毛色蜕变成成年毛色。近年来，人们根据生产需要，利用纯种野猪和家猪杂交，生产特种野猪，其区别主要表现在耳、嘴、背、脚、腹的尺寸大小程度上。杂交后代体尺为：体长 90 ~ 180 厘米，尾长 30 ~ 40 厘米，体重 50 ~ 200 千克，乳头 6 对，怀孕 115 天，一般年可产仔 2 ~ 2. 5 胎，每胎产仔可增加到 8 ~ 16 头；配种以 6 ~ 7 月龄，体重 60 ~ 70 千克为宜。

2. 须野猪

须野猪主要分布在菲律宾、马来西亚及印度尼西亚的苏门答腊，加里曼丹的赤道雨林、次生林、季雨林，有 6 个亚种。

形态特征：体毛棕灰色，颊部有显著的面疣（皮肤表面瘤状突起），最主要的特征是脸上有白色的“大胡子”，它们浑身长满长毛，吻部长着绒毛，由此得名。须野猪体长 100 ~ 165 厘米，肩高 72 ~ 85 厘米，尾长 20 ~ 30 厘米，体重 50 ~ 150 千克，属于中型偶蹄目动物，从进化角度看，须野猪存在的历史并不长。

生活习性：须野猪栖息于热带雨林和海边红树林附近，集群活动，每群由几头到几十头不等，有时能结成 200 头以上的大群，成员包括母猪和仔猪，由一头成年雌性率领，雄性单独生活；昼伏夜出，行踪诡秘，以水果、根茎、树叶以及蚯蚓等小虫为食，尤其偏爱卷毛丹，有时也吃腐肉，退潮时会走出树林来到海边捡食沙滩上留下的海鲜；须野猪不能消化许多植物的果实，被胃酸腐蚀的坚果壳会随着粪便排出体外，因此种子会被它带到四面八方生根发芽。

须野猪每隔 1 年繁殖 1 次，通常于 8 ~ 10 月发情交配，母猪的怀孕期 4 个月左右，分娩前会离开群体找一个偏僻安全的地方筑巢生育，每胎产仔 1～4 头，哺乳期 3 个月左右，但仔猪要跟随母亲生活 1 年左右才能独立，雌性 1～2 岁性成熟，雄性 4 岁左右，最高寿命 16 年。

3. 南洋多疣野猪

南洋多疣野猪主要分布在吕宋岛、爪哇岛、苏拉威西岛、摩鹿加群岛；栖息于森林、低地草原和沼泽林地。以植物为主要饲料，南洋多疣猪性情较为凶猛，体格较大，体长 90～160 厘米，体重约 185 千克，毛色红黄，毛尖色黑，面部有疣。

4. 倭猪

倭猪分布在尼泊尔、不丹、锡金及印度阿萨姆的喜马拉雅山区；多栖于山地稀树草原，晨昏活跃，杂食，以植物饲料为主。体格较小，体长 58～66 厘米，尾长 3 厘米，体重 6～10 千克。毛色棕黑，体有硬毛，无面疣。有 4 个不断生长的獠牙。怀孕 100 天左右，乳头 3 对，寿命 10～12 年。

5. 鹿豚

鹿豚分布在马来群岛的布鲁、苏禄、托吉安、苏拉威西等岛屿的热带雨林，出没于河湖之畔。晨昏活跃，掘食植物根茎，能奔善泳。体长 85～105 厘米，尾长 27～32 厘米，体重 90 千克。体毛稀疏而短，带灰白鬃毛，无面疣。腿长、皮厚，毛稀。鹿豚最特别的是雄性的相貌：上颌犬齿向上长穿过上吻后向眼部弯曲，面颊几乎为獠牙布满，牙长 40 厘米，鹿豚是因牙状似鹿角而得名，但这中看不中用的牙，既非武器，也非工具，而是雄性的炫耀器官。怀孕时间 125～150 天，2 月产仔，每胎产仔 1～2 头，幼子身上无条纹。母兽乳头 1 对，寿命约 24 年。

6. 巨林猪

巨林猪是 1904 年才被发现命名的一种野猪，分布在东非至西喀麦隆的中非刚果盆地（有 3 个亚种）；昼行，出没于赤道密林地域。体长 130～210 厘米，尾长 30～45 厘米，体重 130～275 千克。毛色黑棕，眼下有裸皮且呈棱起状，是野猪中唯一面部具眶前腺的种类，怀孕时间149~154天，每胎产仔2~6头。乳头3对。

7. 疣猪

疣猪分布于撒哈拉以南的非洲稀树干草原；昼行性。体长110~135厘米，尾长约40厘米，尾端有簇毛。缓行时尾下垂，奔跑中尾上翘如旗杆。奔跑时速达47千米。体重50~110千克。毛色：灰皮上有黑白鬃毛。因面疣显著而得名，獠牙上弯。貌凶而性温，喜泥浴，主食嫩草、茎叶、树皮、浆果。怀孕时间达170~175天，11月产仔，乳房2对，每胎产仔2~4头。寿命12~15年。

8. 非洲野猪（薮猪、红河野猪）

非洲野猪分布在非洲大陆的撒哈拉以南地区和马达加斯加岛林地及潮湿草原（有13个亚种）；体长100~150厘米，尾长30~40厘米，体重50~130千克。毛色砖红至黑灰色。头顶至脊背有一条浅色毛，耳尖长有一长缨。最典型特征为雄性的眼下有疣，面部有鬓，鬓毛花白，背部有白鬃，一般4~20头为一群。怀孕约127天，乳头3对。寿命10~15年。非洲野猪在高草和苇丛中掘洞为巢，昼伏夜出，以家族小群活动，主食植物根块、浆果、茎叶、野果。善游泳，性凶猛。岁尾年初为产仔季节，每胎产仔5~6头。

9. 西貒

西貒分布在中南美洲，从美国德克萨斯、新墨西哥，到中美向南至南美巴塔哥尼亚，栖息于从干旱沙漠到雨林的各种生境中，是一些在分类上单独为一科"西貒科"、而非"猪科"的猪，当然，也有人称它们为"南美野猪"。西貒包括3个种：中美貒、白唇貒、草原貒。西貒前足4趾，后足3趾，尾跟上部有分泌腺体的器官，为两室，不反刍。体长75~100厘米，体重16~30千克。成群活动，有自卫能力，特别在受到攻击后。与旧大陆的野猪一样，用口鼻刨食，吃各种果子、块根、球茎及昆虫。喜水，常伴流水——"湍流"而居，又远居西半球，得名西貒，倒也贴切。怀孕142~148天，夏季产仔，每胎产仔1~4头。西半球的西貒，可以说是野猪中的另类，猪科动物的远亲。

(二)野猪的分布

1. 野猪的原始分布

野猪最开始是在北非发现的,随后在欧亚大陆的不列颠群岛、韩国和马来群岛也发现了野猪。其分布最北部到达斯堪的纳维亚(半岛)南部和西伯利亚南部,这些区域均不存在极度干燥的沙漠和高山。接着人们沿着北非的尼罗河上游到喀土穆和北部的撒哈拉沙漠地区也发现了野猪生活的足迹。据此,重新确立了野猪的原始分布区域,北部的边界线为亚洲大陆北纬60°的拉多加湖(苏联西北部),穿过诺夫哥罗德和莫斯科到南部的乌拉尔山,到达北纬52°。在东部的巴拉巴草原(靠近诺沃西比尔斯克)边界线转向南部,环绕着阿尔泰山,再次朝东延伸,包括唐努乌拉山脉和贝加尔湖。从这里开始,边界线沿着黑龙江的北部轻微的朝东转向下游地区一直到东海。在库页岛只存在关于野猪化石的报道。欧洲和亚洲的南部界限与这些大陆的海岸线基本一致。但是在干燥的沙漠和高山地区,没有野猪生活。所以,在北纬33°~46°的干燥地区,中国西部的四川以及印度北部的喜马拉雅山都没有野猪生活的足迹。在帕米尔高原和天山也同样没有野猪生存,但是在塔里木盆地和天山低纬度的斜坡上有野猪生活。

2. 野猪的现代分布

经过多年的迁徙和人为引进推广,目前野猪分布范围极广,涵盖欧亚大陆,包括东亚、东南亚(中南半岛、大巽他群岛、小巽他群岛)、日本列岛、西伯利亚南部、中亚、南亚、中东、非洲北部及地中海沿岸、欧洲的斯堪的纳维亚南部、中东欧、西欧、伊比利亚和不列颠群岛,并传入新几内亚岛、所罗门群岛、新西兰和北美洲。世界各地除澳大利亚、南美洲和南极洲外均有分布。

作为目前饲养的主要品种欧洲野猪,广泛分布在欧洲、高加索、北非大陆、地中海地区和中亚细亚。美国、阿根廷也曾引进过。西欧、北欧、英国、苏联的大部分地区的大多数欧洲原始品种猪都是由欧洲野猪驯化而来的。地中海野猪、大西洋野猪、南欧野猪等均属于欧洲野猪。

亚洲野猪属于欧洲野猪的一个亚种，分布在亚洲大陆和东南部岛屿上。其中日本野猪生活在日本岛内，与外界隔绝，种质稳定，主要分布于本州、四国和九州。中国迄今为止已发现7个野猪亚种，它们分别是华北亚种，分布于山西、河北、河南、陕西、湖北、安徽、四川和甘肃等地；东北亚种，主要在辽宁、吉林和黑龙江；蒙古亚种，主要在内蒙古自治区和蒙古国境内；中亚亚种，分布在新疆的天山和阿尔泰山；南方亚种，分布在江苏、福建、湖南、广西、广东、江西、云南、贵州、海南；台湾亚种，仅分布在我国的台湾省；喜马拉雅亚种，分布在西藏南部和东南部。

二、野猪品种

关于野猪的品种，目前饲养的野猪品种为欧洲野猪的亚种，随着各国研究的深入，新的亚种不断出现，有关野猪亚种总数报道也出现较大的差异，但倾向性的是27个亚种的报道，随着培育和饲养量的增加，可能会出现具有地方特点的新亚种。饲养的品种主要是欧洲野猪，其体形相对较大，和当地猪杂交后生长发育较快。各种不同的野猪见图2-1至图2-6。

图2-1　公野猪

图 2－2　母野猪

图 2－3　仔野猪

图 2－4　育成野猪

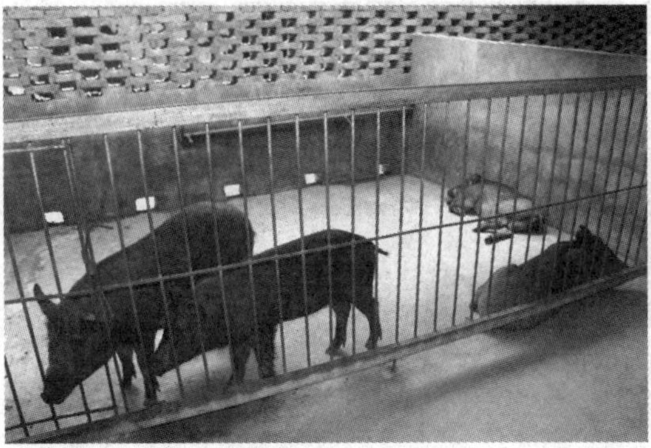

图 2-5　杂交野猪

图 2-6　杂交与育成野猪

第二节　野猪的捕获与引进

一、野猪的捕获

野猪在冬季，由于食物短缺，成群结队出来寻食，此时捕捉容易成功。目前国家将野猪列为国家二类保护动物，因此捕捉野猪作为家养首先要取得国家有关部门批准，并获得野猪捕捉许可证后，方可进行野猪的捕捉。

捕捉野猪应注意的问题：野猪大部分生长在比较偏僻的森林和山区，其野性较强，同时又胆小易惊，捕捉时首先要注意人身安全，防止野猪伤及捕捉者；其次要尽量避免捕捉过程对野猪身体产生伤害，因为捕捉的目的是获取活的作为种用野猪，所以尽可能保护好野猪身体，以便捕获后使用；第三是尽量减少对野猪精神造成损伤；第四是初次捕捉后要保持安静，防止外来人员观看，并精心喂养，使其尽快解除惊恐状态，并适应新的环境。

捕捉野猪的方法：采用钢板和铁网焊成长、宽、高分别是2.4米×1.2米×1.8米的长方体捕兽笼捕捉野猪。捕兽笼一端有自动门，用钢丝拉起，通过支架和踏板相连，踏板设在笼箱关门的另一端。把捕获笼置于野猪经常活动的地方，在周围和笼中撒上诱饵，待野猪进入、踩动踏板，将自动门落下以捕获野猪。

二、野猪的引进

野猪的引进实际上就是从外部引进野猪进行饲养和培育，包括商品猪的引进和种猪的引进，商品猪的引进就是为育肥需要引进的商品猪，种猪的引进是满足培育和生产商品猪需要的。野猪的引种就是引进优良的野猪，通过饲养驯化使其成为生产优质猪肉的种质材料。

（一）引种前准备

野猪是国家二类保护动物，受法律保护，要饲养及销售，第一必须到主管部门或林业部门办理生产、经营许可证，获得许可后，再办理相应的营业执照等手续，待手续齐全后，建造猪舍并计划引种。许可证包括野生动物驯养许可证、野生动物经营许可证；第二是详细了解供种场当地疫情、种野猪的选育情况（公猪需了解其日增重、料重比、背膘厚等，母猪要了解产仔数、受胎率、初配年龄等），最好根据种野猪综合指标进行引种；第三是准备好引种用的运输设备，根据野猪野性强，性情暴躁等特点，引种时就要有比较好的防野猪逃跑设施，即装野猪的铁笼用不小于6.5毫米的钢筋焊接，每个笼子装1头，封口用铁丝封好；第四是对圈舍进行消毒，对拟饲养引进野猪的猪舍，提前1周进行彻底消毒，使其在野猪进入前消毒液味道尽可能散完；第五是根据自身计划发展的规模、产品市场、未来发展方向等,计划引进野猪的品种、头数。

(二)引种需要注意的问题

引种时应注意对其生活习性、捕捉、检疫、运输等过程进行了解,生态环境、饲料的突然改变、往往导致野猪生长发育受阻,不能配种繁殖且有死亡现象发生。忽略了这一环节,将导致引种失败。

1. 考察引种场的资质

引进野种猪一定先对生产野猪种猪场进行考察,实际考察该场的种猪经营许可证、野生动物驯养繁殖许可证和野生动物经营许可证,只有具备以上证照,方可考虑引进该场种猪。

2. 了解引种场及周围的疫情

首先要到引种地区的兽医部门了解当地的疫病情况,确保此地无猪重大疫病流行;其次是申请进入种猪场实际观察,从整个猪场和猪舍的环境卫生判断猪场的饲养管理水平和猪的健康,仔细观察公猪、母猪、仔猪和肥育猪情况,重点观察 15 千克左右的猪,这个阶段的猪对疫病比较敏感,进入猪舍观察粪便干稀,查看有无粪球和稀粪,查看呼吸情况,看有没有咳嗽和气喘,如发现咳嗽声,将喘气病作为重点,因为一旦引进患有喘气病的猪,病菌很难根除。

3. 认真查阅猪场的技术档案

技术档案是一个猪场生产指标的技术记录,从技术档案中可以查阅到野猪来源、引进时间、目前和家猪杂交的程度、所引种野猪的纯度、饲养管理技术及配种记录等。

野猪的饲养除育种场外不是品种越纯越好,纯种野猪因其生长速度、饲料利用率等限制其作为商品生产的价值,所以引种时其种猪血统含有野猪的部分以 75% ~82.5% 为宜,这个指标可以通过查阅生产场档案获得,作为生产用的母野猪,建议其野猪血统含量在 62.5% ~75% ,这个指标应在查阅档案的同时进行外观判断。一般情况下,与杜洛克杂交的后代毛色偏红棕色和黄褐色,其分界线为 62.5% ,超过 62.5% 表现为红棕色,低于 62.5% 表现黄褐色,这种类型生长速度较快,适应放牧加圈养方式。与当地黑猪杂交后代毛色偏黑和棕灰色，分界线也是62.5%，超过62.5%多呈黑色，低于62.5%多呈棕灰色，这种类型肉质相对较好，适应果园林地放牧饲养，因为这种野猪适应性强，耐粗饲，采食野生植物能力较强，可以降低生产成本，如何选种应根据饲养场实际灵活选择。

4. 仔细了解产仔水平

野猪不同于家猪，其繁殖率相对较低，在引种时应特别注意繁殖情况，主要观察母猪的产仔率和哺育率，一般情况下母猪的各窝仔猪应在8~10头。而且母猪和仔猪都健康，这种情况说明母猪产仔率高，猪场管理水平也相对较好，疫病较少，如果母猪哺育的仔猪数低于这个数，一方面可能是母猪产仔率不高，另一方面可能是疫病和管理问题，针对这种情况要分析猪场出现的问题，对于存在疫病风险的猪场尽可能不引猪，以防将疫病引入。

（三）种猪的选择

1. 基本特征

作为生产育肥野猪的种野猪，其血统含72.5%以上的均可作为生产种猪使用，在生产实际中按照下列特征选择。

毛色比较一致，呈暗褐色或棕黑色。幼龄时被毛呈淡黄褐色或褐色，背部有淡黄色或褐色纵条纹。仔猪在35~75天时纵向条纹逐渐消失；体重达到40~50千克时被毛变为黄褐色，灰褐色或黑褐色。每年6月中下旬开始换毛，9月新毛长齐。

头部嘴脸尖长，头呈楔形，成年公猪獠牙粗壮。耳小，向前上方直立。颈短粗，与头、肩衔接良好，鬃毛粗长且硬，母猪颈较公猪略细长。肩胛倾斜度适宜，肌肉发达。公猪肩宽实，富有悍威。胸深，宽窄适中，结构坚实。腹线平直，与胸部衔接良好。背腰平直，宽窄适中，腰背间衔接良好，与颈、尻部过渡平顺。尻部稍倾斜，后躯推进力强。长短适中，尾端多数有上下分叉的尾毛。粗壮坚实，臀部倾斜度适宜，蹄壳坚硬，呈黑色或灰黑。体形略呈正方形或稍偏长，体长略短。各部衔接良好，结构紧凑，肌肉发达，体质健壮。

2. 种公猪选择

种公猪根据其生产目的不同而有区别，可按育种和商品生产两个种类进行选择，进行育种养殖场尽可能选择纯度较高的纯种，而商品生产场可以选择纯度要适当，不能太高也不能太低，作为生产用的公猪，一般含野猪血统在75%即可，这个含量可以保持野猪的特性，同时又有家猪的血统，其后代的生长速度和饲料利用率以及肉质都能得到保证，血统选择可以通过查阅档案确定，同时还要做好外形选择，外形选择主要注重以下几方面：

一是身体结构，头颈、前、中、后躯结合良好，眼观自然和结实；头脸小尖长，颈短粗顺畅，胸宽深背平直，肚小紧凑，臀部宽平。

二是各部位结构，腿长骨骼粗壮，肢蹄强健有力，尾根粗尾长不弯曲，摇摆自如。

三是精神反应，被毛光亮，两眼有神，反应敏捷，性格活泼好动，雄性特征明显。

四是睾丸与乳头，睾丸发育良好，对称，轮廓明显，腹底线分布明显，乳头排列整齐，发育良好，乳头5~6对，无翻转乳头和副乳头。

3. 种母猪选择

母猪选择既要考虑到保持一定的野猪血缘，更重要的要考虑生产的适应性，纯种母野猪具有性格暴躁，母猪发情不明显，护仔性较差等特点。为了生产需要在选择时首先考虑适当血统，一般情况下，母猪含野猪血统低于50%时，其繁殖率高，发情明显，母猪性情温驯、护仔性强等特点都表现出来，所以选择时应选择血统在50%以下的母猪较好。其次在体型、性格、阴户、乳头数等方面也要认真选择，体型方面选择清瘦一点，体长短，肚子大；性情方面选择性情温驯老实的母猪，母性好，护仔性强；阴户不上翘也不过小；乳头选择在6对以上。

4. 仔猪选择

人工饲养的野猪所产的仔猪大多是杂交二代，（原种繁育的除外），选择时首先看到的是毛色，由于仔野猪毛色在幼猪和成猪有区别，所以选择时要特别注意。一般情况下，野猪出生时身上有多条纵向深褐色较宽的带状条纹，这些条纹随着年龄的增长会逐渐褪去，所以如果选择70日龄前，约20千克野猪时要将这个特征作为一个重要的依据，其他方面主要选择头短小，耳小而尖，毛色深褐色或棕褐色，同龄猪中选择身腰长、皮毛光亮、额宽、眼大有神的仔猪。

第三节　野猪的驯化

动物驯化在人类比较早，旧石器时代人们就驯化了狗羊，到了新石器时代，距今8 000～10 000年，人们才开始驯养猪，由野猪演化为家猪经历了一个漫长的历史过程。目前发现最原始的猪化石是在伊拉克库尔德斯坦的贾尔木遗址中，距今8 500年，我国迄今发现的最早家猪，一般认为是在距今约8 000年的河北省武安县磁山遗址猪化石。在新石器时代早期，甘肃秦安大地湾遗址发现的猪下颌骨，距今已有7 500年的历史。同期的陕西华县老官台、元君庙、宝鸡北首岭和西乡李家村遗址，也发现有猪骨。说明我国人民驯养野猪的历史很悠久，目前要利用现有的野猪资源，只要根据需要进行必要的驯养达到可以利用的目的。

一、野猪和家猪的特征特性主要差异

驯养前，有必要对野猪和已经驯养成为现代品种的猪进行详细的比较研究，只有认识到他们的真正区别才能很好地利用，见表2－1。

表2－1　野猪和家猪的特征特性主要差异比较表

野猪	家猪
体重较小，成年公猪75～200千克，母猪35～150千克	体重较大，成年猪体重200～300千克，个别达500千克
头强大伸直，呈圆锥状，头与体长之比1∶3	头较短而宽，面侧常弯曲。头与体长之比1∶(6～9)

续表

野猪	家猪
体幅狭窄,后躯小,前躯较发达,背腰短(胸椎14枚,腰椎5枚),鬐甲高于臀部使背线由前向后急剧倾斜,肋骨平坦	体幅变宽,胴体伸长(胸椎15~16枚,腰椎6~7枚),背腰长而宽平,后躯较发达,肋骨拱圆,大腿丰满具有良好的肉用家畜体型
胃肠容积小,腹部明显紧缩	胃肠较发达,腹围增大
乳头4~5对,很少超过此数	乳头一般为6对,多者可达7对以上
四肢管状骨细长、坚实,呈椭圆状,行动灵活,不仅利用第三、第四趾,也以第二、第五趾着地,以增大支持面,避免陷于沼泽地;皮粗厚,被毛密而硬,其下生有大量绒毛,鬃毛多,毛色一致,呈暗色,具有保护色彩	四肢管状骨短而宽圆,质地细致,行动不及野猪灵活,仅以第三、四趾着地,皮细薄,被毛稀软,鬃毛1/2或全部消失,毛色不一,光泽明显
昼伏夜出	白天活动,黑夜休息
性欲发生在一定的季节(秋末冬初),使在最有利时期分娩,1年产1次,每胎产仔4~6头,妊娠期120~140天	一年四季都发情、配种与分娩,(性成熟后每隔21天排卵1次)每胎产仔10头左右,也有20多头的妊娠期114天
晚熟,18~20月龄才达性成熟,生长发育缓慢,1周岁仅占成年体重1/4,4~5岁才结束生长。屠宰率55%~65%,只有在夏末和秋季才沉积脂肪,肌内不沉积脂肪	早熟,一般3~4月龄即可达性成熟,生长发育迅速,早熟种1年半即可结束生长,育肥性能好,早熟品种生后6月龄即可达90千克,易沉积脂肪,无季节性,充分饲养下,肌内沉积有脂肪,肉质细嫩多汁,屠宰率70%~75%
性情凶猛,尤其在受伤后更凶暴	性情温驯,易于调教

注:摘自杨公社主编《猪生产学》,中国农业出版社2002第一版。

二、野猪的驯化

野猪是为了适应生存竞争，在生长中形成神经系统、头、前躯、蹄和肌肉等发达，而家猪因人为需要将其培养成为后躯发达，背腰部增长，臀腿部肌肉丰满，脂肪相对较多。家猪在生产过程中按照人们的意愿已经成为生长速度快，饲料利用率高，肉质好的肉用动物，在很大程度上满足了人们对肉食的需要，但同时也带来相对不足，如粗饲料利用率降低、抵抗力下降。如何利用各自的优势生产优质肉，提高抗病力，是目前急需解决的问题，通过对野猪进行适当的驯化，再和家猪进行杂交可以在一定程度上弥补家猪肉质下降的问题，提高抗病力。

驯化就是使动物适应野生条件所需的许多反射和习性，经过人的驯化，创造了对变化的外界环境条件的许多新的反应，形成了新的适应性能。在驯化开始，野猪在受到人类控制的最初时期中，失去了繁殖力，而后来又逐渐地恢复，并增强了繁殖力。这是由于在驯化过程中，野猪的许多条件反射瓦解了，创造出了有机体对于变化了的外界环境的许多新的反应，并创造了动物行为的许多新的规范以及其他等。驯化是通过对各种野生动物创造新的环境，保证给予食物及其他必要的生活条件而达到的。

（一）野猪驯化的基本条件

野猪驯化的目标是促使猪肉产品的增加和质量的提高，在驯化过程中生活习性、生理机能和形态构造的改变都是在人工控制下朝着这个方向发展。为了实现上述目标，使野猪的驯化朝着人们期待的方向发展，应提供相应的条件。

1. 环境条件

创造适宜的人工环境。野猪在野生状态下，根据其生活要求，可以主动地选择适合生存的环境，也可以在一定程度上创造环境。人工环境是人类给野猪提供的各种生活条件的总和，与野生环境不可能完全一致，这就要求野猪必须被动地适应人工环境。良好人工环境的产生是在模拟野生环境的基础上，又根据生产要求而加以创造。由于气候稳定，食物充足和敌害减少，动物的繁殖成活率会明显提高。野猪驯化的环境要求安静，即野猪驯化场地应建设在僻静的地方，初期要尽可能避免大声惊吓，饲养人员加料加水先通过圈舍的小窗加给，过一段时间后慢慢接触，使其适应。

2. 采食条件

野猪的食性是在长期地系统发育过程中形成的，地域不同食性有差别，季节和生长发育阶段不同的其食性也不同。人工提供的食物既要满足动物的营养需要，又要符合其适口性。但是，食性又是可以在一定范围内改变的。野猪在野外是靠采食野生动、植物维持生存的，喜欢生吃囫囵食物，如整块的土豆、甘薯、带壳的花生果、玉米穗、野草等，开始驯养时尽量喂以上野猪喜食的食物。过一段时间后可以将青饲料打成浆拌入豆饼、玉米、麸皮等精饲料饲喂，3～5个月后用一半家猪饲料和一半青饲料拌在一起饲喂，让野猪慢慢改变采食习性。

3. 健康条件

野猪在野外生存中长期采食野生动植物，体内寄生虫比家猪多，因此在驯化时要对其进行驱虫，以保证健康。由于人工驯养条件下饲养密度大，有些疫病如果防治效果不佳，可能会在野猪群体暴发，造成严重的经济损失。因此，在驯养野猪时不可忽视疾病预防，对野猪猪瘟及其他易发病应重点预防，借用家猪疫、菌苗来防治。同时，驯养条件下要适当补给一些矿物质和微量元素，哺乳期注意提供高蛋白质和丰富的维生素饲料，幼年期补给易消化的饲料。通过群饲诱导驯化，培养定点排泄习惯，提高圈舍卫生。

4. 创造合适的繁殖条件

野猪的性活动期是行为活动的特殊时期。此期体内激素水平增高，易出现惊恐、激怒、求偶、殴斗、食欲降低、离群独走等行为。根据繁殖期野猪生理行为上的特点，应创造适应野猪繁殖的条件，保持驯化场安静，拒绝任何陌生人进入猪场，仔细观察野猪的发情情况，出现发情应尽快配种，一旦交配成功，野猪的情绪就会稳定下来,饮食就会恢复到正常状态,同时加强饲养供给青绿多汁饲料,并在饲料中添加1% ~1.5%食盐,保证充足的饮水。

(二)野猪驯化的基本方法

1. 早期发育阶段的驯化

早期发育阶段的驯化方法是利用幼龄野猪可塑性大的特点,进行人工驯化,其效果普遍较好。最好在未断奶时就进行驯化,因为未断奶野猪个体小,对外界适应能力差,一旦适当调整其生存条件,野猪会很快适应,所以驯化比较容易。对这个时期的野猪驯化的最好办法是将野猪仔猪让家养母猪代为哺乳,通过仔野猪和家仔猪一起哺乳,可以使野猪很快适应家养环境,仔猪不但成活率高,不易死亡而且也能很快适应人工饲养,为了防止代养时出现母猪咬仔现象,生产中可以采用给寄养的仔猪和本身所产的仔猪同时涂抹来苏儿水和酒精等,以使母猪不能区分,从而减少咬仔出现的损失。

2. 个体驯化与集群驯化

个体驯化是对野猪个体单独驯化,主要是对个别驯化程度不够的个体进行驯化,在野猪饲养中,对个别活动性能较差(即驯化程度不够)的个体,也需要进行补充性个体驯化。集群驯化是在统一的信号指引下,使每一个动物都建立起共有的条件反射,产生一致性群体活动。如摄食、饮水和放牧等都在统一信号指引下定时地共同活动。在野猪饲养场集群驯化有更大的实践意义,通过集群驯化,排粪、采食会相对集中,这样将方便管理,减少人员劳动强度。

3. 直接驯化与间接驯化

直接驯化是指直接利用人为地创造条件对野猪的个体或群体进行的驯化,上述的个体驯化和集群驯化皆属于直接驯化。间接驯化与之不同,是利用同种的或异种的个体之间在驯化程度上的差异,或已驯化动物对未驯化动物之间的差异而进行的。这种驯化也就是在不同驯化程度的动物中,建立起行为上的联系,而产生统一性活动的效果。就是用已驯化的野猪对未驯化野猪进行行为诱导,使其建立起行为上的联系,从而产生统一性活动的效果。

4. 性活动期的驯化

根据野猪性活动时期生理上和行为上的特点，进行特别的针对性驯化工作。如保持环境安静，控制光照，对初次参加配种的野猪进行配种训练，防止拒配和咬伤，特别是利用灯光、音响或其他信号，在配种期建立起新的条件反射，指引动物定时交配、饮食、休息等，形成规律性活动，从而达到使野猪逐渐形成符合人们需要的行为。

(三)野猪不同生长期的驯化技术

1. 小野猪驯化

小野猪是指断奶后体重在 5～10 千克的猪，这个时期的猪基本上可以适应外界环境，能够通过自己采食维持生命，其行为可塑性较强，一是对人没有威胁，二是比较容易接近，驯化是最好的时期，这个时期的驯化主要做好以下方面即可以达到预期效果。首先是采食驯化，根据野猪原有的采食特性，饲料供给以野草、野菜、青饲料为主，多喂一些青玉米棒、南瓜、甘薯之类的食物，同时添加一些精饲料，并逐渐增加精饲料的喂量，以使其适应；其次是家猪行为诱导，按照 1 个野猪 3 个家猪的比例将体重相近的猪放在一个圈舍饲养，家猪最好选择性情较为温驯的母猪；三是做好疫病防治，根据当地猪病流行情况，给猪注射相应的疫苗，同时驱除体内外寄生虫。这样经过半年左右，仔野猪即可适应饲料，并在行为上有所改进，人也容易接近。

2. 育成野猪的驯化

育成野猪是指体重在 50～100 千克的正处于生长期的野猪，这个时期的野猪其野性处于逐渐形成期，野性强度比成年野猪小，可塑性虽比不上小野猪，但还是具有一定的可塑性，仍然具有驯化的意义，其驯化难度要比成年野猪低，驯化时间相对要短。育成猪的驯化，首先在供给饲料方面，最初一两个月喂以饲料原料为主，如玉米粒、玉米穗、南瓜、土豆等，过一段时间后用普通家猪的饲料混合一部分切碎的青饲料或者块根饲料，如黑麦草、野菜地瓜秧、胡萝卜、白萝卜等;其次将要驯化的野猪混合在家猪中,通过家猪行为诱导其行为进化,采取和家猪一起混养的方法,一般是野猪和家猪的比例为1:4,即1头野猪4头家猪,这样可以通过家猪的行为诱导野猪,但要注意的是野猪最多一个混养群中2头,家猪的选择要选择后备母猪或者产过1胎的母猪,通过野猪性成熟后对家猪母猪有亲近感的行为,控制其撕咬,并通过在一个群中饲养进行有效地配种。

3. 成年野猪的驯化

野猪成年后,性情开始变得凶猛,对人和其他动物具有了攻击性,这时对野猪的驯化难度较大,一般情况下尽可能不对其驯化。实际中要驯化的话,应特别注意,防止野猪伤人而出现危险。驯养的方法是,将抓获的野猪通过麻醉,去掉突出嘴外的獠牙,在驯化场内设置一个不透光的暗室,面积8~10米^2,作为驯化野猪受到惊吓时,躲藏和睡卧的场所。成年野猪的驯化是一个比较危险的过程,为了确保驯化中顺利进行,很有必要在驯化的野猪圈内制作一个可以隔离野猪的钢笼,一般用镀锌钢管焊接,钢管直径4~6厘米,笼子的尺寸,长、宽、高为2米×2米×1.8米。驯化方法是最初将野猪放在钢笼内,周围圈舍放进几头家猪,按1头野猪4~5头家猪的比例放置,最好先放几头母猪,过几天后将野猪放出,将家猪关进笼子,经过一两天的观察,野猪对家猪没有攻击性时即可将家猪放出和野猪一起饲养。野猪和家猪属同宗同族,比较容易接近,通过这种方式可以使野猪得到驯化。采食方面,野猪被捕捉后最初几天将不进食,饲养人员不要慌忙,只要保证供给充足的饮水即可,这个时间供给一些野菜、青草及玉米穗等。

成年野猪的驯化主要针对公野猪,驯化后主要作为父本进行配种,而公野猪恰恰是性情凶猛,力量强大、攻击性很强,驯化时要特别注意,如果要驯化公野猪在猪圈建设时要充分考虑到驯化所需要的笼舍要求,如果在驯化中发现野猪对家猪攻击很厉害,应及时采取措施将家猪放出,防止野猪咬死家猪,更应防止形成习惯。驯化的公野猪,尽快投入配种,为了使配种顺利,在最初应选择经产母猪，利用经产母猪有交配经验优势，使公猪尽快适应配种。

第四节　野猪的杂交与利用

一、杂交的概念及意义

杂交是指不同品种、品系或类群间的交配，遗传学定义是基因频率不同群体之间的交配。杂交的目的是生产出比原有品种、品系更能适应当地环境条件和高产的杂种。杂交一般分为两种：一是杂交改良育种，综合不同来源的优良性状，通过杂交选择，培育出新的品系或品种；二是经济杂交，是指利用不同遗传类型的亲本杂交所产生的具有杂种优势的 F1 代进行生产的一种方式。经济杂交所产生的 F1 代只可利用一次，F1 所产生的后代不能再利用其作为亲本进行繁殖。杂交所产生的后代往往在生活力、生长势和生产性能方面，在一定程度上优于亲本纯繁群体，即杂交后代性状的平均表型值超过杂交亲本性状的平均表型值，即杂种优势。杂种优势在养猪生产中已经得到广泛的应用，取得明显的效果。杂种猪往往集中了双亲的优点，表现出生活力强，繁殖力高，体质健壮，生长快，饲料利用率高，抗病力强，易饲养等特点，将野猪和家猪杂交可以充分利用野猪具有抗病力强、耐粗饲、体质健壮等优点；发挥家猪繁殖力高、生长速度快、易饲养等特点。将杂交优点的有效结合生出的具有特色猪肉，提高养殖的经济效益。

二、杂交基本方法

杂交方式主要有简单杂交、三元杂交、轮回杂交和双杂交 4 种。

简单杂交也就是两品种杂交，就是将两个品种进行杂交获得杂种一代，杂种一代全部用作商品肉猪，甲品种♂（公）×乙品种♀（母）= F1 杂交猪、F1 杂交猪中含甲品种血液 50%、含乙品种血液 50%，杂交方式简单，成本低，容易推广。

三元杂交就是三品种杂交，方法是首先使用二品种杂交获得二品种一代杂种，在一代杂种中选留优秀杂种母猪作母本，再用第三品种公猪交配；产生的后代全部用作商品肉猪。甲♂ ×乙♀ =F1 杂交猪、丙♂ ×F1 杂交猪♀（甲 50%、乙 50%）=F2 杂 2 代（甲 25%、乙 25%、丙 50%）（商品猪）；三品种杂交的效果不稳定，原因是要利用二元杂交的一代杂种，再与第三品种杂交，最终获得三元杂交的商品猪。由于一代杂种的遗传性不稳定，具有较强的可塑性易受外界条件的影响而变化，再与第三品种杂交时杂种优势不稳定；三元杂种会出现一致性差的分离现象，但三元杂交可充分利用二品种一代杂种繁殖性能的杂种优势。由于繁殖性能主要决定于母本，所以三元杂交时二元杂种主要用作母本。

轮回杂交又叫轮替杂交、交叉杂交，是猪生产中杂交繁育方法之一。指用 2 个或 2 个以上不同的品种轮回进行杂交，在每代杂种后代中将大部分杂种宰杀利用，只用少量的优良杂种母畜依序轮流与亲本品种的公畜交配，以便在每代杂种后代中继续保持和充分利用杂交优势的杂交方法。现以 A、B、C 3 个品种为例说明如下，先用 A 与 B 两品种杂交，将所产具有杂交优势的后代，大部分宰杀作为商品使用，仅留少部分优良母畜，长大后再用 C 品种公畜与之交配，产生第二代杂种，将这些二代杂种大量作为商品使用，留少量母畜，长大后再用 A 品种公畜杂交，生产第三代杂种，淘汰大部分再留少量优良母畜，再用 B 品种公畜与之杂交，这样就完成了一次轮回杂交。以后所产第四代杂种母猪又先用 C 公畜，然后第五代杂母用 A 公畜，第六代杂母用 B 公畜杂交，这样用 C、A、B 公畜轮流杂交下去，这种方式就是轮回杂交。野猪生产中一般采用两品种轮回杂交，用野猪公猪和家猪母猪杂交获得杂交一代后，选择优秀杂种后代母猪，逐代地分别与原始亲本野猪品种回交，如此继续不断地轮回到三代或四代，作为商品利用。二品种轮回杂交需饲养野猪亲本公猪，但为了防止亲缘交配，应更换公猪，生产中要饲养一定数量的公猪避免出现近亲即可。

所谓双杂交就是先用 4 个种群分两两杂交，所产的杂交后代再进行杂交，通过 4 个品种的杂交，分别获得杂交优势，将集中 4 个品种优势的后代作为商品，从而获取较高经济效益的一种杂交方式。

三、提高杂交优势的途径

1. 杂交亲本的选择

要充分利用杂交优势生产特种野猪，其亲本选择非常重要，亲本选择是选择父本和母本，首先是父本选择，选择野猪的父本应根据不同地区不同条件进行选择，野猪父本选择的余地相对较小，在亲本选择上要根据其分布区域选择最适应的野猪公猪作为父本。其次是选择母本，野猪的母本选择余地很大，既可以选择引进的外来品种如目前饲养的杜洛克猪、长白猪、大约克猪等，也可以选择一些地方品种，如东北地区选择民猪、新金猪、松辽黑猪等；西北地区选择八眉猪、河西猪、甘肃黑猪、关中黑猪、汉江黑猪等；华北地区可以选择北京黑猪、河套大耳猪、汉沽黑猪、山西黑猪等；华中地区可以选择阳新猪、湖南大围子猪、湘西黑猪、南阳黑猪等；华东地区可以选择莱芜猪、沂蒙黑猪、太湖猪、苏太猪、皖北黑猪、槐猪等；华南地区可以选择粤东黑猪、陆川猪、海南猪、五指山猪等；西南地区可以选择乌金猪、滇南小耳猪、内江猪、藏猪、宝山猪等。最好选择产仔性能高、护仔性强、耐粗饲、肉质好的当地品种。

2. 亲本的选育提高

（1）野猪种公猪的培育　种公猪选育提高是养好野猪的关键，人常说"母猪好，好一窝；公猪好，好一坡"，说明公猪在养猪中的重要性，公猪的优劣决定着猪场生产水平的高低，野猪也是一样的，种公猪对其生产有重要的作用，种公猪的选择目标是配种能力强，体质结实，体况不肥不瘦，精力充沛，具有旺盛的性欲，良好的精液品质，配种受胎率高。生产中首先是纯种选育，即将捕捉到的野猪或者引进的野猪通过自繁选留较好的野猪作为种用，并通过良好的饲养管理提高使用价值；其次是通过利用纯种公野猪和杜洛克猪杂交，所得后代后在和另一野猪进行级进杂交，培育出含野猪血统较高，体况和生长速度较快的公猪作为生产公猪。采用的方法为：纯种公野猪×杜洛克母猪杂交，产生杂交一代（F1），杂交一代的杂种野猪含野猪血统 50%，选择其中杂交一代母猪（野杜一代）F1，再同另一优良的纯种野猪的公猪杂交，产生杂交二代（F2），杂交二代公野猪含野猪血统 75%。根据需要再用杂交二代（F2）野杜母猪和另外选择的不同血统的纯种公野猪杂交，生产野杜杂交三代（F3），使其含父本野猪血统达到 87.5%。通过这样杂交和培育使其成为生产中可以利用的野杜（F2）和野杜（F3）父本公猪。利用这种公猪和经过选择的母本杂交，生产优质的肉用野猪。条件具备的生产场还可以利用这种方式进一步杂交，从中选择理想体形，作为培育良种公野猪的基础，通过横交固定培养出优质种公猪，但要注意避免近亲交配，防止出现返祖现象。

（2）母本的选择与培育　野猪生产的主要目的是生产高品质的猪肉，只有优良的品质才能适应市场的需求。因此，在选择母本时，要针对野猪生产中存在的不足，选择性成熟早，产仔数多，发情明显，受胎率高，母性好，带仔成活率高，而且肉质好，肌纤维细而密，肌间脂肪丰富，肌肉大理石花纹明显，含水量少，色泽鲜艳，鲜嫩多汁的地方品种，而且这些品种还要具有抗寒耐热，耐粗饲和粗放管理等特点，以便与野猪进行互补。在实际生产中，一是选择我国地方优良品种，因为我国地方优良品种具有产仔数多，可以达到 11～13 头，性成熟早，3～4 个月即可性成熟，5 个月即可配种，发情明显，受胎率高，母性好，仔猪成活率高，饲料报酬和瘦肉率低，肉质好。二是选择培育品种，因为引进品种产仔也多，可以达到 9～11 头，性成熟早，5 个月可性成熟，6 个月可配种，发情明显，受胎率高，母性好，仔猪成活率高，生长速度比地方品种快，瘦肉率和饲料报酬比地方品种高，肉质好等。这些特点可以和纯种野猪的产仔少（4～6 头），季节性发情，且表现不明显，性成熟晚，12 个月性成熟等产生互补。

在培育野猪母本中，地方品种猪血统应固定在 50%，过高或过低都不能达到最佳生产性能，因为血统超过 50%，地方品种产仔性能降低，产仔多的优良基因丢失，产仔率明显下降。如果高于 50%，地方品种生长速度慢的基因在后代中会表现出来,影响后代生长速度,所以说地方品种或培育品种的猪的血统保持在50%为最佳。

3. 培育杂优猪

野猪杂优猪是用地方品种和野猪进行杂交,生产商品野猪,根据我国地方品种分布及品种特点,我国地方品种猪分为6个类型:即华北型、华南型、华中型、西南型、江海型、高原型,在生产上,最好根据我国目前野猪的亚种分布进行杂交培育,如华北地区培育可以用野猪的新疆亚种、东北亚种和江北亚种与华北型猪杂交培育,包括用民猪、八眉猪、汉江黑猪、沂蒙黑猪等,华中地区培育可以利用华南亚种和华中地方品种杂交生产,如采用金华猪、南阳黑猪、宁乡猪、福州黑猪、杭猪等;西南地区可以利用印支亚种和当地的荣昌猪、内江猪、关岭猪、乌金猪等杂交培育。

第三章　野猪场建设

野猪场作为野猪最直接、最重要的外部环境条件之一，其场址的选择、场区建设、设备利用以及环境条件等，直接影响野猪生产及经济效益。因此，野猪场设计应该满足野猪的生物学需要，有利于控制舍内环境、执行卫生防疫制度和措施、充分利用生产设备以及合理组织生产等条件。

第一节　场址的选择与规划布局

一、场址的选择

猪场的选址是猪场建设的第一步，直接决定着养猪生产效率及经济效益，因此科学选择场址、合理的规划和布局是猪场建设的关键。场址的选择应综合考虑猪场的性质、规模和任务，以及野猪的生物学特性和饲养方式的特殊性。主要包括以下几个因素：

（一）地形地势

野猪场场址的选择应本着节约用地的原则，选择地形整齐开阔，地势稍高，通风和采光良好，排水方便的平坦地方，能保证野猪舍冬暖夏凉的外界环境，适于野猪的生长。需要特别指出的是在南方多雨天气状况下，要考虑到猪场的积水排放问题，做到防洪防涝；山区选址，应尽量选择比较平缓的向阳坡地，禁忌在山顶、坡地或低洼潮湿的场地建场；在山区建野猪场，要考虑通风条件，最好选择依山傍水，四周有天然隔离屏障地方，不建议在山窝里建设2 000头以上的规模猪场。

（二）土壤特性

所选场地的土壤理化和生物学特性，会对野猪的健康和生产力造成一定的影响。因此，要求野猪场土壤要透气性好、易渗水、热容量大，能有效抑制微生物、寄生虫和蚊蝇的滋生，并可缩短场区内的昼夜温差；同时还要求土壤有一定的自洁能力，避免土壤被污染后难以彻底消毒，存在潜在的危害性。因此选择场址尽量避免在旧猪场场址或其他畜牧场场地上重建或改建。另外，土壤中某些化学元素的缺乏或过多，都会引起或轻或重的地方病，如缺硒易发生白肌病，缺碘易造成甲状腺肿大，多氟易造成斑釉齿和大骨病等，尽量选择各种微量化学成分充足的地区。

（三）水源水质

猪场的用水量很大，主要包括饮用水、冲洗猪舍用水、清洗和制备饲料用水以及消防和灌溉用水等,水源主要来自地下水和地面水。由于地面水容易受到化肥、农药残留等污染,一般选择地下水作为野猪场饮用水源。因此,一定要保障水源的充足,水质的良好以及便于取用,并易于净化和消毒。另外要求从感官性状、流行病学和化学组成方面要符合国家饮用水标准。各类野猪每头每天的总需水量与饮水量如表3－1所示。

表3－1　不同类型猪需水量与饮水量

类别	需水量[升/(头·天)]	饮水量[升/(头·天)]
种公猪	40	10
空怀及妊娠母猪	40	12
泌乳母猪	75	20
断奶仔猪	5	2
生长猪	15	6
育肥猪	25	6

(四)防疫条件

做好野猪疫病的防疫能有效地降低养猪业的风险系数,因此选址应有利于卫生防疫,减少疾病的发生,促进生产,最好具有天然生物防疫的屏障等,另外还可以在猪场周边种植绿色隔离带。如果选址不当,污染会增加疾病的发生,同时使产品有残留毒素,给养猪场生产带来许多困难和不良后果。

(五)周边环境

猪场既要求交通便利,又要求与交通干线保持适当距离,便于饲料和野猪的运输。选址必须符合当地政府的用地规划,在允许养殖用地的范围内选址。为了避免对周围人口稠密区空气和水源的污染,一般要求野猪场距铁路和国家一、二级公路不小于1 000米,距工厂、学校、居民区或其他牧场不小于3 000米,且位于工厂、学校、居民区的下风向较低处。另外,为避免疾病的传播,应远离屠宰场、动物交易市场或者畜产品加工厂。为了避免野猪舍对周围环境的污染,建设猪场时要充分考虑其排污对周边村庄、河流、农田及大气的影响,要求野猪场最好位于住宅区的下风向以及饮用水源的下游,禁止在生活饮用水源上游、保护区、风景旅游区及自然保护区建场。为了做到环保,可以在猪场周围种植农作物和果园,就地使用野猪养殖中的猪粪和污水,小型猪场可以通过建立沼气池来解决猪场猪粪和污水问题。野猪与其他品种猪的不同之处是,具有一定的野性,且比较胆小,容易受到外界环境的惊吓,与一般家猪相比,对环境要求比较高,因此选址时要远离村庄或者人群,选择比较安静的地方。

二、场地规划及建筑物布局

选定场址后,应针对野猪生产特点进行科学的规划,根据选址的地势地形和水源风向,合理安排各类建筑物的位置。一般情况下,整个养猪场分为生产区、生产管理区、隔离区和生活区 4 个大的区域。建筑物的布局要综合考虑各建筑物间的功能关系、卫生防疫、通风、采光、防火和节约用地以及当地全年的主风向和地势等,合理安排各种建筑物的位置、朝向、间距,便于生产管理和防疫。

(一)生产区

生产区是野猪场中的主要建筑区,包括各类猪舍和生产设施,一般占全场总建筑面积的 70% ~80%。猪舍主要包括种猪舍、配种舍、空怀舍、妊娠舍、哺育舍、仔猪保育舍、育肥舍等,对于生产区的各类野猪舍的位置,应根据现场地形和主风向,并综合考虑便于野猪群周转和卫生防疫为原则,合理利用当地资源,从布局上做到对生产最为有利。种猪舍应设在人员流动较少且猪场的上风向区域,种公猪舍放在整个种猪区的上风向,一方面防止母野猪的气味对公野猪形成不良的刺激,另一方面又可利用种公猪的气味刺激母野猪的发情。为了便于饲养管理和配种,一般将种猪舍、配种舍和运动场相连接,空怀舍、妊娠舍、哺育舍、仔猪保育舍和育肥舍间尽量依次相连接。特别指出育肥舍一般设在靠近装猪台比较近的地方,且在整个猪场的下风向处,便于育肥猪的出栏。为了避免运送育肥猪的外来车辆对野猪场造成污染和疾病的传播,应将装猪台设置在养猪场的围墙外。对于易被污染的设施如兽医诊断室、隔离舍、排污区等应设在较远处的下风向处。另外,为了使野猪舍通风和采光良好,有效控制疾病,要适当地控制猪舍之间的距离,不能过于拥挤,一般纵排距离要大于8米,横排距离大于10米。务必在生产区的出入口设置专用的消毒间、消毒室以及值班室和更衣室,对来往的人群和车辆严格消毒。

关于野猪舍的朝向,应综合考虑通风、采光和排污等多个方面,结合当地主导风向和日照情况而定。一般要求野猪舍在夏季避免太阳直射,通风良好;冬季向阳,避风良好;因此冬季或夏季避免主风向与猪舍长轴垂直或平行,与野猪舍长轴有30°~60°为宜,不同地区应根据当地地形、地势做合理的调整。对于场内各类建筑物,要求排列整齐、合理,符合既便于道路、排水管道、排线设施的规划与布置,又便于生产和管理工作。各栋野猪舍之间以满足光照、通风、卫生防疫和防火要求为原则,保持一定的距离,过大场地不能充分利用,过小不利于采光和通风。

(二)生活区

生活区主要包括办公室、接待室、财务室以及工作人员的食堂和宿舍等,是管理人员及其家属日常活动的区域,这个区域一般建在生产区的上风向处,条件不允许可以设在与生产区平行的一侧。与猪场之间应建立围墙或者绿色隔离带,防止放养的畜禽进入生产区,带来潜在的危险。

(三)生产管理区

生产管理区包括饲料加工与调配车间、饲料储存库、配电室、杂品库、变电所等与野猪场生产相关的附属设施,与猪场日常的饲养管理工作息息相关,所以一般要紧邻生产区。

(四)隔离区

隔离区包括兽医室、隔离舍、尸体处理、粪污处理及储存设施等,一般放在野猪场的下风向。隔离区应设置隔离墙,要求墙体高度在3米以上,建筑物的布局应考虑各建筑物之间的功能关系,为做好防疫工作，避免疫病的传播，在隔离区门口设置行人、车辆消毒池，两侧设值班室和更衣室，病猪隔离舍和粪污处理应置于全场最下风向和地势最低处。

（五）猪场内道路

猪场内的道路设施要求不影响正常的生产活动，能够及时做到卫生防疫和提高工作效率，所以场内道路应设净道和污道，净道主要供人行和饲料的运输；污道主要运输粪便、病猪和废弃设置，两者尽量避免交叉。道路要求路面坚实、排水良好，道路路面应倾斜3°～5°的坡度，便于排水。生产区不宜设置直通场外的道路，而生产管理区和隔离区应分别设置通向场外的道路，以利于卫生防疫。

（六）猪场排污

排污设计要遵循利于猪场防疫的原则，采用雨污分离、干湿分离、人猪分离的方式，既有利于饲养人员喂料和清粪，又易于疏通和维修。对于中小型野猪场，可采用管道模式，做到雨污分离，即屋面雨水采用天沟（可用半边塑料管连接）收集，从明道直接排放。采用漏缝地板设计，污水走暗（管）道，接入集污池（沉淀池），从而达到雨污分离，以降低污水处理成本。也可采用简易模式，每栏设1个洞，长35厘米，高10厘米，与外墙底的排尿沟相连。在外墙的底部设一条水泥排尿沟，宽10厘米，高20厘米，相对倾斜度3%～5%，排尿沟与沉淀池相连，沉淀池设在栏舍下端。

（七）猪场绿化

猪场的绿化规划要本着统一安排、统一布局的原则进行，规划时既要有长远考虑，又要有近期安排，要与全场的分期建设协调一致。在规划设计前要对猪场的自然条件、生产性质、规模、污染状况等进行充分的调查。要从保护环境的观点出发，合理规划。绿化时不能影响地下、地上管线和车间生产的采光。为了达到良好的绿化美化效果，树种的选择，除考虑其满足绿化设计功能、易生长、抗病害等因素外，还要考虑其具有较强的抗污染和净化空气的功能。在满足各项功能要求的前提下，还可适当结合猪场生产，种植一些经济植物，以充分合理地利用土地，提高整场的经济效益。场内各区要设置隔离带，如生产区，生活区及行政管理区的四周，都应设置隔离林带，一般可采用绿篱植物小叶杨树、松树、榆树等，或栽种刺笆，刺笆可选陈刺、黄刺梅、红玫瑰、野蔷薇、花椒、山楂等，起到防疫隔离安全等作用。场区道路绿化宜采用乔木为主，乔灌木搭配种植。如选种塔柏、冬青、侧柏、杜松等四季常青树种，并配置小叶女贞或黄洋成绿化带。也可种植银杏、杜仲以及牡丹、金银花等，既可起到绿化观赏作用，也能作为药材。在运动场的东、西、南三侧，应设1～2行遮阳林，一般可选择枝叶开阔，生长势强，冬季落叶后枝条稀少的树种，如杨树、槐树、法国梧桐等。对于生产区内的猪舍，不宜在其四周密植成片的树林，而应多种植低矮的花卉或草坪，以利于通风，便于有害气体扩散。

第二节　各类野猪舍建设

野猪与家猪相比，神经敏感，性格粗暴，野性强，四肢有力，毛硬皮厚，嘴像铁铲，“嘴耕”能力极强，拱刨栏舍，破坏性大。因此，野猪舍的建设，既要考虑到满足野猪的正常生产需要，同时也要考虑到野猪特殊的生物学习性。重点要解决好坚固、保温、隔热、采光、防潮、通风、排水、清理等工程技术问题。以因地制宜、经济适用为原则，既可利用原有房屋进行扩建改造，也可重新布局建造。

一、环境要求

野猪之所以能够保持健康的体质和较高的生产力，依赖于良好的外界环境条件。如果外界环境条件一旦超出了野猪的承受范围，将会对野猪体质造成不利影响，从而影响生产潜力的发挥。所以，野猪场的建设要以野猪对环境条件的要求为依据，对各类建筑和设备的选择以满足野猪的需要为主，遵循简单实用、坚固耐用，便于科学饲养管理为原则。只有给野猪提供了适宜的外界环境条件，才能够保持健康的体质，避免各类疾病的发生，从而发挥生产潜力，取得较好的经济效益。因此，在进行野猪舍建造时，需要考虑以下几个重要因素。

（一）温度

生物体体温的恒定是通过物理调节和化学调节共同来完成的，野猪也不例外。实践结果表明，热应激和冷应激都会给野猪生产带来不利的影响，需要引起足够的重视。如热应激会对种公野猪带来性抑制、精子活力下降、密度降低和畸形精子数增加等不利影响；对于处于繁殖季节的母野猪则会推迟发情期的到来、影响体重的增加等。研究结果显示，野猪对于温度的要求受年龄、体重、营养水平、空气湿度、环境辐射、空气流速和地面性状等的影响。当外界环境温度达到 39℃时，会导致野猪的生长停滞；刚出生的仔猪的最佳温度为 34 ~ 35℃，而育成猪的最佳温度为 20 ~ 24℃，育肥猪的最佳温度为 17 ~ 22℃，成年公猪的最佳温度为 23℃，产仔母猪最佳温度为 17℃。对于规模化野猪场，为了保证能够给不同发育阶段的野猪提供较为适宜的温度，要重点加强夏季的防暑降温和冬季的防寒保暖工作。在夏季，可通过降低饲养密度、猪舍内设置天窗、加大通风量、淋浴等多种方法降温。另外，还可采用在猪舍周围种树木或者搭建凉棚等方法。在冬季，可适当增加饲养密度，增加垫草，增设保温设备，提高营养水平等方法来减少猪体的散热或增加猪体的产热保持猪舍内适宜的温度。特别需要指出的是，对于初生仔野猪，具有皮薄毛稀、体表面积相对较大、体热调节机能不健全等特点，所以在猪场建设时，应充分考虑到其特殊性，增加升温设施（如电热板或保温灯等）。

（二）湿度

猪舍内湿度的来源主要包括水蒸气、猪体呼吸道和皮肤散发的水汽以及地面墙壁等物体表面蒸发的水汽等。野猪舍湿度过高，会降低野猪的抵抗力，增加多种传染性疾病的发生，尤其是各种呼吸道疾病和风湿病的发病率。仔野猪最适宜的相对湿度范围为 60% ~ 80%，育肥野猪最适宜的相对湿度范围为 60% ~ 80%。如分娩舍湿度过高，会减少母野猪的产仔数；育肥舍湿度过高，会导致饲料利用率下降。所以，在生产中，应采取适当的措施控制野猪舍的湿度，如常通风换气、及时清除猪粪尿、勤换垫草等方法，也可在猪舍内使用草木灰、煤灰渣、生石灰、木炭等吸附剂，达到既能吸附水分，又能吸收空气中的臭气的作用。

(三)通风

野猪舍内的有效通风，既可以保持猪舍内的空气质量，降低有毒有害气体的积存，又可以避免高温高湿环境对猪产生的应激。尤其是在冬季，保温和通风往往存在矛盾，冬季猪舍内的有害气体主要有氨气、二氧化碳、硫化氢3种气体；氨气浓度过高，容易引起黏膜充血，导致呼吸道疾病，严重者会引起肺水肿；二氧化碳浓度过高，会造成猪舍内缺氧，引起野猪的精神不振，食欲减退，影响日增重；硫化氢浓度过高，由于其强烈的刺激性，会导致猪眼结膜和呼吸道炎症，严重者导致猪窒息或神经麻痹而死亡。所以，野猪舍的通风显得至关重要，在猪舍设计的时要充分考虑。

野猪舍通风一般采用通风窗的自然通风与机械通风相结合的方式。对于全年封闭的野猪舍，一年四季依靠动力通风，在春、秋、冬季，应将氨气排风扇打开；夏季要采用正压通风和负压通风两种措施，正压送风主要是对野猪舍进行局部降温，负压通风则可将野猪舍内污浊、湿热空气排出，并通过提高风速增加野猪的舒适感。目前，有很多市售的自动排风机，可以根据室内的有害气体的含量，自动开启排气功能。

(四)光照

猪舍内接受适宜的光照，有利于舍内的杀菌和消毒，一方面可以提高猪体的抗病能力，一方面还可以预防佝偻病及其他缺钙疾病的发生。实践经验表明，在母猪舍内保持适宜的光照，有利于母猪的发情、配种和妊娠；而光照时间不足，则会对野猪的采食量和生长速度产生不利的影响。猪舍的光照一般以自然光照为主，辅之以人工光照。

1. 自然光照

猪舍自然光照时，光线主要通过窗户进入舍内。因此，自然光照的关键是通过合理设计窗户的位置、形状、数量和面积，以保证猪舍的光照标准，并尽量使舍内光照均匀。在生产中通常根据采光系数（窗户的有效采光面积与猪舍地面面积之比）来设计猪舍的窗户，种猪舍的采光系数要求为1:（10～12），肥猪舍为1:（12～15）。猪舍窗户的数量、形状和布置应根据当地的气候条件、猪舍的结构特点，综合考虑防寒、防暑、通风等因素后确定。

2. 人工光照

自然光照不足时，应考虑补充人工光照，人工光照一般选用40～50瓦白炽灯、荧光灯等，灯距地面2米，按大约3米灯距均匀布置。猪舍跨度大时，应装设两排以上的灯泡，并使两排灯泡交错排列，以使舍内各处光照均匀。一般情况下，对于规模化野猪场，种猪舍和仔猪舍应适当保持较长时间的光照，仔猪通过延长光照时间或提高光照强度，可增强仔猪肾上腺皮质的功能，提高免疫力，促进食欲，增强仔猪消化机能，提高仔猪增重速度与成活率。对于育肥舍，适当提高光照强度，提高野猪的抵抗力，增进野猪的健康，但提高光照强度也会增加野猪的活动时间，减少休息睡眠时间，因此为了使育肥猪得到充分的休息和提高育肥效果，光照条件不能太强。

（五）饲养密度

野猪舍的饲养密度与野猪舍内空气、卫生状况、猪的采食、饮水和休息都有一定关系。适宜的饲养密度可以促进野猪的采食，提高生长速度。由于野猪的野性比较大，如密度过大，容易引起咬斗现象，从而影响增重和饲料利用率。另外，由于野猪比较胆小和怕惊，受到惊吓后容易出现踩踏、碰撞而造成伤害和死亡，所以在设计猪舍时，要留出缓冲空间。

（六）群居环境

野猪是群居动物，具有群居的生活习性，一般通过争斗决出优胜并形成一定的等级结构，舍饲时这种等级结构尤为明显。对于放牧野猪，食物丰富季节，成群结队集体觅食和集体防卫，这些习性在维持野猪群的安静、采食、活动及个体生长发育方面发挥重要作用。所以，在规划野猪场时，应考虑野猪群群居的习性要求，高密度笼养型、封闭性的集约化野猪舍不适合野猪的习性，而开放性野猪舍比较适合野猪的行为习性。条件允许应在野猪场设运动场，或者在猪舍留出多余的空间供野猪活动，提供给野猪采食、躺卧、饮水、排泄的空间。

综上所述，随着目前野猪生产规模化和集约化程度的不断提高，为了能够获得较大的生产潜力和饲料利用效率，提高野猪的抗病能力，要综合考虑各方面因素，给野猪提供较为适宜的环境。

二、猪舍类型

（一）依据屋顶形式

分为单坡式和双坡式（图 3－1）。单坡式屋顶有一面斜坡构成，具有跨度比较小，结构简单，造价低，光照和通风好等优点，但冬季保温性能较差，比较适合小规模野猪场。双坡式有屋脊，屋顶有两斜坡面，具有跨度大，保温效果好等优点，一般双列猪舍和多列猪舍采用这种形式，但对建材要求较高，具有投资大的缺点，多用在跨度较大的猪舍。

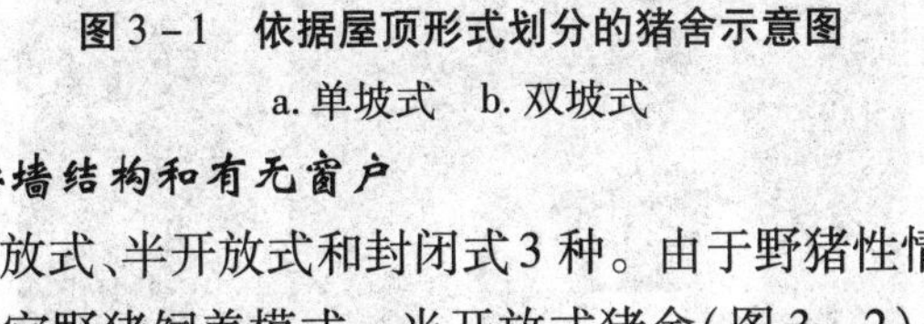

图 3－1　依据屋顶形式划分的猪舍示意图

a. 单坡式　b. 双坡式

（二）按墙结构和有无窗户

分为开放式、半开放式和封闭式 3 种。由于野猪性情凶猛，因此开放式不适宜野猪饲养模式。半开放式猪舍（图 3－2）为三面有墙一面半截墙，保温效果稍高于开放式，冬季可在半截墙以上挂草帘或钉塑料布，能明显提高保温性能。封闭式猪舍（图 3－3）是四面都有墙，根据有无窗户，又可分为有窗和无窗 2 种：有窗式猪舍保温隔热性能较好，可以根据不同季节开闭窗户，调节通风和保温隔热，还可以根据当地气候特点，辅以机械通风，做到冬暖夏凉，其优点是投资少，造价低，施工方便，舍内温、湿度容易控制，这种猪舍可用于我国大部分地区养猪；无窗式野猪舍与外界自然环境隔绝程度较高，墙上只设应急窗，供停电时应急用，不作采光和通风用，因此舍内的通风、光照、舍温全靠人工设备调控，能够较好地给猪舍提供适宜的环境条件，有利于猪的生长发育，提高生产率，但是此种猪舍设备投资较大，维修费用高，耗能高，因此，适合作为我国绝大多数温暖地区的产仔舍和保育舍及北方寒冷地区的各类猪舍。

图3－2　半开放式野猪舍

图3－3　封闭式野猪舍

(三)按猪栏排列

分为单列式、双列式和多列式(图3－4)。单列式猪舍猪栏排成一列,靠北墙一般设饲喂走道,舍外可设置运动场,这种猪舍构造简单,跨度小,建筑材料要求低,省工、省料,造价低;但存在建筑面积利用低,送料、送水、清粪采用机械化不经济的缺点,只适合于种猪舍或冬季不是很冷的地方。双列式猪舍内猪栏排成两列,中间留走道,具有建设面积利用率高,管理方便,保温性能好,便于机械化等优点,但存在北侧猪栏采光性较差,舍内容易潮湿等缺点,适用于冬季寒冷的北方地区。多列式即猪舍内猪栏排成三列或三列以上,优点是能有效地利用猪舍建筑面积,猪栏集中,容纳猪的数量多,管理方便和冬季保温性能好等优点,但是存在采光性差,舍内通风不良,阴暗潮湿等缺点。

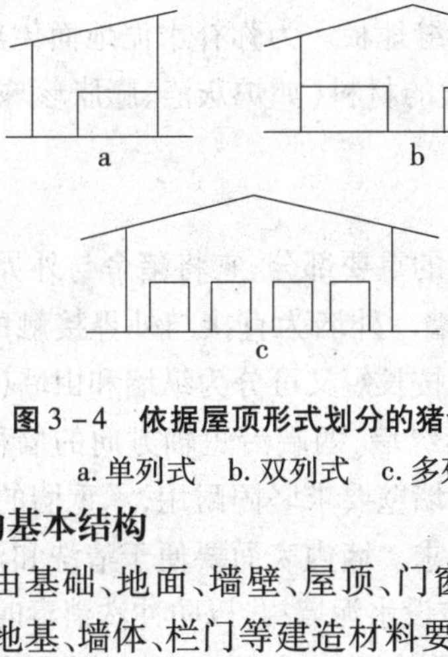

图3－4 依据屋顶形式划分的猪舍示意图

a. 单列式 b. 双列式 c. 多列式

二、猪舍的基本结构

猪舍主要由基础、地面、墙壁、屋顶、门窗等部分构成。根据野猪习性,地面、地基、墙体、栏门等建造材料要求质地坚硬,具有一定的抗压强度,同时也要坚固耐用和防逃防窜。运动场外墙、间墙上装钢制防逃防窜网。所有与舍外相通的孔隙加设铁栅栏板防逃。

1. 基础

基础是猪舍的地基部分,主要作用是承载猪舍自身重量、屋顶积雪重量和墙、屋顶承受的风力,要求有足够的强度和稳定性。因此黏土、黄土、富含有机质的土层不宜作地基,而沙、碎石、岩性土层、沙质土层是良好的天然地基。基础的埋置深度，根据猪舍总荷载、地基承载力、土层冻胀度、地下水位及气候条件等确定，宽度一般应比墙宽10～15厘米，基础受潮会引起墙壁及舍内潮湿，应注意基础的防潮防水。为防止地下水通过毛细管作用浸湿墙体，在基础墙的顶部应设防潮层。

2. 地面

猪舍地面是猪活动、采食、躺卧和排粪尿的地方，地面好坏对猪舍的空气环境及猪的生产性能有较大的影响。猪舍地面要求保温、坚实、不透水、平整、不滑，便于清扫和清洗消毒。地面一般应保持2%～3%的相对坡度，以利于保持地面干燥。土质地面、三合土地面和砖地面保温性能好，但不坚固、易渗水，不便于清洗和消毒。水泥地面坚固耐用、平整，易于清洗消毒，但保温性能差。目前猪舍多采用水泥地面和水泥漏缝地板。为弥补水泥地面传热快的缺点，可在地表下层用孔隙较大的材料（如炉灰渣、膨胀珍珠岩、空心砖等）增强地面的保温性能。

3. 墙壁

墙为猪舍建筑结构的重要部分，它将猪舍与外界隔开。按墙所处位置可分为外墙、内墙。外墙为直接与外界接触的墙，内墙为舍内不与外界接触的墙。按长短又可分为纵墙和山墙（或叫端墙），沿猪舍长轴方向的墙称为纵墙，两端沿短轴方向的墙称为山墙，猪舍一般为纵墙承重。猪舍墙壁要求坚固耐用，承重墙的承载力和稳定性必须满足结构设计要求。墙内表面要便于清洗和消毒，地面以上1.0～1.5米高的墙面应设水泥墙裙，以防冲洗消毒时溅湿墙面和防止猪弄脏、损坏墙面。同时，墙壁应具有良好的保温隔热性能，这直接关系到舍内的温、湿度状况。我国墙体的材料多采用熟土砖。砖墙的毛细管作用较强，吸水能力也强，为保温和防潮，同时为提高舍内照度和便于消毒等，砖墙内表面宜用白灰水泥砂浆粉刷。墙壁的厚度应根据当地的气候条件和所选墙体材料的热工特性来确定，既要满足墙的保温要求，同时又尽量降低投资，避免造成浪费。

4. 门窗

窗户主要用于采光和通风换气，窗户的大小、数量、形状、位置应根据当地气候条件合理设计。窗户面积过大，采光多、换气好，但存在冬季散热多和夏季向舍内传热多的缺点，不利于冬季保温和夏季防暑。门主要供饲养人员与猪的出入，外门一般高2.0～2.4米，宽1.2～1.5米，门外设坡道及消毒池，便于猪和饲料车的出入及消毒。

5. 屋顶

屋顶起遮挡风雨和保温隔热的作用，要求坚固，有一定的承重能力，不漏水、不透风，夏季能减少太阳辐射热传入猪舍和冬季减少舍内热的损失，因此要求屋顶必须具有良好的保温隔热性能。良好的猪舍屋顶，可明显提高其保温隔热性能，但随之投资也会增大。常用的屋顶有：瓦顶，具有坚固、防寒、防暑等优点，但存在造价高的缺点；水泥顶或石板顶，具有结实不透水的优点，但其缺点是导热性高，夏季过热，冬季阴冷潮湿；泥灰顶，其优点为造价低、防寒、防暑，能避风雨，但由于其不坚固，需要经常维修，目前较为常用的屋顶为夹层彩钢瓦，具有保温性能好、重量轻、容易施工等优点，是猪舍屋顶的理想材料。

三、各类野猪舍的建筑特点

（一）种公猪猪舍

种公野猪的野性比较强，性情粗野，对圈舍地面及设施的破坏力极大，所以对野猪舍的牢固性要求比较高。根据不同地域的气候特点，在北方一般采用半开放式或封闭式猪舍，南方常采用半开放式猪舍。野猪圈建筑高度一般不低于1.7米，对个别性情活泼、爱跳跃的野猪，圈舍上另加固铁网，尺寸一般为3米×3.5米，地面相对坡度1%～3%比较适宜，但坡度不可过大，否则猪站立或活动时易打滑；坡度过小则容易积水。斜面最好有防滑拉纹，防止打滑。运动场一般安装有饮水设施，为防止损伤种公野猪的肢蹄，运动场地面铺些草皮和30厘米以上的黄沙，一般纯种野猪场运动场不小于50米^2，也可以根据需要建设专门的运动场，如图3－5。

图 3－5　野猪运动场

（二）空怀母猪舍

空怀母猪舍根据饲养规模建造不同的类型，规模小的野猪场，应建成单排半敞开式；规模大的野猪场，应成双排半敞开式猪舍或封闭式猪舍。单排半敞开式空怀母猪舍应坐北朝南，东西走向。群养时，空怀母猪每圈 4～5 头，可以节约圈舍，提高圈舍利用率，但是容易相互诱发发情，且发情不易检查。空怀母野猪隔栏单养时，可以与公猪饲养在一起，4～5 头待配母猪对应一个公猪栏，不用专设配种栏；同时单栏饲养容易进行发情鉴定，便于配种。对于纯种母野猪舍，猪圈墙高应在 2～2.2 米，如图 3－6。

图 3－6　空怀母猪舍

(三)妊娠母猪舍

妊娠母野猪对环境冷、热比较敏感,尤其是怕高温。所以在南方,妊娠母猪舍应通过增加高度提高通风量,高度以 4 米为宜,屋顶采用复合式结构,圈舍前后应种植树木、植物,避免阳光的直接照射。为了避免野猪因抢食时打斗,群养时,饲喂时采用隔栏定期采食,用栏网把食槽分开,将母野猪在限位栏内饲养,平时可在大栏内自由活动。配种后的母猪,在限位栏内饲养 7~10 天后,打开限位栏让其到运动场内自由活动,既能使妊娠母猪得到充分锻炼,减少母野猪蹄病和难产,延长母野猪的使用年限,又有利于妊娠母野猪的保胎和有计划控制每头母野猪的采食量,规模较大的野猪场可采用集约式妊娠母猪舍,如图 3-7。

图 3-7 怀孕母猪舍

(四)产仔哺育舍

主要用来供野猪分娩、哺育仔野猪用,所以设计时要同时兼顾母野猪和仔野猪的需要。仔野猪初生个体比家猪小,生长速度慢,对外界的适应能力比家猪弱,且比较怕冷,所以一般采用封闭式猪舍。为了保持猪舍内的温度,屋顶采用多层复合式结构。由于漏缝地板容易对母野猪趾蹄造成伤害,所以地面应选用水泥或红砖铺设地面也可以用漏粪地板。由于断奶时间比家猪要长(南方和北方温暖季节 45~50 天,寒冷季节 50~60 天),导致母野猪哺育期较长,体内营养消耗比较大，所以要尽量促使仔野猪提早开始多吃料，减少其对母乳的依赖。一般在仔野猪3周龄时采用铁丝网将仔野猪和母野猪分开，避免母猪进入仔猪舍，同时尽量使母野猪和仔野猪在哺乳时间在一起，其他时间让仔野猪在运动场和仔野猪舍内活动和吃食。另外，也可以采用复合产床饲养，但不能采用市场上家猪产床，因为野猪相对于家猪体格偏小，性情野蛮，容易造成设备损坏和跳圈现象，如图3－8，图3－9。

图3－8　野猪产床

图3－9　野猪产仔箱

（五）保育舍

保育舍的基本要求是防寒保暖，在南方应建成半敞开式猪舍，北方建成封闭式猪舍，墙体采用空心砖。饲养规模小可建成坐北朝南的单排猪舍，饲养规模大可建成南北走向的双排猪舍。在寒冷地区，保育舍北面窗户要少，冬季用塑料布封闭，舍内要安装取暖设施，进入比较寒冷的季节可进行人工供暖。仔野猪培育可采用地面或网上群养，每圈 8～12 头；保育舍内设置仔野猪卧睡区，地面铺设 20 厘米的木渣或粉碎的玉米秸，上面铺木板，用来保持舍内干燥温暖，防止仔野猪直接接触冰冷地面受凉而发生腹泻等疾病。为了保证充足的清洁饮水和营养丰富的饲料，在保育舍内应安装自动饮水器和自动食槽；还可在保育舍外设适宜的小型运动场，以便于仔野猪充分运动，提高抵抗力，减少疾病的发生，条件许可也可以使用漏粪地板，如图 3－10。

图 3－10　野猪保育及保育床

（六）育肥舍

生长育肥猪一般是杂交后代，其性情相对较温驯，由于生长育肥猪对外界温度具有较强的适应能力，所以育肥舍的建造应本着节省投资、实用的原则，尽量利用廉价材料，且能做到避风遮雨、防寒保暖。南方地区的育肥舍，应坐北朝南，建成东西走向，并适当增加猪舍高度，利于通风降温，做到夏季防暑降温。野猪舍内要安装棚屋降温设施，以备高温季节对猪舍采用人工降温。夏季可以在猪舍南面栽树木，利用树冠遮蔽阳光。北方地区的育肥舍要建成南北走向的半敞开式双排猪舍，适当降低猪舍高度，一般以 3～3.2 米为宜，便于防寒保温。为了增加冬季阳光对猪舍的光照面积，可将围墙到棚顶的敞开长度加长，覆盖双层塑料薄膜，夜间加以草帘覆盖，增加猪舍保温能力。野猪的野性特别强，又善于运动，可在育肥舍旁边设运动场，适当的运动还可以改善野猪的肉质；运动场应种植树木，便于在夏季为运动场遮阳。生长肥育猪多采用地面群养，由于其活动能力较强，要求育肥舍比家猪大，每圈 8～10 头，每头猪占栏面积和采食宽度没别为0.8～1.0 米^2 和35～40 厘米，半开放育肥猪舍如图 3－11，双列式猪舍如图 3－12。

图 3－11　半开放育肥猪舍

图 3－12　双列式猪舍

第三节　野猪生产设施建设

野猪因不同的生理阶段和生产目的，需要不同的生活环境条件。现代化养猪就是利用现代化科学技术，给野猪创造良好的生存环境，充分发挥它的生产潜力，以提高野猪场的生产水平和经济效益。因此，正确合理配置野猪场设备设施，是建好猪场的一项十分重要的工作，设施的合理配置，不仅能有效地控制野猪场环境，改善饲养管理条件，利于卫生防疫，减少疾病发生，促进猪群正常发育和生产性能的充分发挥，而且还能降低饲料和饮水的消耗，减轻饲养人员的劳动强度，提高劳动生产率。

一、地板

主要包括实体地板、实体和漏缝结合地板、全漏缝地板。

（一）实体地板

实体地板一般是由混凝土制成，应向过道和排水沟保持一定的倾斜度，当地板无倾斜度或倾斜方向不正确时，地板上会有水坑。通常饮水器安置在实体地板的较低处，以避免整个猪栏内地板的潮湿。因此，实体地板具有造价便宜的优点，但存在难保持清洁，清除粪便难度大以及冬天寒冷和潮湿等缺点，一般情况下不用于产仔哺育舍和保育舍。

（二）漏缝地板

漏缝地板是目前现代化养猪场较为常用的一类地板，易于清除猪的粪尿、减少人工清扫、保持栏内清洁卫生、改善环境条件，最常用的是粪尿沟上敷盖漏缝地板。对漏缝地板的要求是耐腐蚀、不变形、表面平整、坚固耐用，具有不卡猪蹄、漏粪效果好等优点，便于冲洗、保持干燥。漏缝地板距粪尿沟约 80 厘米，沟中经常保持 3 ~ 5 厘米的水深。根据材质的不同，漏缝地板有水泥、金属、生铁和塑料漏缝地板等。其中金属地板由金属条排列焊接（或用金属编织）而成，具有漏缝效果好，易冲洗、栏内清洁、干燥、猪行走不打滑等特点，比较适用于分娩母猪舍和保育猪舍；塑料漏缝地板由工程塑料模压而成，可将小块连接组合成大块面积，具有易冲洗消毒、保温好、防腐蚀、防滑、坚固耐用、漏粪效果好等特点，比较适用于分娩母猪舍和保育猪栏。水泥漏缝地板表面应紧密光滑，否则表面会有积污而影响栏内清洁卫生，水泥漏缝地板内应有钢筋网，以防受破坏，见图3－13、图3－14。

图3－13　水泥漏缝地板

图3－14　塑料漏缝地板

二、猪栏

在猪舍中安装猪栏的主要目的是便于饲养管理和改善环境，有效地利用猪舍面积，提高管理效率，使用猪栏可减少猪舍占地面积。根据材料的不同分为实体猪栏、栅栏式猪栏和综合式猪栏。在大型的野猪场，应设有专门的配种栏，便于安排种猪的配种。其中实体猪栏采用砖砌结构，外抹水泥；栅栏式采用金属型材焊接成栅栏状再固定而成，一般要求栅栏式猪栏的间距为：成年猪 <10 厘米，哺乳猪 <3.5 厘米，保育猪 <5.5 厘米，生长猪 <8.0 厘米，育肥猪 <9 厘米。综合式猪栏采用实体和栅栏两种综合而成，两猪栏相邻的隔栏采用实体结构，沿饲喂通道的正面采用栅栏式结构。有的野猪可以跳得很高，一般的猪栏间隔矮墙野猪会一跃而过，因此直接在野外抓回的原生野猪的围栏一定要高，或者在普通猪栏上安装铁丝网防逃，而对于驯化的野猪或杂交改良的二代野猪，围栏可以稍矮些。

根据饲养对象种类的不同，猪栏可分为公猪栏、配种栏、妊娠栏、分娩栏、保育栏、生长肥育栏等。

（一）公猪栏、配种栏

配种工作是提高繁殖效率与确保猪场“全进全出”均衡生产的基础，是养猪生产中十分重要的生产环节。目前公猪栏和配种栏的构造有实体式、栅栏式和综合式 3 种。公猪栏按每饲养 1 头种公猪设计，一般占地 7 ~ 9 米^2，采用混凝土结构，为了便于通风和管理人员观察和操作，栏门采用金属结构；一般在舍外公猪栏相对位置配置运动场。公猪栏可兼作配种栏，配置方式有两种：一种是公猪栏对侧同时对应 3 ~ 4 头母猪栏，两者之间紧密接触；另一种是待配母猪栏与公猪栏间相隔通道，配种时将母野猪赶到公野猪栏内配种，此种配种栏公母猪不能直接接触，但可以使用镂空铁围栏，利于公母野猪相互观望，促进母野猪发情，这种猪栏具有使公猪较好诱导空怀母猪提前发情和便于配种的优点，但存在建设消耗金属材料多，一次性投资较大的缺点。

（二）妊娠栏

妊娠栏有单体栏、群饲栏和群养单饲栏 3 种。单体栏前后均设栏门,长度为2.0~2.3米,宽度为0.5~0.7米,前部隔条间距小于10厘米。单饲可避免妊娠母野猪采食不均和相互斗争,有利于控制母野猪膘情和减少机械性流产,但此种妊娠栏会导致妊娠母野猪运动量少,容易发生难产,从而缩短母野猪使用年限,且饲养成本比较高;群养单饲栏前用隔栏分为几个单饲区,隔栏长度为0.6~0.8米,宽度为0.5~0.6米,在后部设置母野猪趴窝运动区。群养单饲既可以保证母野猪有一定的运动空间,又可实现限量饲喂,避免母野猪采食不均和争斗现象的发生,是比较适于野猪的一种饲养方式;群饲栏就是将几头母猪饲养在一个圈舍,这种栏可增加母猪运动量,但母野猪之间为了占有资源与领域常引发同栏间争斗,容易导致膘情不一和机械性流产。图3-15是现代饲养条件下的单体限位栏。

图3-15　现代饲养条件下的单体限位栏

(三)分娩栏

分娩栏是一种单体栏,是专为母野猪分娩哺乳和哺育仔猪设计的专用栏圈,主要起到保护仔野猪,防止仔野猪被母野猪压死的作用;同时可为初生仔野猪提供30℃左右的环境以及良好的卫生条件,减少疾病的发生。母野猪分娩栏主要由母猪限位架、仔野猪围栏、仔野猪保温箱和网床4部分。其中母野猪限位架长2.0~2.3米、宽0.6~0.7米、高1.0米,一般采用圆钢管和铝合金制成,后部安装漏缝地板，是母野猪分娩和仔野猪哺乳的地方，两侧是仔野猪采食、饮水、取暖和活动的地方；仔野猪围栏的长度与母野猪限位架相同，宽1.7～1.8米、高0.5～0.6米，是仔野猪采食、饮水、取暖和活动的地方；仔野猪保温箱用水泥预制板、玻璃钢、木板或其他具有高强度的保温材料制成，这种栏在杂交野猪母猪中使用较多。纯种野猪由于野性较强，不宜使用母野猪分娩栏，可以采用单独的分娩圈舍，附设仔猪保育箱。目前，结合我国现代化猪场饲养分娩母猪的实践，研制出高位分娩栏，是当前饲养分娩、泌乳母野猪和哺乳仔野猪的理想设备。其将金属编织漏缝地板敷设在粪沟上，再在金属地板网上安装母猪限位架、仔野猪围栏和仔野猪保温箱等，这样母野猪分娩和哺乳可以在网上进行，粪尿及时通过漏缝地板掉入粪沟中，可使仔野猪和母野猪避免受到粪尿污物和地面低温潮湿的影响，大大改善了饲养环境，有效减少仔野猪下痢等疾病，从而提高仔野猪的成活率，生长速度和饲料转化率。

（四）仔野猪保育栏

刚断奶转入仔野猪保育栏的仔猪，生活上有很大的转变，由依靠母野猪生活过渡到完全独立生活，对环境的适应能力较差。因此要求保育栏为仔野猪提供清洁、干燥、温暖和空气新鲜的生长环境。高位网上饲养与水泥地面饲养相比，仔野猪体重平均提高15%，饲料利用率提高10%～12%，成活率可达96.32%。目前我国现代化猪场多采用高位网上保育栏，主要由围栏、自动食槽和金属编织漏缝地板网3部分组成，由连接卡和支腿将金属编织网设在粪沟上面，相邻两栏在间隔处设一双面自动食槽，供两栏仔野猪自由采食，每栏安装一个自动饮水器。这种饲喂方式，粪尿可随时通过漏缝地板落入粪沟中，保持网床的干燥、清洁，使仔野猪避免粪便污染，减少疾病的发生，大大提高仔野猪的成活率。保育栏的尺寸，可根据猪舍结构不同而定。一般栏高设计为0.7米，栏宽1.8米，侧栏间隙8厘米，离地面高度为25～30厘米，每头保育猪网床面积为0.3～0.35米^2，见图3－16。

图3－16　仔野猪保育栏

（五）育成、肥育栏

生长肥育猪通常采用地面饲养，地面铺设局部的漏缝地板，其栏架有金属栏和实体式两种结构。一般生长肥育栏高1.2～1.5米，占地面积生长肥育栏按每头1.0～1.2米^2。

三、食槽

野猪的食槽种类很多，按其取材来分，有水泥食槽和金属食槽；其中水泥食槽主要用于配种栏和分娩栏，具有坚固耐用，造价低，可同时作饮水槽等优点，但是卫生条件较差；金属食槽主要用于怀孕栏和分娩栏，便于同时加料和清洁，使用方便。根据饲喂方式，食槽可分为自动食槽和限量采食食槽两种。

（一）自动食槽

自动食槽适用于饲喂生长、育肥期野猪，可让野猪自由采食。自动饲槽可以用钢板制造，也可用水泥预制板拼装，在食槽的顶部装有饲料储存箱，储存一定量的饲料，随着野猪的吃食，饲料在重力作用下，不断落入食槽内。其优点是可以间隔较长时间加一次料，减少饲喂工作量，大大提高了劳动生产率。

（二）限量食槽

限量食槽具有坚固耐用，价格低廉，并可兼作水槽用等优点，但具有卫生条件较差等缺点，所以一般应用于公、母野猪等需要限量饲喂的猪群。为了避免饲喂时野猪之间的争食,应将食槽的长度与猪肩部宽度等长,太长容易造成食槽浪费和野猪进到食槽内污染饲料。

四、供水和饮水设备

野猪场不仅需要大量饮用水,而且各生产环节还需要大量的清洁用水,这些都需要由供水和饮水设备来完成。猪饮用水和清洁用水的供应,为同一管路。因此,供水和饮水设备是猪场不可缺少的设备,应用较为广泛的是自动饮水系统(包括饮水管道、过滤器、减压阀和自动饮水器等)。

(一)供水设备

猪场供水设备包括水的提取、储存、调节、输送分配等部分。供水可分为自流式供水和压力供水。现代化猪场一般采用压力供水,其供水系统主要包括供水管路、过滤器、减压阀、自动饮水器等。

(二)自动饮水设备

野猪舍的供水方式分为定时供水和自动供水两种。定时供水就是在饲喂前后在食槽中放水,食槽兼用水槽,具有耗水量大、水质容易污染和传播疾病以及耗费人力等缺点;自动供水是在猪舍内安装自动饮水装置,具有水质干净、不容易污染、便于饲养管理和防疫等优点,是目前最常用饮水方式。猪用自动饮水器的种类有乳头式自动饮水器、鸭嘴式自动饮水器和碗式自动饮水器等。其中乳头式饮水器具有便于防疫、节约用水等优点,由饮水器体、顶扦(阀扦)和钢球组成。乳头式饮水器对水质要求高,易堵塞,应在前端加装过滤网。由于乳头式的结构和性能不如鸭嘴式饮水器,鸭嘴式自动饮水器结构简单,耐腐蚀,工作可靠,不漏水,寿命长,密封性能好,符合猪饮水要求的特点。安装时饮水器离地高度随猪体重变化而不同。由于野猪的习性,对饮水器的破坏力较大,因此生产上不宜采用乳头式或鸭嘴式自动饮水器,但可以选择具有节水、坚固、耐用特点的钢制碗式自动饮水器。

五、降温与采暖设备

(一)供热保温设备

公野猪、母野猪、育肥野猪等,具有较强的抵抗力,饲养密度较大时,自身散热足以保持所需舍温,因此一般不需要供暖。对于仔猪舍,由于其自身的抵抗力较弱,需要安装加热设备,满足仔野猪对温度的较高要求。现代化的猪舍供暖分为集中供暖和局部供暖两种方式,集中供暖是由一个集中供热设备,如锅炉、燃烧器、电热器等,借助煤、油和电将水和空气加热,再通过管道将介质输送到猪舍。猪场内的加热设备主要针对仔猪,所以用于分娩舍和保育舍。常用的局部供暖设备有远红外线辐射板、电热保温板和红外线灯等,这些设备本身的发热量和温度不能调节,但可通过调节灯具的吊挂高度来调节仔猪群的受热量,这类设备比较简单,安装方便灵活。

(二)通风降温设备

为了排除猪舍内的有害气体,降低舍内的温度和局部调节温度,猪舍内要注意通风换气。是否需要采用机械通风,可根据野猪场具体情况来确定,如果猪舍面积小、跨度不大、门窗较多,为了节约能源,可采用自然通风;如果猪舍面积大、跨度大、猪饲养密度高时,一定要采用机械强制通风,才能保证舍内空气的质量。通风时需要注意:①避免风机通风短路,必要时可采用导流板引导风向。②如果采用单侧排风,应将两侧相邻猪舍的排风口设在相对的一侧,避免一个猪舍排出的污浊空气被另一个猪舍吸入。③尽量使气流在猪舍内各个空间通过,特别是粪沟上不要造成死角,以达到换气的目的。舍内尽量选用大直径、低速和小功率的通风机,其具有通风量大、噪声小、耗电量少、可靠耐用和适宜长期使用等优点。

猪舍降温常采用水蒸发式冷风机,利用水蒸发吸热原理以达到降低舍内温度的目的。一般在干燥气候条件下使用,降温效果较好;如果空气湿度过高,则降温效果较差,还可安装舍内喷雾降温系统,将冷却水在压力泵的作用下,通过喷水管系统喷出水雾,在猪舍内蒸发吸热，达到降温的目的。目前，湿帘风机降温系统是应用比较多的降温方法，其原理为在波纹状的纤维纸表面有层薄的水膜，当室外的干热空气被风机抽吸穿过水帘纸时，水膜中的水会吸收空气中的热量后蒸发，带走大量热量，使经过水帘的空气温度降低，经过处理后的凉爽湿润空气进入室内，与室内的热空气混合后，通过风机排出室外，见图 3－17。整套系统由湿帘、风机、循环水路和控制装置组成，湿帘是由一种表面积较大的特种波纹蜂窝状纸质做成，负压风机一般是轴流风机，每栋猪舍所需台数由换气量来决定；水循环系统由水泵和输水管道组成，采用自来水或者井水作为水源；控制系统主要由温度感应器和一些控制调节按钮等组成。湿帘装在密闭房舍一端山墙或侧墙上，风机装在另一端山墙或侧墙上，降温风机抽出室内空气，产生负压迫使室外的空气流经多孔湿润湿帘表面时，使空气中大量热量进行转化处理从而迫使进入室内的空气降低 10～15℃，并不断地引入室内进行防暑降温。

图 3－17　湿帘风机降温系统结构

六、清洁与消毒设备

凡是进入野猪场的人员必须经过洗澡、更换场内工作服，所以在野猪场大门口及各区入口处、各猪舍的入口处，应设有车辆消毒池、脚踏消毒槽和喷雾消毒室、更衣间等；集约化野猪场原则上不允许外来车辆进场，装猪台、饲料或者原料仓最好设在围墙边。对于必须进入猪场的车辆，需要设置车辆清洗消毒池，车身冲洗喷淋机等。另外，猪舍内应设置针对环境清洁消毒设备，如地面冲洗喷雾消毒机、火焰消毒器等。其中地面冲洗喷雾消毒机具有冲洗彻底干净，节约用水和药液，体积小，机动灵活，功效高等优点；火焰消毒器是利用煤油高温雾化剧烈燃烧产生的高温火焰对设备或猪舍进行瞬间的高温喷烧，以达到杀灭细菌、病毒、虫卵等，具有杀菌率高，操作方便、高效、低耗、低成本，消毒后设备和栏舍干燥，无药液残留等优点。

七、粪便处理设备

对于规模化的野猪场，每天产生的粪尿量大，为了避免污染附近的环境和水源，影响人畜健康，因采用合适的粪便处理系统，进行有效的储存和处理。野猪场的粪便处理方式主要有：

（一）刮板式清粪机

主要靠人工清扫或机械刮粪，把粪尿分离，分别进行处理；如猪舍清粪采用刮粪沟，则要安装刮板式清粪机（图 3－18），它有两种形式：一种为单向闭合回转的刮板链，适用于双列对头式饲养猪舍，粪沟为无漏缝地板的明沟，刮粪板可将粪便一直刮到舍外集粪池，进一步处理；另一种为往复循环刮板清粪机，它既可用于地面浅沟刮粪，也可用于漏缝地板下的深沟刮粪，这种清粪机多用于钢索牵引，由驱动装置、滑轮、刮板及电控装置构成。刮板用3 厘米厚的钢板或薄钢板夹橡皮板制成，在工作状态时垂于地面，返回时抬起以离开地面，刮板的行程大于副板间距。刮到舍外的粪便，再进一步进行处理，粪尿直接进行厌氧发酵处理后排放或利用，或生产沼气而加以利用；发酵处理后的猪粪，可再作肥料供农作物使用；沼气池可生产沼气做到废物处理和利用相结合。为了节约用地，在建猪舍前做好合理的规划，把沼气池建在猪舍的下面，或将粪尿通过自然沉淀而分离为浓稠物和稀液分别处理。

（二）粪尿固液分离机

借助固液分离机把粪尿水分离为固形物和液状物，猪粪尿水的固液分离机有多种，其中应用最多的有倾斜筛式固液分离机、振动式固液分离机、回转滚筒式和压榨式固液分离机等，粪尿固液分离后再分别处理，可采用发酵处理和修建沼气池两种方式。分离出的

图 3－18　自动刮粪板

猪粪还可直接作为果树、林木施肥和有机肥的原料，卖给有机肥厂作为有机肥原料或自做有机肥，做到既有社会效益又有经济效益。

八、尸体处理设备

规模化野猪场，饲养密度大，疾病流行迅速，做好死猪处理工作是防止疾病流行的重要措施。对死猪处理的原则应遵守以下几点：对因烈性传染病（如炭疽、气肿疽）而死的病猪尸体，必须进行焚烧处理；对因猪瘟等虽然传染激烈，但用常规消毒方法容易杀灭病原体的病猪和其他伤、病死亡的尸体，可采用深埋法和高温分解法处理。一般中小型规模化猪场应设置有尸体坑，这种坑是采用砖和混凝土等修建的可密闭的尸体处理设施，一般深 10 米，直径为 2～3 米，其原理是利用尸体厌氧分解产生的高温杀灭病原菌。尸体坑应设置在养猪场的下风区，且远离生产区、河流、水井，一般保持 1 000米以外。

九、捕捉治疗设备

捕捉注射笼网可用常见的建筑防护网，网眼 6 厘米 ×7 厘米，主要用于大群野猪的捕捉注射，使用方法是将猪舍冲洗干净，用两到三张网同时撒向野猪群，利用野猪的冲撞，将野猪网住。网池，是铺设在走廊或过道的捕捉野猪的工具，一般长 1.5 米，宽度和走廊宽一样，高 80 厘米，上部用 80 厘米 ×80 厘米网眼尼龙网盖住，网的四周用3厘米×3厘米左右的角钢固定在池边，猪进入网池后，网面兜住猪体，野猪的四肢离开地面而无力反抗，然后可以进行治疗操作。注射笼，采用一个较大的装猪笼，下安装轮子，底部前端装一个可以升降的木板，当猪进入笼后，将木板上移，使猪头部顶住笼的上部，上下不能活动即可注射，生产中也可以采用转猪笼进行注射治疗，如图3－19。

图3－19　野猪转运车

除了以上设备外，每栋猪舍需要设置附属的值班室和饲料间等，为了节约面积，提高机械设备的利用率，可将紧连着的几栋猪舍共同附属建筑，这样可以提高管理水平和工作效率。还应有相应的排水设备，猪场内水的来源主要包括雨水和污水排泄系统，排水系统多设置在各种道路的两旁以及猪舍周边，一般采用斜坡式排水沟，以尽量减少污物积存。为了避免污物淤塞，应在中间设置沉淀井。同时，野猪场应设有专门的运输设备：主要包括仔猪运输车、场内运猪车、散装饲料车、粪便运输车等运输工具；其中仔猪转运车可用钢管、钢筋焊接，用于仔猪转群；饲料运输车采用装料车或两轮、三轮和四轮加料车。粪便运输车多用单轮或双轮手推车。条件许可的话还要准备生产中常用的检测仪器和用具，主要包括超声波早期妊娠诊断仪、活体测膘仪和B超图像活体测膘仪。除上述设备外，猪场还应配备断层钳、牙剪、耳号钳、耳号牌、捉猪器、赶猪鞭等。

第四章　野猪的繁殖技术

要做好野猪的繁殖工作，首先要认识野猪的生殖系统，包括公野猪生殖器官的结构、功能，母野猪的生殖器官的结构、功能；准确掌握野猪的繁殖生理特点，包括母野猪的性发育阶段、母野猪的发情、母野猪的妊娠、母野猪的分娩、泌乳等。另外，还要做好野猪的繁殖管理，包括发情鉴定、发情控制、人工授精等。

第一节　野猪生殖器官的结构及功能

一、公野猪生殖器官的形态结构及生理功能

公野猪的生殖器官主要由睾丸、附睾、输精管、副性腺、尿生殖道、阴茎和包皮等组成。

1. 睾丸

睾丸位于阴囊中，左右各一个，呈椭圆形。其主要的生理功能是产生精子和分泌雄激素，在公野猪的性行为中起重要作用。公野猪每天产生的精子数量随性成熟、环境、健康状况而略有差异，一般情况下每天产生精子数大约160亿。

2. 附睾

附睾由一条卷曲的狭窄管道组成。附贴在睾丸外缘背侧，由附睾头、附睾体和附睾尾三部分构成，是精子成熟和储存的场所，同时具有浓缩精液和运送精子的作用。

3. 输精管

输精管由附睾管延续而成，经腹股沟进入腹腔，再向后上方折入骨盆腔，两条输卵管于膀胱背侧汇合成一条总管，并由粗变细，与精囊腺共同开口于尿生殖道。其主要功能是在交配射精时将精液输送到生殖道内。

4. 副性腺

副性腺包括精囊腺、前列腺和尿道球腺各一对。副性腺在交配射精时，分泌构成精清分泌物，并与精子混合共同组成精液，因此是精子的天然稀释液，可加大精液容量。精清内含有大量营养物质，供给精子养分。同时，副性腺具有冲洗尿道、活化精子、推动和运输精子到体外、缓冲不良环境对精子的不良影响、形成阴道栓、防止精液倒流等作用。

5. 尿生殖道

尿生殖道起始于膀胱颈末端，止于阴茎龟头末端，以坐骨弓为

界分为骨盆部和阴茎部，具有排尿和排精双重功能。

6. 阴茎

阴茎可分为阴茎根、阴茎体和阴茎头（即龟头）三部分，在阴囊之前形成“S”状弯曲，是公猪的交配器官，并兼有排尿功能。

7. 包皮

包皮是由皮肤折转而发育形成的管状鞘。在阴茎不勃起时，阴茎头位于包皮腔内，有容纳和保护阴茎头的作用。野猪的包皮口很狭窄，包皮腔很长，其前端背侧有一圆孔，向上与包皮盲囊（憩室）相通，囊内常聚积尿液和上皮碎屑，具有特殊的腥臭味。

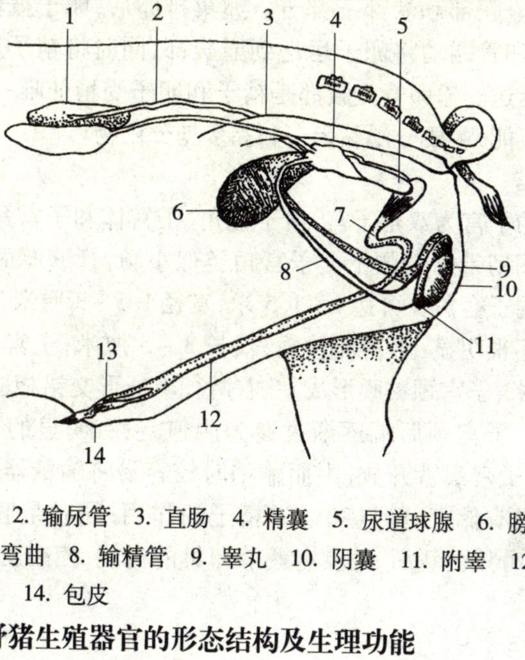

1. 肾脏　2. 输尿管　3. 直肠　4. 精囊　5. 尿道球腺　6. 膀胱　7. “S”状弯曲　8. 输精管　9. 睾丸　10. 阴囊　11. 附睾　12. 阴茎　13. 龟头　14. 包皮

二、母野猪生殖器官的形态结构及生理功能

母野猪的生殖器官主要由卵巢、输卵管、子宫、阴道、尿生殖前庭、阴唇和阴蒂等组成，其中卵巢、输卵管、子宫和阴道为内生殖器官，尿生殖前庭、阴唇和阴蒂等为外生殖器官。

1. 卵巢

卵巢是母野猪一对重要的生殖腺，位于腹腔靠近骨盆的直肠下侧、子宫角尖端的上侧或外侧，附着在卵巢系膜上。卵巢皮质部有许多发育不同阶段的卵泡，呈周期性的分批发育成熟，并破裂排出卵子。排卵后，在原卵泡处形成黄体；而没有发育成熟的卵泡退化、闭锁。同时，卵巢具有分泌雌激素和孕激素的作用，其中雌激素主要由卵泡内膜上皮细胞分泌，孕激素则由排卵后所形成的黄体所分泌。

2. 输卵管

野猪输卵管是一对多弯曲的细管，位于每侧卵巢和子宫角之间，由子宫阔韧带外缘形成的输卵管系膜所固定。输卵管由前至后分漏斗部、壶腹部和峡部三部分。卵巢排卵后，卵子被输卵管伞接纳，借助输卵管蠕动将卵子运送到壶腹部，同时将精子反向由峡部向壶腹部运送。输卵管壶腹部是精子和卵子受精的唯一场所，同时具有分泌机能，主要分泌黏蛋白和黏多糖分泌物。

3. 子宫

野猪的子宫为双角子宫，由子宫角、子宫体和子宫颈组成，子宫借助子宫阔韧带悬于腰下。子宫角类似小肠，管壁厚而硬，成年或经产母猪的子宫角长可达 1 ~1.5 米，直径 1.5 ~3 厘米，两角基部之间的纵隔不很明显；子宫体较短，仅长 3 ~5 厘米；子宫颈较长可达 10 ~18 厘米，子宫颈黏膜形成左、右两行半球形交错相嵌的隆起，称为子宫阜。子宫颈后端逐渐过渡为阴道，没有明显的子宫颈阴道部，发情时子宫颈管开放，因而输精时较容易将输精器伸入子宫颈内。子宫具有储存、筛选和运送精子的作用；同时是胚胎附植、发育、妊娠和分娩的场所，并具有调节卵巢的机能，控制发情的生理作用。

4. 阴道

阴道上连直肠，下接膀胱和尿道，两侧为骨盆腔侧壁。阴道为一扁平裂隙，前端为一拱形大腔，叫阴道穹窿，后端与尿生殖前庭相接。阴道既是母野猪交配器官，又是胎儿产出的通道。

5. 尿生殖前庭

尿生殖前庭为阴道至阴门之间的短管，前高后低，稍倾斜。前庭与阴道以尿道口为界，在界线处有一横行的黏膜褶，称为阴瓣（即处女膜），尿生殖前庭后端以阴门与外界相通。既为母野猪的交配、胎儿产出的通道，又是母野猪的排尿器官。

6. 阴唇、阴门与阴蒂

阴唇分左右两片，外面为皮肤，内为黏膜，富含脂肪和弹性组织；两片阴唇上下联合，构成阴门；阴门下角有一豌豆形粉色小突起物即阴蒂，阴门与肛门之间形成会阴部。

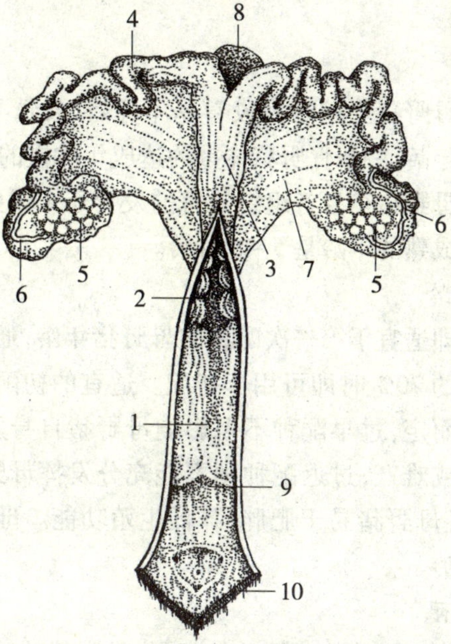

1. 阴道　2. 子宫颈管　3. 子宫体　4. 子宫角　5. 卵巢　6. 输卵管　7. 子宫阔韧带　8. 膀胱　9. 尿道外口　10. 阴唇

第二节　母野猪的生殖生理

一、母野猪的性发育阶段

在胚胎期性分化阶段，母野猪原始性腺的皮层发育为卵巢，沃尔夫管没有雄激素的支持而退化，苗勒管则发育成雌性生殖道。性机能的发育，经历发生、发展至衰老的过程。

1. 初情期

初情期指母野猪第一次出现发情和排卵的时期，仔野猪体重达到成年体重的1/3时，即可达到初情期。此时虽有发情表现，配种也可能怀孕，但由于生殖器官尚处于继续生长发育阶段，其发情表现、发情周期和妊娠过程一般不完全。正常情况下，母野猪初情期的年龄为3~6月龄。

2. 性成熟

性成熟指母野猪生殖器官发育基本完善，发情与排卵正常，具备繁殖能力的年龄，一般仔野猪体重约达成年体重的50%即到达性成熟。但此时母野猪全身各组织器官的发育还未成熟，一般不宜配种。母野猪性成熟的年龄是5~8月龄。

3. 初配年龄

初配年龄即适宜于第一次配种的母野猪年龄，通常仔野猪体重达到成年体重的70%时即可用于初配。适宜的初配年龄应根据身体的发育状况而定，过早配种不但影响母野猪自身发育，且会造成后代发育不良或难产；过迟配种则不能充分发挥母野猪的作用，减少经济收益，且母野猪易于肥胖，降低生殖功能。母野猪的初配年龄为8~10月龄。

4. 繁殖年限

繁殖年限即母野猪终止繁殖的年限，母野猪的繁殖年限一般为10~15岁。

二、母野猪的发情

（一）发情与发情季节

1. 发情

发情指母野猪达到性成熟后，在繁殖季节所发生的周期性性活动和性行为现象。其主要表现是：卵巢上有卵泡发育并有成熟卵子排出；生殖道黏膜充血，子宫颈和阴唇肿胀并排出黏液；行为表现为精神不安，食欲减退，鸣叫跑栏，频频排尿，相互爬跨，寻求交配等。

2. 发情季节

母野猪全年多次发情，即在一年四季内均可出现发情并可配种，无明显的季节性。

（二）发情周期

发情周期指母野猪发情表现出的周期性变化，通常把两次发情间隔的时间叫作一个发情周期。母野猪的发情周期受品种、年龄和个体等影响，发情周期一般为17～25天，平均为21天。根据母野猪生殖器官和精神状态的变化特点，发情周期可分为发情前期、发情期、发情后期和间情期4个阶段。

1. 发情前期

发情前期是母野猪发情周期的开始阶段。此期母野猪的主要表现为：外阴部红肿，阴门流出水样、稍黏稠的乳白色黏液，生殖道轻微充血肿胀，腺体活动逐渐增强，子宫颈逐渐松弛，子宫口开张。随着发情周期的进程，母野猪表现出举止略显焦躁不安，但此时不愿接受公野猪的靠近与爬跨。根据卵巢上卵泡发育状态，此期为卵泡准备发育期，此期持续1～2.5天。

2. 发情期

发情期是母野猪集中表现发情症状的阶段。此期母野猪表现出较强的性欲，出现静立反射并接受公猪爬跨。母野猪外阴部出现充血红肿，阴道和子宫颈松弛、充血，并流出黏稠的黏液；母野猪出现举止不安，会发出"呜呜"特殊的叫声，食欲不振，愿意接受种公猪的爬跨。卵巢上有成熟的卵子排出，是排卵高峰期，此期持续1.5～2.5天。

3. 发情后期

母野猪有发情期较为明显的发情症状逐渐转为安静状态，外阴部红肿逐渐消失至恢复正常，子宫颈逐渐收缩，腺体分泌活动减弱，黏液逐渐减少，此期持续1.5～2天。

4. 间情期

母野猪的性器官的生理活动处于相对静止期，黄体逐渐萎缩。

卵巢逐渐恢复，新的卵泡开始发育，逐步进入下一个发情周期。

（三）发情周期的内分泌调节

发情周期的调节主要依赖于性腺激素，在体内外环境适宜因素的刺激下，下丘脑分泌的促性腺激素释放激素（G_nRH）作用于腺垂体，促进促卵泡素（FSH）和促黄体素（LH）的分泌。FSH 则控制着卵巢上卵泡的发育过程，LH 促进卵泡的发育成熟和排卵，同时控制着排卵后黄体的发育以及孕激素的分泌。在卵泡发育过程中，卵泡细胞分泌大量的雌激素，同时与体内少量的孕激素共同作用于中枢神经系统，通过此种正向作用促进母猪的发情的表现。同样，卵巢的活动对下丘脑和垂体的分泌作用起着负反馈调控作用，抑制 FSH 和 LH 的分泌，排卵后随着体内雌激素水平的下降，卵巢腔中的颗粒细胞在 LH 作用下形成黄体，分泌孕酮，使 FSH 和 LH 的分泌减少，此时卵巢上没有卵泡的发育，母野猪的发情停止。体内少量的孕激素可以促进子宫的孕向发育，使子宫内环境适宜胎儿的发育需要。如果没有受精或者胚胎的发育，子宫此时会分泌前列腺素，溶解卵巢上黄体，体内与妊娠有关的激素就逐渐消失，不影响下一个发情周期的到来。

（四）排卵与受精

排卵指卵巢上发育成熟的卵泡破裂，将其中的卵母细胞排出并形成黄体的过程。野猪属于自发性排卵动物，即卵巢上的卵泡发育成熟后，自行破裂排卵，并自动形成黄体。野猪的排卵时间一般在发情停止前 6～10 小时，每次排卵数为 10～25 枚，排卵数受胎次、营养状况、环境因素以及产后哺乳期长短的影响。一般从初情期到第七个发情周期，每个发情周期大约增多 1 个排卵数。成熟卵泡破裂排卵后，卵泡膜血管破裂，血液流入排空的卵泡腔内形成凝血块，称为红体；此后，红体逐渐被吸收，卵泡内膜凹陷形成皱褶，卵泡膜细胞增生变黄叫作黄体。排卵后，如母野猪受精怀孕，黄体增大并分泌孕激素，维持妊娠，直到分娩泌乳，叫妊娠黄体；排卵后，如母野猪未受精怀孕，卵巢上所形成的黄体不分泌孕激素，而逐渐退化，叫作周期黄体。周期黄体退化后被结缔组织所代替并呈白色即白体，白体的出现标志着下一个发情周期的开始。

精子和卵子在输卵管壶腹部相遇，并结合形成合子的生理过程称为受精。进入母野猪生殖道内的精子，在自身运动和母野猪生殖道蠕动作用下，从射精或输精部位到达受精部位，使在保持较高活力的状态下完成受精过程，精子在母野猪生殖道内维持受精能力的时间为10～20小时。

三、母野猪的妊娠

受精后形成的合子（早期胚胎）经过不断的分裂，经历桑葚期、囊胚期阶段，逐渐形成胚泡，并且从输卵管壶腹部逐渐移动至子宫。配种后9～13天，胚泡便在子宫内膜附植，母野猪进入妊娠状态。附植后的9～15天，胚泡滋养层与子宫内膜生长嵌合形成胎盘，靠母体供给营养逐步发育；到妊娠的60～70天后，胚胎的器官逐步开始形成，在子宫内生长发育至分娩。猪的妊娠期为114天左右，在整个妊娠期间，胚胎经历3个死亡高峰期，第一次出现在妊娠后的9～13天，即胚泡附植阶段；第二次在胚泡附植后的22～30天，即胎儿器官系统形成阶段；第三次死亡高峰期是妊娠的60～70天。所以，在胚胎发育过程中，有40%～45%的合子在发育过程中逐渐退化与死亡，其中前两个阶段胚胎死亡比例最高，占总死亡数的2/3。

四、母野猪的分娩

母野猪在分娩前，体内外发生一系列的生理变化。如在产前3天左右，乳房肿胀，乳头向外侧伸张，中间两对乳头可挤出少量清亮液体；产前1天左右，可挤出白色初乳；阴唇于产前3～5天开始肿大，产前数小时有时从阴门排出黏液；母野猪会出现食欲不振、徘徊不安、衔草做窝、频繁排尿、呼吸急促等外部特征。可以根据这些临床征兆，及时做好接产工作。母野猪分娩时一般是侧卧，子宫收缩时从子宫角基部开始，逐渐波及子宫角尖端。分娩时胎膜不露在阴门之外，胎水也少，努责1～4次即可产出11头，娩出两个胎儿的间隔时间为5～20分或更短。

五、泌乳

在分娩发动以及垂体分泌的促乳素、生长激素、促甲状腺激素等共同作用下，促进母野猪的乳腺发育和泌乳。母野猪在泌乳期间，血浆中的催乳素水平较高，抑制了促性腺激素的分泌，促使母野猪表现出乏情状态，卵巢机能下降，无卵泡发育。除此之外，乳汁的分泌还受仔野猪吸吮时对乳头的刺激作用的影响；母野猪的乳房接收到仔野猪的吸吮刺激后，经过神经传入中枢，支配乳房神经，使乳腺腺泡和乳导管的肌上皮细胞收缩，从而使乳汁流入大乳导管，引起乳头括约肌的放松；同时垂体后叶反射性的向血液中释放催产素，引起乳汁的排出。一般每次哺乳持续时间为 2 ~5 分，排乳时间仅为 10 ~40 秒。母野猪的泌乳特点为全期泌乳量在分娩后处于上升趋势，在仔野猪 21 日龄左右达到最高峰，之后随着仔野猪日龄的增加泌乳量逐渐下降。

第三节　野猪的繁殖管理

繁殖是野猪生产的关键性技术环节，主要的目的是使野猪群保持较高的繁殖力。

一、发情鉴定

（一）发情征状与鉴定

母野猪的发情征状因个体、品种及胎龄的不同差异较大。常见的发情表现有：神态呆痴，精神萎靡；爬跨圈舍门，喜接近公野猪；阴门红肿，并流出黏液，食欲减退或废绝；手按压背部出现静立反射。因此，生产中可通过检查母野猪行为、阴门和静立反射等方面来鉴定发情时期。

（二）异常发情的类型

1. 孕后发情

孕后发情指母野猪在妊娠后仍表现出发情的征状，如阴门红肿。此时母野猪表现发情征状持续的时间比较短，且不愿意接受公猪的爬跨。

2. 断续发情

断续发情时断时续，发情时间相对较长，主要是由于卵巢上有卵泡交替发育而致，主要由生殖内分泌紊乱而引起。

3. 短促发情

与正常发情相比，发情期较短，容易错过最佳配种时间，多见于高龄母猪。主要是由母猪体内激素分泌紊乱而引起，导致卵巢上卵泡的发育速度极快，在短期内发育成熟而排卵，或者卵泡发育突然受阻。

4. 安静发情

安静发情指卵巢上有卵泡发育，且成熟卵泡能正常发生排卵，但发情表现极不明显，几乎不表现什么发情征状，主要是由于体内雌激素和孕激素水平的异常而引起。有经验的配种员可以观察到一些细微的征状，安静发情时，只要及时配种，可正常受胎。

二、发情控制

在生产中，为了便于饲养管理，可采取一些措施来调控母野猪的发情规律，使母野猪同步发情。同时，针对病因采取一定措施，调控发情不明显、不发情或者屡配不孕的母野猪，也可达到同期发情的目的。

（一）异性诱导

每天将公、母野猪混群饲养，一般2～3小时即可。公、母野猪接触后，通过公野猪的爬跨，刺激母野猪垂体促性腺激素如FSH和LH的释放，促进卵巢上卵泡的发育，从而促使母野猪发情排卵。同时，异性之间释放的气味，也可以起到刺激母野猪发情的作用。

（二）及早断奶和并窝

通常母野猪在断奶后4～7天即发情，在生产中，同期发情可结合断奶同时进行，即对哺乳接近的一群母野猪，采取同时断奶的方式，可以在不使用任何药物的情况下，达到同期发情的目的。对于产仔少和泌乳力差的母野猪所产的仔野猪待吃完初乳后全部寄养给同期产仔的其他母野猪哺养，对于早期断奶的母野猪也可达到同期发情的目的。

（三）改善环境和适当加强运动

可以将不发情的母野猪合并到有发情母野猪的圈内饲养，或将母野猪关到两头公野猪的猪栏间，通过接触和异性气味的刺激，促进母野猪发情排卵。对于不发情的母野猪可采用适当增加运动、改善膘情、多接受日光照射等方法，促进母野猪发情排卵。

（四）使用外源激素

目前，用于促进发情的激素主要有孕马血清促性腺激素、绒毛膜促性腺激素、合成雌激素和中药催情等。使用激素时要注意激素的使用剂量，使用不当容易引起母野猪卵巢囊肿，从而影响母野猪的发情率。

三、配种

（一）配种方式

按照母野猪在一个发情期内的配种次数，可分为以下几种配种方式：

1. 单次配种

在母野猪的一个发情期内只用1头公野猪配种一次。该种方法要建立在能够准确把握配种时期的基础上，否则会影响受胎率和产仔数，所以在生产中不提倡使用。

2. 重复配种

在母野猪的一个发情期内用1头公野猪的精液配种两次，中间间隔8～12小时。此种方法与母猪的发情排卵特点比较一致，可使先后排出的卵子都具有受精的机会，所以受胎率和产仔数都比单次的高，在生产中应用较为普遍。

3. 双重配种

在母野猪的一个发情期内用2头公野猪的精液各配种一次，间隔10分左右。此种方法受胎率、产仔数和仔野猪的生活力均较高，但由于很难区分其父本是来自哪一个个体，一般在商品猪上应用比较多。

(二)配种时机

配种最佳时机的把握依据是母野猪的排卵规律,一般卵子在输卵管内保持受精能力的时间为 8 ~ 12 小时,精子存活时间为 10 ~ 20 小时。所以,母野猪最适宜的配种时间是排卵前的 2 ~ 3 小时,即发情开始后 20 ~ 30 小时配种受胎率最高,最迟不能超过发情开始后的 48 小时。在生产中一般每天上午、下午两次检查母野猪是否发情;一般下午发情,第二天上午配种,下午再进行复配一次,如上午发情,下午配种,第二天上午再复配一次。配种时间还要考虑母野猪的胎龄,一般按照老龄母野猪适当提前配种,年轻母野猪适当推迟配种时间,中年母野猪的配种时间则把握在老龄和年轻母野猪的中间时间段进行。

(三)配种方法

1. 人工辅助交配

人工辅助交配即在人为的辅助下,公、母野猪通过自然交配的方式进行配种,如公、母野猪的体重相差较大,要设置配种架、垫脚板等,同时要求地面平坦,不打滑;配种时间应在采食前 1 小时或采食后 2 小时进行;避开冬季温度过低和夏季温度过高时间段配种。

2. 人工授精

人工授精是目前应用最多的一种配种方式,是技术人员利用专门的器械将猪的精液采出,经过检查、稀释处理后,再借助器械将精液输入到发情母野猪生殖道的一种配种方法。

(四)做好配种记录和配种计划

配种计划是全年生产计划的重要组成部分,公、母野猪的配种是根据配种计划进行,并同时做好配种记录。对于规模化猪场,配种计划要根据种猪的生产成绩、血缘关系、育种及销售计划等要求,拟定出全年参加配种的公、母野猪个体号,并制订出配种日期、预计的分娩时间和全年出栏状况,以便于指导生产。

五、人工授精

人工授精是指利用专门的器械将公野猪精液采集出来,经过精液品质检查和稀释处理以后，借助器械将精液输入到发情母野猪的生殖道内的一种配种方式。近年来，野猪驯养已引起养殖业的广泛兴趣。采用人工授精技术，能充分发挥优秀特种野猪的种用性能，并且克服体格悬殊的差异，减少传播传染病的机会，使其大量繁殖后代。

（一）人工授精技术的优越性

人工授精技术作为目前应用较为广泛的一项技术，之所以能够得在生产到大力的推广和应用，其存在以下优点：①提高优良种公野猪的利用率，减少种公野猪的饲养头数，大大降低了饲养成本：自然交配下，一头种公猪一年可配 20～30 头母野猪，而人工授精技术，一头优秀的种公猪一年可负担 150～300 头母野猪的配种任务，因此大大提高了优良种公野猪的利用效率，降低了种公野猪的饲养成本。②可充分利用优秀种公野猪的遗传资源，加快遗传进程及品种的改良速度，促进育种工作进程。③便于远距离运输，扩大种公野猪的配种范围，使配种不受地域限制。④避免公母野猪直接接触，有利于防疫和减少接触性传染疾病的传播。⑤可以克服公母野猪因体重相差过大而导致的配种困难，或生殖道因某些异常不易受胎的困难，并能及时发现不孕症等生殖器官疾病，有利于提高母野猪的受胎率。

人工授精技术要求一定的技术水平，如果操作不当对公母野猪都会产生不利的影响，如采精是损伤公野猪的生殖器官，输精操作不当引起母野猪子宫炎等，最终都会导致母野猪的受胎率降低和产仔数减少的现象。因此，技术人员需要进行正规的培训和操作训练，熟练掌握技术要点后再用于生产。

（二）采精场地

采精要有专用的场地，一般在采精室进行，要求采精室宽敞、平坦、安静、清洁，便于公猪建立稳定而有规律的条件反射。使用假台猪采精时，要求假台猪大小适宜，一般长 1～1.3 米，高 50～65 厘米，背宽 20～25 厘米，同时要坚固稳定，表面柔软干净。为了便于进行采精训练,可以将假台猪做成轻巧灵活的长凳或具有高低调节的装置。最好放置在采精室的中间位置,由于公野猪的野性比较大,为防止公野猪对人的伤害,可在采精室两边设置保护栏。

(三)人工授精室

主要用于准备采精器皿,精液品质检查和稀释。尽量选择靠近采精室较近的位置,或直接与采精室相连,中间用窗口连接,一方面便于防疫,另一方面又便于快速处理精液。对人工授精室的建设要充分考虑卫生和防疫的要求,房间的地面要易于清洗,墙面可擦洗,水电齐全,室温可控。

(四)人工授精前的准备

1. 采精器械的准备

主要包括采精时所用器械:采精瓶、漏斗、乳胶手套。精液品质检查所用器械:显微镜、载玻片、滴管、温度计。精液稀释时所用器械:各种容量的烧杯、量筒和瓶子。输精所用器械:输精瓶、管嘴、输精导管。精液保存时所用器械:聚乙烯保温箱、冷、热水袋、恒温控制柜等。消毒设施:高压灭菌锅、消毒盘等。另外,条件好的野猪场,也可配置比色计、分光光度计、恒温箱水浴等。对采精过程中用到的器械要进行洗涤和灭菌消毒。对于玻璃器材、橡胶器材和采精用的塑料手套,临用前用酒精棉进行一次涂擦消毒,待酒精挥发后再使用。

2. 种公野猪的准备与调教

公野猪采精前为了保证有充分的性兴奋和性欲,必须进行调教,建立条件反射。一般方法有:在假台猪旁边牵一发情母野猪,诱导公野猪爬跨,当达到性兴奋高峰时,让公野猪爬跨假台猪;或在假台猪的后躯涂抹发情母野猪阴道分泌物或尿液,刺激公猪的性欲并引诱其爬跨假台猪;或者将待调教的公野猪拴系在假台猪附近,让其观看另一头已调教好的公猪爬跨假台猪采精,然后再诱导其爬跨假台猪。在调教过程中,要反复进行训练,耐心诱导,切勿出现逼迫、抽打、恐吓等不良刺激,以免引起调教困难。第一次采精成功后，经过几次反复，并注意非配种季节也要定期采精，从而巩固公野猪建立固定的条件反射。

3. 采精人员的准备

采精人员要求指甲剪短磨光，充分清洗后消毒，并用消毒毛巾擦干，然后用75%酒精消毒，待酒精挥发后再进行操作。要求操作人员具有较好的耐心和自信心，才能熟练地掌握输精前对器械的细心处理，对公野猪的耐心调教，以及采精后对精液的处理和保存，同样保证对母野猪进行精确的发情鉴定和适时配种。

（五）采精方法

公野猪的采精最常用的方法是手握法，其原理是模仿母野猪子宫颈对公猪螺旋状阴茎龟头约束力而引起射精的生理刺激，以手握阴茎龟头呈节律性松紧给予压力刺激，通常无须保定。但是，由于野猪野性强，尤其是发情期的公野猪暴躁、易怒、攻击性强，若采精手法不得当，会攻击采精人员，因此野猪的采精过程中应注意前期的驯化和调教。将5～20千克的小野猪剪断犬齿，进行驯化，当其表现温驯，人可随意抚摸时，即为驯化好，可与家猪并窝饲养。当被驯化的野猪长至40千克时，可进行调教采精。常用方法为：在假台猪的后躯抹上发情母猪阴道黏液或尿液，引诱公野猪爬跨假母猪，还可以采用刚与公猪交配完的母猪阴道黏液或者从阴道流出的公猪精液和胶状物，这两类物质诱导公野猪发情效果也很明显；对性欲较弱的公野猪，可以采用将其与发情母野猪放在一起，引起公野猪性欲和爬跨，但是不让其与母野猪交配，反复多次，即可增加公野猪性欲，还可使公野猪爬跨假母猪更加容易控制；还可利用动物的模仿能力，让待调教的公野猪目睹另外一头已调教好的公野猪爬跨假母猪，从而达到诱导爬跨的目的。待调教的公野猪第一次采精应特别受到重视，必须确保第一次采精完后保证公野猪不受任何形式的伤害和刺激，如若应激或者伤害过大，对于今后人工授精工作都有严重阻碍作用。大量实践证明，将新公猪同后备母野猪交配1～2次有助于调教。手握法采精操作，采精员要一手带上灭菌胶手套，另一手持集精瓶（其口覆盖2～3层灭菌纱布），蹲在假台猪一侧，待种公猪爬跨台猪后，先用0.1%高锰酸钾溶液清洗消毒公猪的包皮及其周围，再用灭菌生理盐水冲洗并擦干净。当阴茎从包皮内开始延伸时，让其自行伸入戴手套的空拳手中。当龟头尖端露出拳外半厘米左右时立即紧握龟头，待其抽送转动一些时间，手握拳松紧呈节奏性为阴茎施加压力，不使阴茎滑脱为准。待阴茎充分勃起时，顺势牵引向前，就能引起公猪射精。当射精时握阴茎的手不加压力，但也不能使阴茎滑脱，另一只手持集精瓶收集精子浓厚部分精液。其他稀薄精液及颗粒状乳白分泌物排出时可随时弃掉。当射精暂停时，再恢复节奏性握力，直至射精全部结束为止，采集的精液要迅速放入30℃左右的保温瓶中。因此，猪的手握法采精具有设备简单、操作方便，能采集精子浓厚部分的精液等优点，但也有精液容易污染和易受冷打击等不足之处。因此，猪手握法采精时应注意的是：手握阴茎螺旋龟头应固定好，冬季注意保温，防止冷休克。

（六）精液品质检查

采集的精液必须进行精液品质检查，其目的在于鉴定精液品质的优劣，为精液稀释、分装保存和运输提供依据，同时也反映出公野猪饲养管理的状况及生殖机能的状态，评价技术操作的水平。精液品质检查要求在37℃条件下进行，避免温度骤然下降，对精子造成低温打击，所以要求检查速度要快，同时保证评定结果的准确性。精液品质检查的项目主要包括以下几个方面：

1. 感官检查

（1）精液量　一般指采精后公野猪的一次射精量，可由具有容量刻度的集精瓶（管）上测出。测量前应用灭菌纱布或细孔尼龙纱网过滤，除去精液内含有的胶状分泌物后，再进行测量。同一个体因年龄、性成熟程度、采精操作技术水平、采精频率及营养状况射精量不同。当公野猪的射精量太多或太少时，应及时查明发生的原因并加以改正。若射精量太多，可能是由于副性腺分泌物过多或其他异物混入；相反太少，可能因采精技术不当，采精过频或生殖器官机能衰退所致。特别指出一点,凡是混入尿水及其他不良异物的精液,均不可用于输精。

(2)颜色与气味　公野猪的正常精液颜色,一般为乳白色或淡灰色或个别呈浅乳黄色。其颜色因精子浓度高低而异,浓度越高乳白色越深。当精液颜色出现异常,表明公野猪生殖器官有疾病。如,精液颜色呈淡绿色是混有脓汁,呈淡红色是混入血液,呈黄色是混入尿液等,此类颜色异常的精液,应加以废弃或停止采精并及时查明发生原因,予以诊治。公野猪精液带有动物本身的固有腥味。

2. pH

新采集的公野猪精液 pH 呈弱碱性(7.3~7.9),一般用万用试纸比色测定。pH 高低对精液品质有一定的影响,pH 偏低的精液品质好,pH 偏高的精液其精子生活力、受精力及保存效果等会明显降低。因此,测定精液的 pH,对鉴定精液品质有一定参考价值。

3. 精子活率

精子活率是指精液在 37℃条件下,呈前进运动精子数占有精子总数的百分率。活率与母野猪受胎率密切相关,它是目前评价精液品质优劣的常规检查的主要指标之一。一般在采精后、稀释保存和运输前后以及输精前后都要进行检查。通常以十级评分法,新鲜精液,精子活率一般在 0.7~0.8。按人工授精操作技术规程要求,原精液稀释后或液态保存精液的活率在 0.6 以上,才能用于输精。

4. 精子密度

精子密度测定方法主要有目测法、血细胞计数器计数法和光电比色计测定法 3 种方法,生产中常与精子活力同时进行。目测法是依视野内精子的稠密程度及其分布状况,可分为密、中、稀 3 个等级。这种方法简便,一般生产上常采用。血细胞计数器计数法和光电比色计测定法测定出来的结果较为准确,但是测定过程比较麻烦,生产中应用较少。

5. 精子形态

精子形态是否正常与受精率有着密切关系。若精液中含有大量畸形精子,势必会降低其受精能力,可直接反映公野猪的生殖机能。为此,检查精子形态异常也是评定家畜精液品质的重要内容。畸形精子有各种各样,如头部畸形(缺损、巨大、瘦小、膨胀、细、圆形、梨形、双头轮廓不清等),颈部畸形(粗大、纤细、曲折、断裂、双颈等),尾部畸形(粗大、纤细、短尾、长尾、双尾、无尾、弯曲、曲折、回旋等);精子尾部带有原生质滴是未发育成熟的精子,也列为畸形精子。在正常精液内,一般精子头部和颈部出现畸形较少,而其尾部畸形最为多见。精液中若出现大量畸形精子时,其发生原因可能是由于精子生成过程中受阻,或输精管道受阻和副性腺发生病理变化,或精液处理不当及各种外界不良因素的刺激等原因所致。畸形精子的检查方法,先取一滴精液样品,滴在洁净载玻片一端,迅速推制抹片(若精子密度大,可先用生理盐水稀释处理)。自然干燥后染色(染色溶液有姬姆萨液、龙胆紫酒精液、红或蓝墨水等),染色3~5分后水洗。待自然干燥后,置于显微镜下以600倍观察,计数的精子总数不得少于200个,最后计算其中畸形精子数占查数全部精子总数的百分率。

6. 精液的稀释与保存

(1)稀释液的准备　一般情况下,一头公野猪每次射精所采集的精子数远远大于授精所需要的有效精子数。根据精子密度的检查结果,确定精子需要稀释的倍数,一般15~30倍。

(2)精液的稀释　精液采集后立刻进行稀释,稀释前将稀释液沿瓶壁缓慢倒入原精液中,并轻轻地摇动容器。切忌将原精液倒入稀释液中,否则会损伤精子。精液稀释应遵循逐倍稀释的原则,稀释静止片刻后进行精液品质检查,如活力达到要求,便可进行分装保存。

(3)精液的保存　实践经验表明,猪精液在17℃左右能够保持较高的活力。因此,可将稀释好的精液置于室温1~2小时后置于17℃的恒温箱内储存,也可以用棉花或毛巾包裹后,直接置于17℃的恒温箱内储存。如果条件达不到,可以将精液置于保温瓶中保存，注意要及时换水，保持温度恒定，一般可保存 3 ~5 天。

7. 输精

输精是将一定量的合格精液，适时而准确地输入到发情母野猪的生殖道内的适当部位，以达到妊娠为目的操作技术。这是猪人工授精的最后一个环节，又是保证获得较高的受胎率的关键。在输精操作技术中应严格遵守人工授精技术规程，增强无菌观念，积极采取各种措施，提高人工授精的受胎率。野猪的最佳输精时间是在母猪发情开始后的 19 ~30 小时，即发情盛期；或接受“压背试验”，过后 8 ~12 小时。野猪的输精特点：子宫体内输精；输精量为 30 ~40 毫升，输入有效精子数为 20 亿以上，输精次数为 1 ~2 次，输精间隔时间为 8 ~12 小时。输精方法：一般采用输精管插入法，即手持输精管插入阴门，先向上再水平，边插入边逆时针旋转（因猪子宫颈外口与阴道结合处无明显界限），经抽送 2 ~3 次，输精胶管一般就可经子宫颈内口达到子宫体内，即可缓慢注入精液。给猪输精时一定要缓慢进行，其时间为 3 ~5 分，分 2 ~3 次注入精液，以免精液发生逆流。如果出现逆流情况，应及时补输精液，以保证受胎率。

8. 妊娠诊断

配种后，如能尽早进行妊娠诊断，对于保胎、减少空怀、增加畜产品和提高繁殖率是很重要的。经过怀孕检查，确定已经怀孕时，要按孕畜对待，加强饲养管理，维持母野猪健康，避免流产。如确定未怀孕，可以及时找出原因，例如交配时间及配种方法是否合适，公猪精液品质是否合格，生殖器官是否患病等，以便在下次配种时做必要的改进或及时治疗。如果没有怀孕又不发情，应根据具体情况及早进行治疗。母野猪的妊娠期一般为 114 天左右，预产期的推算可参考家猪。

母体妊娠后，生殖器为了适应胚胎的发育，在形态学方面和生理机能方面的变化很大，这些变化往往是作为妊娠诊断的重要依据。母野猪怀孕后不久，因为代谢水平高，食欲增加、消化能力也得到提高。营养状况的改善，会使毛色变得光亮，体重增加。妊娠母野猪的性情一般变得温驯、安静、嗜睡,行动表现小心谨慎,易出汗。随着妊娠期的进行,出现腹围增大,呼吸、排粪、排尿次数增多等现象,到妊娠后期母体的乳房发育显著,临产前可挤出少许乳汁。另外,也可通过检测母野猪的尿液进行判断,母野猪配种后28~30天,收集10毫升尿液放入透明耐高温的玻璃杯中,再加入几滴醋,然后滴入碘酒,在温火上加热至煮沸。如尿液呈红色则认为母猪已妊娠;如呈浅黄色或褐绿色,且冷却后颜色很快消失,说明母野猪未妊娠。

9. 接产

母野猪经过114天的妊娠期,分娩前,在生理、形态、行为上发生一系列变化,即分娩预兆。如乳房在分娩前迅速发育,膨胀增大,乳房底部出现浮肿,临近分娩时,可从乳头中挤出少量清凉胶状液体或少量初乳;阴道壁松软,阴道黏膜潮红;尾根两侧的荐坐韧带后缘变得松软,臀部肌肉出现明显的塌陷现象;食欲减退等现象。应根据母野猪的预产期结合产前征状,做好接产准备,以避免分娩时仔猪死亡现象的发生。产房内应准备必要的药品及用具,如肥皂、毛巾、刷子、绷带、消毒药(新洁而灭、来苏儿、酒精和碘酊)产科绳、镊子、剪子、脸盆等。有条件时可配备常用的诊疗器械及手术助产器械。因母野猪多在夜间分娩,所以应建立值班制度。分娩是一种母野猪正常的生理过程,一般情况下,不需干预。助产人员的主要任务,在于监视分娩情况和护理仔猪。当胎儿头部露出于阴门之外,而羊膜尚未破裂,应立即撕破使胎儿鼻端暴露于外,防止窒息。分娩后脐带多自行挣断,一般不必结扎,但需用较浓的消毒溶液(5%~10%碘酊、5%石碳酸等)消毒以防感染或发生破伤风。仔野猪产完后,进行称重和打耳号,同时做好产仔记录,主要包括耳号、性别、初生重及乳头数。

10. 哺乳

新生仔野猪生后4~8分就能接触母猪的乳房。由于初乳内含有大量抗体,可以增加机体的抵抗力。初乳营养价值完善,不但含有大量防止下痢的维生素 A，而且有大量蛋白质，这些物质无须经过肠道分解，可以直接吸收，一般 4 ~ 7 天即为常乳，另外初乳中镁盐也较多，可以软化和促进胎便排出。因此，开始吮食初乳的时间越早越好，一般在出生后 2 ~ 3 小时内吃上初乳。如果分娩过程较长，如在 2 小时以上可在分娩结束以前先让出生的仔野猪吃奶，不致受饿。另一方面母猪继续分娩时，避免因仔野猪叫声而不安。仔野猪开始吮乳后，便发生乳头定位，有时定位的乳头被其他仔猪占有，则可能卧在一旁停止吃奶，最后变得衰弱而死亡，因此应格外注意观察护理。出生 3 天以内的仔野猪，容易被母野猪压死，最好在产房内设护仔栏，定时哺乳。有的仔野猪牙齿尖锐，宜剪去锋芒，以免伤害母猪乳头或咬伤自己的舌头。

11. *产后母野猪护理*

在分娩和产后期中，母野猪整个机体，特别是生殖器官发生着迅速而剧烈的变化，机体的抵抗力降低。产出胎儿时，子宫颈开张，产道黏膜表层可能造成损伤；产后子宫内有积存大量恶露，为病原微生物的侵入和繁殖创造条件。因此，对产后期的母野猪应该加以妥善处理，以促进母野猪机体尽快恢复正常。首先要观察母野猪的胎衣是否排出，胎衣排净一般需要 1 ~ 3 小时，胎衣排出后立刻拿走，避免母野猪吃掉影响消化和形成食仔癖；其次注意产后母野猪外阴部的清洁和消毒，如尾根、外阴周围黏附恶露时，应洗净，并防止蚊蝇飞落，褥草要经常更换，搞好厩床卫生。另外，要注意改善饲养水平，产后前几天内应给予质量好、容易消化的饲料，量不宜太多，7 天左右饲料可逐渐转变为正常。

第五章　野猪的营养需要

野猪的营养需要是科学合理使用饲料的基础，饲养者要获得较高的生产效率和良好的经济效益，就必须全面了解野猪营养需要，有针对性研究不同阶段野猪营养需要，合理利用当地饲料资源，科学利用当地饲料进行高效配合，将野猪特殊的营养需要和科学合理的利用饲料资源有机结合，实现既高效利用又保持特有风味，从而实现优质高效目的。

第一节　野猪的消化特点

野猪与家猪一样是杂食性动物，单胃，消化系统相对发达，具有坚硬的鼻吻，能掘地觅食。

一、口腔消化特点

野猪口腔具有发达的犬齿和臼齿，这种发达的犬齿和臼齿既具有防卫功能，又能通过下颌的上下运动觅食鲜嫩食物，嚼碎坚硬的坚果。口腔中唾液腺发达，能分泌较多含淀粉酶的唾液。这种唾液除浸湿饲料便于吞咽外，还能将小量淀粉转化为可溶性糖。

二、胃的消化特点

野猪的胃比家猪的胃小，容积大约为5.6升，是家猪胃的2/3左右。其构成包括胃黏膜、收缩肌和消化腺，黏膜覆在胃的内壁，具有保护胃不受消化液和胃酸的损害，收缩肌主要负责胃的运动，消化腺不断分泌含有消化酶与盐酸的胃液。胃的主要功能是：消化蛋白质，饲料中的蛋白质从口腔转移到胃内，胃内的盐酸首先使之变性，蛋白质立体的三维结构被分解成单股，肽键暴露，在胃蛋白酶的作用下，部分蛋白质分子降解为含氨基酸数不等的各种多肽。碳水化合物、纤维素在胃中很少消化，脂肪少量的消化。

三、小肠的消化吸收特点

野猪小肠消化是饲料消化最主要的部分，野猪小肠长度约14米，是体长的12倍左右，小肠容积约15升，食物在小肠停留的时间最长，这样使各种养分在小肠中能得到充分的消化吸收。蛋白质的消化吸收：饲料经过胃消化进入小肠，变为更容易接触消化酶的食糜，这种食糜在十二指肠胰蛋白酶和内切酶的作用下，蛋白质分子降解为含氨基酸数不等的各种多肽。多肽经胰腺分泌的外切酶的作用变为游离氨基酸（食入蛋白的60%以上）和寡肽。寡肽能被肠黏膜吸收，经二肽酶水解为氨基酸。氨基酸经肠壁吸收，进入血液，运送到全身各个器官及各种组织细胞中，合成体蛋白。试验证明各种氨基酸的吸收速度不相同。常见氨基酸吸收速度的顺序是:胱氨酸 > 蛋氨酸 > 色氨酸 > 亮氨酸 > 苯丙氨酸 > 赖氨酸 > 丙氨酸 > 丝氨酸 > 天门冬氨酸 > 谷氨酸。碳水化合物的消化吸收:含淀粉的食糜进入小肠,在胰液淀粉酶的作用下分解为麦芽糖,再由麦芽糖酶将其分解为葡萄糖被吸收。脂肪的消化吸收:饲料脂肪在小肠内受到胆汁、胰脂肪酶和肠脂肪酶的作用,分解为甘油和脂肪酸,被肠壁直接吸收,沉积于畜体脂肪组织中,变为体脂肪。脂肪酸中的不饱和脂肪酸在猪体内被吸收后,不经氢化即直接转变为体脂肪,因此,猪体脂品质受食入饲料脂肪性质的影响很大。

四、大肠的消化吸收特点

野猪的大肠包括盲肠和结肠两部分,长度为 3.8 ~4.8 米。盲肠很小,几乎没有什么功能。野猪与家猪相比野猪结肠更发达,能够消化更多的粗饲料。进入大肠的物质,主要是未被消化的纤维素以及少量的蛋白质或未被吸收的淀粉和葡萄糖。大肠分泌的消化液含消化酶很小,其消化作用主要靠随食糜来的小肠消化液和大肠微生物作用。

小肠中未被消化的蛋白质进入大肠,部分受肠道细菌作用,分解为氨基酸和氨,为细菌所利用,合成菌体蛋白,与未消化的蛋白质一起由粪中排出。未消化完的淀粉及葡萄糖,在大肠受细菌的作用产生挥发性脂肪酸和气体,气体由粪排出,挥发性脂肪酸则被肠壁吸收,参与畜体代谢。纤维素类物质在猪胃和小肠中不发生变化。转移至大肠后,经细菌发酵,纤维素被分解成为挥发性脂肪酸和二氧化碳,后者经氢化作用变为甲烷,由肠道排出。挥发性脂肪酸被肠道吸收,参与畜体代谢。

第二节　野猪所需的营养素及作用

野猪和其他动物一样,在生物发展过程中既要维持其生命活动,又要开展生产,这就需要供给动物生产所需的各种营养素,并遵循动物生产的基本规律,即摄食、消化、吸收营养物质和排泄代谢废物。通过呼吸、体液循环、维持体温、机体运动等机能活动实现维持生命和生产产品。

野猪所需要的营养素主要是构成机体成分和维持机体正常活动,这些营养素包括:能量、蛋白质、脂肪、碳水化合物、维生素、矿物质、水等。它们对机体的生长、发育、繁殖等都具有重要作用,在动物生产活动中,这些营养素通过各自发挥作用和科学合理的协调,使得动物生产发挥高效作用。目前由于野猪饲养数量少,对野猪的营养作用缺乏专门研究,只能根据野猪的生理要求及生产需要,参考家猪研究成果确定。

一、能量

动物在维持生命活动和生产活动过程中都需要消耗能量,能量是物质的另一种形式,在动物体代谢过程中,同时伴随有能量的代谢和转换。能量的形式有各种各样,如动能、机械能、电能、化学能、热能和辐射能等。不同形式能可以互相转变,能量是守恒的,不能创造,也不会消失,仅是从一种能量形式转变成另一种形式。动物体所需的能量来源于采食的饲料,在饲料有机物中(碳水化合物、脂肪和蛋白质等)都蕴藏着化学能。动物体内代谢过程中逐步释放能量供动物的各种需要。野猪的能量主要用于生命维持的供养,如内脏和肌肉的活动、组织更新、生长和乳汁的合成、维持体温、多余的能量积累于体内形成脂肪储存能量。

(一)供能物质及含量

动物能量供应的物质是动物采食的饲料,主要有碳水化合物、脂肪、蛋白质等,这三类物质在猪体内氧化释放出能量,用来维持体温、生理活动和进行生产活动。每克碳水化合物可生产热能 17.36 兆焦,脂肪为 39.08 兆焦,蛋白质为 23.285 兆焦;在野猪生产中能量来源应从经济和转化效率考虑选择,首先选择的是碳水化合物。碳水化合物又叫糖类化合物,是自然界存在最多、分布最广的一类重要的有机化合物,含碳水化合物较多的饲料一般价格比较便宜。而且，碳水化合物在体内氧化速度较快，能够及时供给能量以满足机体需要。所以，碳水化合物是野猪摄取能量最经济和最主要的来源。蛋白质也可作能量饲料，但是价格昂贵，并且在猪体内不能完全氧化，氨基酸在体内脱氨产生的氨气较多，对猪体危害较大，脂肪也是供能的良好饲料，但是一般饲料中含量较少。

（二）能量的形式

1. 总能

总能（GE），总能是指饲料中有机物质完全氧化燃烧生成二氧化碳、水和其他氧化物时释放的全部能量，主要为碳水化合物、粗蛋白质和粗脂肪能量的总和，总能可用弹式测热计测定。饲料的总能取决于其碳水化合物、脂肪和蛋白质含量。三大养分能量的平均含量为：碳水化合物 17.36 兆焦/克，蛋白质 23.285 兆焦/克，脂肪 39.08 兆焦千焦/克，其能量含量差别与其分子中碳、氢比和氧、氮含量不同有关，因为有机物质氧化释放能量主要取决于碳和氢同外来氧的结合，分子中碳、氢含量愈高，氧含量愈低，则能量愈高，碳、氢比愈小，氧化释放的能量愈多，因每克碳氧化成二氧化碳释放的能量（33.81 千焦）比每克氢氧化成水释放的热量（144.3 千焦）低。脂肪平均含 77% 碳、12% 氢、11% 氧；蛋白质平均含 52% 碳、7% 氢、22% 氧；碳水化合物含 44% 碳、6% 氢、50% 氧。脂肪含氧最低，蛋白质其次，碳水化合物最高，因此，能值以碳水化合物最低，脂肪最高，约为碳水化合物 2.25 倍，蛋白质居中。同类化合物中不同养分产热量差异的原因同样可用元素组成解释。如，淀粉产热量高于葡萄糖，主要是每克淀粉的含碳量高于每克葡萄糖的含碳量。

2. 消化能

消化能（DE）是饲料可消化养分所含的能量，即动物摄入饲料的总能与粪能之差。粪能即粪中养分所含的总能，正常情况下，动物粪便主要包括以下能够产生能量的物质：一是未被消化吸收的饲料养分，二是消化道微生物及其代谢产物，三是消化道分泌物和经消化道排泄的代谢产物，四是消化道黏膜脱落细胞影响。饲料消化率的因素均影响消化能值。正常情况下,粪能(FE)是饲料能量中损失最大的部分,粪能占总能的比例因动物种类和饲料类型不同而异,野猪20%左右。

3. 代谢能

代谢能(ME)指饲料消化能减去尿能(UE)及消化道可燃气体的能量(EG)后剩余的能量。ME = DE -(UE + EG) = GE - FE - UE - EG。尿能是尿中有机物所含的总能,主要来自于蛋白质的代谢产物,如尿素、尿酸、肌酐等。尿氮在哺乳动物中主要来源于尿素,猪每克尿氮的能值为28千焦。消化道气体能来自动物消化道微生物发酵产生的气体,主要是甲烷。这些气体经肛门、口腔和鼻孔排出。野猪的大肠中虽然也有发酵,但产生的气体较少,通常可以忽略不计。在生产中凡能影响消化能、尿能和气体能的因素均影响代谢能。尿能的损失量比较稳定。猪的尿能损失占总能的2% ~ 3%。影响尿能损失的因素主要是饲料结构,特别是饲料中蛋白质水平、氨基酸平衡状况及饲料中有害成分的含量。饲料蛋白质水平增高,氨基酸不平衡,氨基酸过量或能量不足导致氨基酸脱氨供能等,均可提高尿氮排泄量,增加尿能损失,降低代谢能值;若饲料含有芳香油,动物吸收后经代谢脱毒产生马尿酸,并从尿中排出,增加尿能损失。对于猪,代谢能、消化能和粗蛋白质的关系为:$ME = DE \times [(96 - 0.202 \times CP)/100]$,即粗蛋白质每增加1%,消化能转化为代谢能的利用率下降0.202%。影响气体能的因素有动物种类和饲料性质及饲养水平。气体能损失在单胃动物较少,可忽略不计。

4. 净能

净能(NE)是饲料中用于动物维持生命和生产产品的能量,即饲料的代谢能扣去饲料在体内的热增耗(HI)后剩余的那部分能量。

$$NE = ME - HI = GE - FE - UE - EG - HI$$

HI过去又称为特殊动力作用或食后增热,是指绝食动物在采食饲料后短时间内,体内产热高于绝食代谢产热的那部分热能。热增耗以热的形式散失。

HI 的来源有：一是消化过程产热，例如，咀嚼饲料，营养物质的主动吸收和将饲料残余部分排出体外时的产热。二是营养物质代谢做功产热，体组织中氧化反应释放的能量不能全部转移到 ATP 上被动物利用，一部分以热的形式散失掉。例如，葡萄糖（1 摩尔）在体内充分氧化时 31% 的能量以热的形式散失掉。三是与营养物质代谢相关的器官肌肉活动所产生的热量。四是肾脏排泄做功产热。五是饲料在胃肠道发酵产热（HF）。

事实上，在冷应激环境中，热增耗是有益的，可用于维持体温。但在炎热条件下，热增耗将成为动物的额外负担，必须将其散失，以防止体温升高；而散失热增耗，又需消耗能量。

二、蛋白质

蛋白质是生命的物质基础，没有蛋白质就没有生命。因此，它是与生命及与各种形式的生命活动紧密联系在一起的物质。野猪体中的每一个细胞和所有重要组成部分都有蛋白质参与，蛋白质还是构成野猪体内特殊物质的材料，如酶、激素、色素、抗体等，野猪在生命活动中增加新组织、修复疫病性损伤等都需要蛋白质。

（一）蛋白质的组成

蛋白质的化学组成：主要由碳（C）、氢（H）、氧（O）、氮（N）组成，有些蛋白质可能还会含有磷（P）、硫（S）、铁（Fe）、锌（Zn）、铜（Cu）、硼（B）、锰（Mn）、碘（I）、钼（Mo）等。其组成百分比约为：碳 50%、氢 7%、氧 23%、氮 16%，硫及其他微量元素 0～3%。

蛋白质的生物组成：构成蛋白质的小分子物质是氨基酸，有 20 多种，这些氨基酸是组成蛋白质的基本单位，在营养学上根据野猪对氨基酸的需要将其分为必需氨基酸和非必需氨基酸。必需氨基酸指的是野猪自身不能合成或合成速度不能满足需要，必须从饲料中摄取的氨基酸。非必需氨基酸是指在猪体内由碳链（主要来自葡萄糖和其他氨基酸）和氨基（来自超出需要的其他氨基酸）合成的氨基酸。

（二）蛋白质常数

所有蛋白质都含氮元素，且各种蛋白质的含氮量很接近，平均为16%；根据这个含量确定了蛋白质系数，即任何生物样品中每1克原氮的存在，就表示100/16=6.25克蛋白质的存在，所以将6.25称为蛋白质常数。

（三）蛋白质作用

蛋白质在野猪生产中的主要作用，一是构建新组织的基础材料、是酶的主要成分、激素合成的原料，维持钾钠平衡，消除水肿；二是合成抗体的成分，参与白细胞、T淋巴细胞、干扰素等合成，提高免疫力；三是可提供一部分能量；四是维持性功能，防止性功能障碍。

（四）氨基酸需要

野猪对氨基酸的需要主要指必需氨基酸，生长野猪需10种必需氨基酸（赖氨酸、蛋氨酸、色氨酸、组氨酸、亮氨酸、异亮氨酸、苯丙氨酸、缬氢酸、苏氨酸和精氨酸），有些氨基酸作为限制性氨基酸必须补充，少数几种氨基酸不能确切地列为必需氨基酸或非必需氨基酸。例如精氨酸通常划分为必需氨基酸，然而猪能够合成精氢酸，但其合成量不能满足猪早期生长的需要（仅能满足60%～75%），所以生长猪日粮中必须有足够数量的精氨酸。性成熟后的生长猪和妊娠母猪体内精氨酸的合成速度可满足需要，但哺乳母猪精氨酸合成量可能无法满足泌乳需要。半胱氨酸可由蛋氨酸合成，因而被列为非必需氨基酸。然而，半胱氨酸及其氧化产物胱氨酸可以满足总含硫氨基酸（蛋氨酸+胱氨酸）需要量的50%，从而减少了对蛋氨酸的需要量。蛋氨酸不能由胱氨酸合成，因而是必需氨基酸。在无胱氨酸的情况下，蛋氨酸可以满足对总含硫氨基酸的需要。

饲料蛋白的营养价值主要取决于饲料必需氨基酸的组成和含量。饲料必需氨基酸含量及各氨基酸比例越接近于野猪的需要，其饲料蛋白的营养价值就越高。饲料蛋白中某一个或某些氨基酸不足，就会限制其他氨基酸的利用，该氨基酸被称为限制性氨基酸。某一饲料或某一日粮中，某一氨基酸含量与动物需要量之比最小的一个为第一限制性氨基酸，稍大一点的为第二限制性氨基酸，依此类推。猪饲料常见的限制性氨基酸有赖氨酸、蛋氨酸、色氨酸、苏氨酸、异亮氨酸。猪日粮第一限制性氨基酸往往是赖氨酸。在猪日粮中由几种蛋白饲料配合使用,可发挥氨基酸的互补作用,使氨基酸的数量和比例更合适,从而提高蛋白质饲料的营养价值。添加合成氨基酸可提高饲料蛋白质的生物学价值,在猪日粮中最常添加的氨基酸是赖氨酸。

限制性氨基酸对野猪的功效:

1. 赖氨酸

赖氨酸为碱性氨基酸,是合成脑神经、生殖细胞核蛋白质及血红蛋白的必需物质,可促进精氨酸和钙的吸收。赖氨酸具有增强猪食欲、提高抗病力及促进外伤、骨折和化脓疮的治愈等作用,还可以改善猪的肉质,提高瘦肉率。当赖氨酸不足时,猪出现食欲不振、生长停止、低蛋白症、血红蛋白和肌红细胞减少、骨齿钙化率降低、蛋白合成和机体代谢发生障碍、肉品质量显著降低等。

2. 蛋氨酸

蛋氨酸是合成蛋白质最重要的原料,也是必需氨基酸中唯一含硫的氨基酸。蛋氨酸对肾上腺素合成胆碱和肝脂肪代谢有一定作用,并参加血红素的形成,对肝有保护功能,能促进生长。它又是其他氨基酸高效利用的媒介,如猪体内蛋氨酸降到最低限度时,其他氨基酸就不能被很好地利用,又如蛋氨酸在机体内可以形成胱氨酸。猪缺乏蛋氨酸时,会出现生长发育不良、体重减轻、肝和肾机能受损、肌肉萎缩、贫血、脂肪肝、被毛变质。反之,蛋氨酸超过机体需要量的2~3倍时,则抑制亮氨酸和苯丙氨酸的吸收,对机体产生毒害作用。

3. 色氨酸

色氨酸可促进核黄素发挥作用,有助于烟酸、血红素的合成,并参与血液中血浆蛋白的更新作用。猪缺乏色氨酸时,生长停滞、体重下降、脂肪积累降低、种公猪睾丸萎缩、出现死精,配种受孕率降低。

三、脂肪

（一）脂肪的构成

野猪饲料中的脂类是油、脂肪、类脂的总称。饲料中的油脂主要是油和脂肪，一般把常温下是液体的称作油，而把常温下是固体的称作脂肪。

脂肪是由甘油和脂肪酸组成的三酰甘油酯，其中甘油的分子比较简单，而脂肪酸的种类和长短却不相同。因此脂肪的性质和特点主要取决于脂肪酸，不同食物中的脂肪所含有的脂肪酸种类和含量不一样。自然界有 40 多种脂肪酸，因此可形成多种脂肪酸甘油三酯。脂肪酸一般由 4 个到 24 个碳原子组成，分为饱和脂肪酸、单不饱和脂肪酸、多不饱和脂肪酸。脂肪在多数有机溶剂中溶解，但不溶解于水。

（二）脂肪的作用

1. 脂肪是野猪热能来源的重要原料

脂肪的主要功能是供给动物机体热能，脂肪含有较高能值，在体内氧化产生的能量为糖类的 2.25 倍。

2. 脂肪是储备能量的最好形式

动物摄入过多糖类时，通常以体脂肪的形式将能量储备起来，由于体脂肪可以以较小体积储藏较多能量，所以体脂肪是野猪储备能量的最佳方式。

3. 脂肪是构成野猪体组织的重要原料

野猪体各种组织器官，如神经、肌肉、骨骼、皮肤及血液的组成中均含有脂肪，主要为磷脂和固醇等。各种组织的细胞膜并非完全由蛋白质所组成，而是由蛋白质和脂肪按一定比例所组成，脑和外周神经组织都含有磷脂。磷脂对动物生长发育非常重要，固醇是体内合成固醇类激素的重要物质，因此，脂肪也是组织细胞增殖、更新及修补的重要原料。

4. 脂肪是脂溶性维生素的溶剂

饲料中的脂溶性维生素 A、维生素 D、维生素 E、维生素 K 等均须溶于脂肪后才能被吸收，而且吸收过程还需有脂肪作为载体，因而若无脂肪参与将不能完成脂溶性维生素的吸收过程，从而导致脂溶性维生素代谢障碍。

5. 脂肪为野猪提供必需脂肪酸(EFA)

动物体组织不能合成某些脂肪酸，如亚油酸、亚麻酸和花生四烯酸，而这些脂肪酸却又是保持动物体正常组织细胞结构所必需。因此，这些脂肪酸必须由饲料脂肪提供，缺乏时，仔野猪生长停滞，甚至死亡。

6. 脂肪对野猪具有保护作用

脂肪不易传热，因此，皮下脂肪能够防止体热的散失，寒冷的季节有利于维持体温的恒定性和抵御寒冷，脂肪充填在脏器周围，具有固定和保护器官及缓和外力冲击的作用。

7. 脂肪是野猪产品的成分

野猪产品包括野猪肉、皮毛及哺乳仔野猪的乳汁等，均含有一定数量的脂肪，脂肪的好坏和缺乏将会影响到野猪肉品质的优劣。

(三)野猪的脂肪酸营养

必需脂肪酸，通常将具有两个或两个以上双键的脂肪酸称为高度不饱和或多不饱和脂肪酸。凡是体内不能合成，必须由饲粮供给，或能通过体内特定先体物形成，对机体正常机能和健康具有重要保护作用的脂肪酸称为必需脂肪酸。必需脂肪酸是多不饱和脂肪酸，但并非所有多不饱和脂肪酸都是必需脂肪酸。野猪之所以需由饲粮供给 EFA，根本的原因在于野猪缺乏在脂肪酸碳链上由羧基端数起第九位碳原子与末端甲基之间合成双键的能力。通常认为亚油酸、α - 亚麻油酸和花生四烯酸为 EFA。亚油酸和 α - 亚麻油酸动物体内不能合成。花生四烯酸和 γ - 亚麻油酸在动物体内虽可由特定的前体(亚油酸)合成，但合成过程中 $\Delta-6$ 去饱和步骤为限速反应，合成的量可能很少，故饲粮中的供应对野猪大有好处。自 1930 年首次发现在几乎不含脂肪的饲粮中亚油酸对大鼠的健康具有保护作用以来，大量的证据表明 EFA 是野猪所必需的。

野猪缺乏 EFA,主要可见表现是:皮肤损害,出现角质鳞片,体内水分经皮肤损失增加,毛细管变得脆弱,免疫力下降,生长受阻,繁殖力下降,产奶减少,甚至死亡。

四、碳水化合物

碳水化合物主要包括糖类、淀粉、纤维素等,是饲粮中占比例最大的营养物质,在野猪饲养中是能量的主要来源。一般谷实类饲料中主要是淀粉,含可溶性单糖和双糖很少,植物秸秆中主要含粗纤维,青绿植物中含有一部分糖及维生素。

(一)碳水化合物的作用

1. 供给野猪能量及储存能源

饲料中的碳水化合物被野猪采食后进入消化道内由消化液及消化酶分解成葡萄糖后吸收进入血液成血糖,再经血液运送到各个组织,通过体内生物氧化供能。多余部分进入肝脏合成肝糖原储存起来,当野猪需要时糖原再分解为葡萄糖供给能量。

2. 野猪器官组成成分

碳水化合物也是野猪器官组成不可缺少的成分,如五碳糖(核糖)是细胞核的组成成分,半乳糖和类脂肪是神经组织的必需物质。

3. 合成野猪乳汁的原料

碳水化合物是野猪乳汁的主要成分,饲料中的碳水化合物是野猪乳汁中乳糖、乳脂的主要原料,母猪缺乏碳水化合物饲料时,泌乳将受到影响。

4. 刺激胃肠道运动

饲料中的纤维素可以刺激猪胃肠蠕动和消化液的分泌,促进胃肠道发育,有助于食物的消化和吸收,粗纤维还具有使野猪有饱腹感。

(二)碳水化合物吸收利用

野猪对可溶性糖和淀粉消化率为 95% ~100%。2 ~3 周龄前的仔猪,由于消化道中胰腺分泌胰淀粉酶和肠二糖酶不足,故饲喂大量淀粉饲料的仔猪生长较差。在 7 日龄之前,饲喂葡萄糖和乳糖仔猪能有效利用。7～10日龄之后能利用果糖和蔗糖，但饲喂后的幼猪，一般导致严重下痢、失重和死亡率高。

猪小肠中无消化粗纤素的酶，不能消化纤维素、半纤维素，但粗纤维到大肠中经微生物的发酵作用对其消化，微生物可将其转化为挥发性脂肪酸，由它供给能量为维持能量需要的5%～28%。粗纤维消化率一般为30%～39%，其消化率高低受纤维来源、木质化程度、日粮中含量和加工程度影响，因而变异较大，纤维素的利用受饲粮的物理与化学成分、日粮营养水平、动物的年龄等影响，对粗纤维消化率变异为0～97%。一般认为仔猪粗纤维的利用为3%～4%，20千克体重左右的生长猪，饲粮粗纤维水平为6%，妊娠母猪、后备母猪及种公猪日粮中粗纤维水平为10%～12%，哺乳母猪不超过8%。日粮中粗纤维水平过高，将降低饲料有机物质消化率和能量消化率。日粮中提高1%粗纤维约降低总能消化率3.5%。也有报道对蛋白质消化率也有影响。肥育后期日粮中，可利用较高水平粗纤维，达到限制采食量，减少体脂肪的沉积，提高胴体品质，日粮中每增加1%的粗纤维含量，背膘厚度约减少0.5毫米。

五、维生素

维生素是猪维持健康、正常生长发育与繁殖功能所必需的微量营养成分，主要是作为营养代谢中的辅酶参与体内物质代谢。维生素存在于猪的各种饲料中，因饲料种类不同含量有差异，青绿饲料中含量较高，其他饲料次之。野猪对维生素的需要数量较少，但必须由饲料供给，因为野猪不能合成维生素。维生素不像前几种营养素，它既不能供给动物能量，也不构成体组织，但是却有高度的生物学特性，它是合成辅酶的主要原料，参与多项生化反应，是保证机体组织正常发育以及健康生长、生产和维持的重要物质。根据维生素溶解性不同将其分为两类：脂溶性维生素和水溶性维生素。

六、矿物质

野猪体内的矿物质是指体内无机盐与微量元素的总称。矿物质的种类与数量与其所处的外界环境中矿物质存在的种类和数量密切相关。研究发现在动物体内有60余种无机元素(相当于地球上已有90余种无机元素的2/3),这些元素大多数存在于动物的体组织中。其中有20种是动物体所必需的。

矿物质在野猪的生理机能上却具有十分重要的作用。一般将矿物质分为常量元素和微量元素,将含量占动物体总重量万分之一以上(每天需要量大于100微克)的元素,称为常量元素,如钙、磷、钾、钠、氯、硫、镁等;将含量占动物体总重量万分之一以下(每天需要量小于100微克)的元素,称之为微量元素,如铁、锌、碘、硒、铜、锰、铬、钴、锡、氟、钼、钒等。微量元素在动物体内含量极少,常用微克/克或毫克/千克体重计算。

矿物质在动物营养中有其特殊作用,动物既不能合成也不会在代谢中消失。动物体组织中的含量较稳定,一旦缺乏就会引起生理、生化或构造上的缺陷,或造成缺乏症。如在饲料中供给这些元素,则可预防或治疗其缺乏症。在野猪体内,矿物质(灰分)随年龄的增加而增加,在灰分总量增加的过程中各种矿物质之间的比例变动不大。

矿物质在野猪体内的生理功能,一是组成野猪体的重要成分,钙、磷、镁是骨骼和牙齿的重要成分,体内几乎99%的钙和80%的磷存在于骨骼和牙齿中。磷和硫是构成机体内某些蛋白质的成分。二是维持组织细胞的渗透压,钾、钠、氯离子与蛋白质共同维持各种组织的渗透压,在体液移动和储留中起重要作用。三是维持体内的酸碱平衡,硫、磷、氯等酸性离子和钾、钠、钙、镁等碱性离子的适当配合调节着体内的酸碱平衡。四是维持神经、肌肉的敏感性和细胞膜的通透性,各种离子都对神经、肌肉具有一定的兴奋性,特别是钾、钠、钙、镁离子。五是构成体内生理活性物质,如血红蛋白和细胞色素系统中的铁,甲状腺中的碘,单胺氧化酶中的铜等。六是构成酶系统的活化剂,如磷酸酶需要镁,碳酸酐酶需要锌,细胞色素氧化酶需要铁和铜。除上述作用外矿物质还参与糖类代谢和水代谢等。

第三节　野猪营养需要

一、公野猪的营养需要

公野猪精液中粗蛋白占1.2%～2%，粗脂肪占0.2%，在精液干物质中蛋白质占到60%。因此合理供给种公野猪营养物质，是保证种猪身体健康、性欲旺盛、精液质量合格的重要基础。为了使种公猪性欲旺盛、精液品质优良，在营养供应上应考虑全面优质，不但要有优质的蛋白质供给，而且还要满足矿物质及维生素等供给，不但要供给必需的植物性蛋白饲料，还必须供给充足的动物性蛋白质饲料。特种野猪与家猪相比，射精时间短，射精量少，但仍比其他家畜营养物质消耗大，因此要根据公猪的体况、配种任务和精液数量及质量确定营养需要量。

（一）能量需要

种公猪能量需要可以分为后备公猪和成年公猪蛋白质需要量，后备公猪日粮中能量供应不足时，将影响睾丸和附属性器官的发育，造成性成熟推迟，初情期射精量少。成年公猪的日粮中能量供应不足时，睾丸和其他性器官的机能减弱，性欲降低，精子生成作用受到抑制或损害，产生的精子浓度低，精子的活力弱。公猪的维持需要消化能可用下列公式计算：

维持需要消化能（千焦）$=418.4W^{0.75}$

式中，$W^{0.75}$代表代谢体重（计算方法是先将0.75次方改写成3/4，然后计算出体重的3次方，再开两次方即可得到代谢体重，如50千克体重，代谢体重为$50\times50\times50=125\ 000$，125 000开方得到353.6，再开一次方得到18.8，那么其代谢体重为18.8千克）。

公猪非配种期能量需要是维持能量需要的1.55倍，配种期需要又为非配种期需要的1.25倍。野猪能量主要通过碳水化合物提供。

（二）蛋白质的需要

蛋白质质量和水平是影响精液品质的重要因素之一。日粮的蛋白质不足，会造成精液数量少、精子密度降低、精子活力变差，使受孕母野猪受胎率下降，产仔数降低。所以，要想充分发挥公野猪的生产性能，就必须供给充足的蛋白质饲料，特别是动物性蛋白质饲料，如鱼粉、肉粉、肉骨粉、蚕蛹粉等，以提高种公野猪精液的数量和质量。野猪公猪对蛋白质需要目前没有标准，可以参照中国肉脂型猪饲养标准按体重给予，体重在 90 千克以下时饲料中蛋白含量按 14% 供给，体重在 90 千克以上时饲料中蛋白质含量按 12% 供给，但品质要好，注意提供足量必需氨基酸，特别是赖氨酸（对提高猪精液品质具有良好作用）、蛋氨酸 + 胱氨酸、色氨酸、异亮氨酸。在配种季节最好添加 5% 动物性饲料或每天饲喂几枚鸡蛋。

（三）矿物质的需要

缺少矿物质会影响种公野猪的健康和精液品质，尤其是钙、磷、锰、硒等矿物质。钙离子能促进精子和卵子融合及有助于精子穿透卵细胞透明带，刺激细胞糖酵解过程，增加精子活力。但是钙离子浓度过高，又会影响精子活力；磷对公猪生猪机能也有影响，缺磷，生殖机能衰退；青年公猪和成年公猪饲料含钙分别建议达到 0.9% 和 0.75%，钙、磷比例以 1.25∶1 为宜。缺锰，公猪性欲降低，精子生成受损，产生异常精子；缺硒，精液品质下降，睾丸萎缩退化。除此之外，公猪精液中还含有钠、钾、氯、锌等；生产中建议公猪日粮中硒、锰、锌含量分别不少于 0.15 微克、20 毫克和 50 毫克。

（四）维生素的需要

维生素对公猪的繁殖影响很大，种公野猪对维生素需求量大，特别是维生素 A、维生素 E、维生素 B_1 和维生素 B_2。如不足则会影响种公野猪的体质和精液品质。特种野猪因大量采食含有丰富维生素的青绿多汁饲料，一般情况下维生素不会缺乏。在北方冬季青绿多汁调料供应不足的情况下，要适当补充维生素添加剂，建议参照中国肉脂型饲养标准，维生素 A 每千克饲料含 3 531 国际单位，维生素 D 每千克饲料含 177 国际单位，维生素 E 每千克饲料含 11 国际单位。

二、妊娠母野猪的营养需要

母野猪的妊娠期同家猪一样大约110天,妊娠期间生理上会发生显著变化,由于这个时期妊娠猪除供给自身需要外,还要供给胎儿所需要的所有营养物质。其营养需要的特点:一是保证胎儿各阶段发育所需要的营养物质,二是母猪身体发育和增重所需要的营养物质,三是为产后哺乳做相应的储备。在保证合适的营养供给外,不能过肥或过瘦,因为过肥过瘦都对胎儿的发育不利,所以必须科学合理地搭配母野猪妊娠期各阶段所需要的营养物质,才能使母野猪生产出较多的健康仔野猪来。根据妊娠期母体和胎儿的发育,主要抓好两个关键时期,即妊娠前期和妊娠后期。妊娠前期是受精卵着床期。营养需要不大,但要求平衡,尤其对矿物质和维生素要求严格。妊娠后期,胎儿生长发育迅速,对营养物质的要求量很大,必须满足供应。

(一)能量需要

妊娠母猪的能量需要包括维持需要、妊娠产物增重需要、母体增重需要和体温调节需要,生产中为了计算方便,可以参考NRC给出的消化能需要计算。每天维持消化能(千焦)$=460\times W^{0.75}$,($W^{0.75}$指配种体重加上1/2妊娠物总增重),每天妊娠产物增重消化能需要(千焦)=仔猪头数×156千焦,每天母猪增重消化能需要(千焦)=脂肪增重(克/天)×54.48千焦/天+蛋白质增重(克/天)×46.19千焦/天,体温调节需要$=(20-T)\times 1\ 046$,式中的T为实际温度。我国肉脂型猪饲养标准建议前期17.57~23.43千焦/天,后期为23.43~29.29千焦/天。

(二)蛋白质的需求

妊娠母猪对蛋白质的需要实际上是对氨基酸的需要,研究表明,对体况正常的母野猪妊娠期增加精饲料的喂量,可增加仔野猪的成活率和初生重。如果能量水平正常,蛋白质水平对产仔数影响较少,但可以影响仔猪的初生重和母野猪产后泌乳力。在妊娠母猪整个妊娠期,合理的蛋白质水平供应是非常必要的。妊娠母野猪的日粮，含粗蛋白质11%～12.5%，即每天每头平均饲喂140～180克粗蛋白质，就能够满足妊娠母野猪对粗蛋白质的需要。

（三）矿物质的需要

日粮中钙、磷会影响胎儿的发育和母野猪产后的泌乳力，在母野猪妊娠期间，必须满足母猪对钙、磷的需要，中国肉脂型猪饲养标准规定，钙、磷的需要量分别为0.61%和0.49%。钙、磷的合适比例是(1.5～2)∶1。同时，还要注意饲料中食盐的补充，防止钠、氯的缺乏。

（四）维生素的需要

在妊娠期间维生素对母野猪非常重要，如果供应不足就会降低繁殖性能，并能影响胎儿的生长发育。如维生素A供给不足，将会导致母猪吸收胎儿营养，产病弱、畸形小野猪；维生素B_2供应不足，会导致母野猪受胎率降低，所产小野猪出现畸形。

三、哺乳母野猪的营养需要

母野猪在哺乳期间，每天的泌乳量为6～7千克，哺乳母野猪的营养水平要比妊娠母野猪高。在哺乳期间，母野猪要把大量的饲料转化成乳汁供给仔野猪。为了使仔野猪得到足够的乳汁，母野猪除动用自身储存的营养外，大部分要利用饲料中的营养。因此，要饲喂全价配合饲料，满足哺乳母猪能量、蛋白质、维生素、矿物质等营养素，为了使哺乳母猪在满足仔猪生长的同时，减少自身消耗，应补充适量的动物性饲料，如鱼粉。适量的青绿饲料。

（一）能量需要

哺乳母猪能量需要也包括维持能量需要、产乳能量需要、体温调节能量需要等。维持所需要的消化能与妊娠母猪相同，产乳需要的消化能（千焦/天）=[（仔猪日增重×哺乳仔猪数×20.58）－(377×哺乳仔猪数）]/0.69（消化能用于产乳的效率为69%），母猪失重提供的消化能（千焦/天）=（失重的蛋白质×23.4＋失重的脂肪×39.3）/0.69，体温调节所需的消化能=$(20-T)\times 1\,046$，式中的T为实际温度。我国肉脂型猪饲养标准建议消化能供给为58.24～

64.31 兆焦/天。

(二)蛋白质的需要

哺乳母野猪由于合成母乳需要,因此需要大量的蛋白质。饲料蛋白质不足则直接影响猪乳的形成。一般情况,哺乳母野猪饲料粗蛋白质含量应保证在 12% ~14%,赖氨酸为 0.5%,应适量补喂一些动物性饲料,如鱼粉,同时要注意氨基酸的平衡。

(三)矿物质的需要

野猪为了保障仔猪快速增长,在泌乳期产乳量很高。平均日产乳 5 千克。乳汁中除乳糖、蛋白质、乳脂外,还含有大量的矿物质。因此,为了满足母野猪需要,补充必要的钙、磷,每天每头供给哺乳母野猪钙 40 克,磷 28 克,盐 3 克,才能保证哺乳母猪的生理需要。

(四)维生素的需要

母野猪乳中含有丰富的维生素,而这些维生素的生成必须由饲料中供给。在生产中为了保障母猪繁殖性能的更好发挥,添加量往往高于推荐剂量。

四、断奶仔野猪的营养需要

断奶仔猪是指脱离母猪,不再哺乳母猪的乳汁,由于断奶后仔猪不能采食到母乳中丰富的蛋白质、维生素和矿物质,而这个阶段仔野猪正处在一个代谢旺盛、生长发育快速的阶段,一方面对营养需求特别大,另一方面消化器官不发达,消化功能差。所以,必须供给适当的营养全面的好消化的配合饲料,以保证仔野猪快速生长。仔野猪从吃母乳转变成采食以植物性饲料为主的日粮。饲料中出现母乳中没有的纤维素,对仔野猪是一个很大的应激,对饲料的不适应,极易造成仔野猪腹泻。在这个阶段为仔野猪提供易消化的饲料,是养好断奶仔野猪的关键。

(一)能量需要

仔猪在临断奶时所需要的能量,由两部分组成即母乳和饲料供应,随着仔猪日龄和体重的增加,母乳能量满足成度下降,由代乳料补充,这时饲料中的能量浓度应相应较高,建议在 13.81 ~15.06 千焦/千克，到断奶时保持这种饲料能量，并且在饲料的消化方面供给易消化的饲料。

（二）蛋白质的需要

由于断奶仔野猪消化器官机能尚不完善，胃肠内蛋白酶很少，而且胃底腺不发达，不能生成盐酸。加上缺乏游离盐酸，胃蛋白酶没有活性，不能很好地消化蛋白质，特别是植物性蛋白。所以，在选择断奶仔野猪日粮蛋白质时，应考虑到蛋白质的可消化性、氨基酸的平衡性及适宜的添加水平等因素。优质的仔野猪日粮中的蛋白质原料包括乳精粉、大豆饼粕、花生饼（粕）、精鱼粉等。除了考虑蛋白质水平外，还应考虑必需氨基酸的含量及比例，赖氨酸需要量根据在家猪研究结果，5 千克阶段为 1.45%，10 千克为 1.25%，15 千克为 1.15%，20 千克为 1.05%，在注重赖氨酸的同时还要注意蛋氨酸、苏氨酸和色氨酸的供应。

（三）矿物质的需要

矿物质元素在仔野猪营养需要中很重要，特别是铁、锌、铜等元素，铁元素是制约仔野猪成活率的重要因素之一，仔野猪出生后 2～3 天，颈部一次注射牲血素 1 毫升，可保证仔野猪正常生长。仔野猪开食后，可在饲料中补充适量的铁，能增加仔野猪的成活率。锌对仔野猪具有特殊的促进生长作用，在断奶仔野猪日粮中添加 3 000 毫克的氧化锌和硫酸锌，可提高日增重 15%～25%。仔野猪下痢由 10%～20% 降到 5%。日采含量提高 9.5%～14%，死亡率由 4.1% 降到 1.3%。铜对仔野猪生长有特殊的作用，并能提高饲料利用率。在断奶仔野猪日粮中，添加铜 100～250 毫克/千克，对仔野猪有明显的促进生长作用。

（四）维生素的需要

维生素是维持断奶仔野猪的生理机能必需的微量营养成分，断奶仔猪日粮中的维生素与其抗应激免疫系统的发育有密切关系，其中最主要的是维生素 E 和维生素 C。维生素 E 是细胞内的抗氧化剂，能促进免疫球蛋白的合成，可通过调节前列腺素的生物合成增强细胞的吞噬作用,提高仔野猪的抗病力。

维生素 C 被认为是抗应激因子,在体内可直接杀死病毒或细菌,增强中性白细胞,能有效地减缓断奶应激,提高仔野猪的成活率。

五、育肥野猪的营养需要

野猪育肥期间的增长速度要比家猪慢,尤其与进口瘦肉型猪相比,生长速度要慢很多。在保证合理的能量和蛋白质等营养物质的条件下,进口瘦肉型猪 160 天就可以达到 90 千克,而特种野猪却需要 270 天。为此,特种野猪生长育肥期间对饲料的营养水平、饲料质量的要求比家猪要低得多,可以充分利用青绿饲料和粗饲料以及各种农副产品,降低饲养成本。

育肥野猪随着发育成熟,消化系统功能已十分完善,采食量也逐渐增大,可以利用粗糙或质量较差的饲料。根据这一特性,肥育野猪可以大量利用农村的杂草、野菜、各种农作物的藤蔓和秸秆以及大量的糠渣类饲料,配以少量的蛋白质饲料和能量饲料。一般情况下,育肥野猪饲料中不使用价格高的动物性蛋白质饲料,而主要以青绿饲料、粗饲料和农副产品为主,配以适量的玉米、麸皮和植物性蛋白质饲料。

(一)能量和蛋白质的需要

根据不同生长发育阶段搭配饲料,在生产中将育肥野猪生产分为两个时期。

育肥猪前期:60 千克以前,此时正是身体发育的高峰期,在保证供给一定能量的前提下,对蛋白质的需要较大,此阶段要特别注意蛋白质的供给。

育肥猪后期:60 千克以后阶段,这个阶段野猪的体格已经发育成熟,进入肌肉和脂肪的高速增长期,需要蛋白质量相对减少,对碳水化合物的需要相对较多,这时重点保障碳水化合物的供应,以满足生长育肥的需要。

(二)矿物质的需要

育肥猪的前期对钙、磷的需求要比后期多,前期需要补充,在后期，一般情况下，完全可以从采食的饲料中得到满足。主要通过圈养的野猪在饲料中可以补充钙和磷，日粮中钙含量0.6%～0.65%，磷含量0.5%～0.55%。

（三）维生素的需要

随着特种野猪采食量的加大，放牧加圈养的野猪，此阶段可以从采食的青绿饲料中，获得大量的维生素，不必添加，如果采用全舍饲饲养，则在配合饲料中适当添加维生素。

第四节　野猪的饲养标准

饲养标准是根据动物的种类、性别、年龄、体重、生产阶段、生产性能及生产目的，规定动物每头每天正常获取各种营养物的质量。是指在适宜的条件下，达到最优生产性能时营养的最低需要量。不仅是动物对营养物质需要量的测定数值和经验估计数值，同时也是来自生产实践中的大量验证数据资料，反映了一定时期的动物营养科研水平和畜牧业发展水平。目前我国还没有野猪的国家饲养标准，生产实践中主要参考肉脂型家猪的饲养标准来配制，具体指标详见表5－1。

表5－1 野猪的饲养标准参考值　（单位：%）

野猪类别	粗蛋白质	消化能（兆焦/千克）	赖氨酸	蛋氨酸＋胱氨酸	苏氨酸	钙	总磷
仔野猪（7～15千克）	19.2	13.84	1.1	0.71	0.73	0.93	0.61
	19.1	14.05	1.01	0.7	0.71	0.9	0.59
小野猪（15～30千克）	16.75	13.42	1	0.61	0.57	0.79	0.55
	17.31	13.51	0.97	0.63	0.59	0.83	0.56
	15.2	13.42	0.92	0.58	0.53	0.69	0.52
中野猪（30～80千克）	14.92	13.42	0.91	0.57	0.52	0.71	0.53
	14.05	13.42	0.9	0.56	0.49	0.69	0.52

续表

野猪类别	粗蛋白质	消化能（兆焦/千克）	赖氨酸	蛋氨酸+胱氨酸	苏氨酸	钙	总磷
大野猪（80~100千克）	13.24	13.47	0.85	0.54	0.46	0.68	0.52
	14	12.71	0.66	0.59	0.6	0.7	0.58
妊娠母野猪	15.89	13.22	0.76	0.64	0.58	0.71	0.58
哺乳母野猪	17.68	12.92	0.82	0.69	0.65	0.77	0.58
公野猪	15.9	12.8	0.72	0.65	0.58	0.71	0.59

资料来源：李顺才主编，特种野猪养殖技术一本通，化学工业出版社2013年3月第一版97页。

使用上述饲养标准配制饲料时需注意所供给的野猪含有纯种野猪血液的多少，一般含野猪血统超过62.5%，在参考值的基础上降低能量2%~3%，蛋白质含量降低3%；含野猪血统低于62.5%，在参考值的基础上降低能量和蛋白质含量2%。

第六章　野猪的常用饲料及饲料配合

野猪的常用饲料有能量饲料、蛋白质饲料、青饲料、青贮饲料、粗饲料、矿物质饲料和饲料添加剂等。

野猪的饲料配合就是根据野猪的营养需要（即饲养标准）、饲料中的养分含量，通过科学的计算方法制定饲料配方，利用现代的加工工艺将各种饲料混合在一起，制成养分全面、营养互补，满足野猪不同生长期需要的全价日粮。

第一节　野猪的常用饲料

一、能量饲料

能量饲料就是供给野猪能量的饲料，这些饲料的共同特点是含有较高的能量，也就是说含有较多的糖和淀粉，它们的蛋白质含量相对较低，粗纤维含量少，容易消化。一般情况下干物质中粗纤维含量低于18%，粗蛋白含量低于20%，消化能10.46兆焦/千克以上，这类饲料是野猪养殖的重要能量来源，在生产占有极其重要地位。这类饲料包括谷实类饲料、糠麸类饲料、块根块茎及瓜果类等饲料。

（一）谷实类饲料

谷实类籽实水分含量低，一般在14%左右，干物质在80%以上；无氮浸出物含量高，通常占饲料干物质的66%～80%，其中主要是淀粉，粗纤维低，一般在10%以下。因此，这类饲料的适口性好，消化利用率较高，缺点是蛋白质含量低，而且赖氨酸、蛋氨酸和色氨酸的含量也很低。

1.玉米

玉米在我国种植面积很广，仅次于水稻和小麦，是主要饲料来源之一。玉米被称为“饲料之王”，其产区广、资源丰富、产量高、用量多、有效能值高、占饲料的配比大等。玉米的蛋白质含量少、品质差、常量元素、微量元素和维生素等含量也很低，均不能满足野猪的营养需要。在配制猪饲料时，以玉米作为配料的主体，可围绕它进行营养素的多种饲料搭配，包括补充蛋白质。由于玉米缺乏赖氨酸和色氨酸，故在配制饲料时要注意补充这些氨基酸。玉米含有较多的脂肪，其中不饱和脂肪酸较多，所以磨碎后的玉米粉，易于酸败变质，不宜长期保存。玉米在储藏过程中还极易发生霉变，霉变后产生的黄曲霉素毒性大，易引发各种猪中毒，应引起高度重视。

玉米用于仔猪用量不宜超过60%，种母猪不宜超过50%，肥育猪不超过85%。中等程度粉碎(4～5毫米筛)即可。热压处理玉米消化率可提高30%以上。

2. 高粱

高粱的籽实也是重要的能量饲料,我国高粱种植面积和总产量在粮食作物中居第五位,主要产于辽宁和黑龙江两省。高粱与其他谷实类相比,粗脂肪含量相对较高,有效能值仅次于玉米、小麦。主要成分为淀粉,粗纤维少,可消化养分高。但粗蛋白质含量与其他谷物相似,含量低、品质差、限制性氨基酸、常量元素、微量元素等含量均不能满足猪的营养需要。高粱的种皮含有较多的单宁(平均为0.38%),具有苦涩味,这是一种抗营养因子,可阻碍能量和蛋白质等养分的利用,降低猪的适口性。在有高粱的地方用高粱喂野猪,日粮中所占比例一般不超过20%,同时需补加维生素A和蛋白质。

3. 大麦

大麦在我国分布很广,长江流域为主要生产区。大麦有两种,皮大麦和米大麦。大麦含粗蛋白质较多,含能量中等。其所含的粗蛋白质和脂肪酸质量优良,但大麦缺乏赖氨酸和胡萝卜素,而且皮厚,含粗纤维较多。大麦作为饲喂野猪的饲料,特别是喂育肥猪,能生产白色硬脂肪的优质猪肉。一般应粉碎后饲喂,否则不易消化。大麦容易被赤霉菌感染,受感染的不宜用来喂猪。在成年野猪的饲料中用量最好不超过30%,幼龄猪最好不超过10%。

4. 小麦

小麦的有效能值与玉米、高粱相似,比大麦略高,粗蛋白质含量约高出玉米含量的50%,矿物元素锰和锌的含量较高,钙、铁、硒的含量较低。小麦喂猪时,须经粉碎后与其他饲料混合饲用效果较好,但在饲料中其配比过多时,则会影响野猪的采食量。小麦同样易受赤霉菌污染,一旦感染就不能再用来喂猪。

5. 水稻

水稻含有坚硬的外壳,约占稻谷的1/5,其消化能(猪)11.7兆焦/千克,脱壳后的大米消化能与小麦近似。稻谷粗蛋白含量较低,大约为8.3%，氨基酸比较平衡，赖氨酸含量比其他谷类高，作为饲料蛋白质的营养价值相对较高；能量价值大约相当玉米的85%，一般情况下，在猪的配合饲料中可用到25%～50%。

（二）糠麸类饲料

糠麸类饲料是谷实类的加工副产品。粮食加工产品如大米、玉米粉、面粉为籽实的胚乳，而糠麸则为种皮、糊粉层、胚芽三部分。糠麸不能为人食用，主要用作饲料及酿酒等行业的原料。糠麸与玉米比，能量较低，蛋白质含量较高。无氮浸出物消化率、有效能则比谷实低。糠麸的钙、磷比谷实高，必需氨基酸，尤其是赖氨酸、蛋氨酸仍为不足。糠麸是B族维生素的良好来源，但缺少胡萝卜素和维生素D，其微量元素含量比谷实高。在仔猪、生长猪日粮中，不宜用量过多，按干物质计算一般应控制在5%～15%，育肥猪和母猪，可适当加大比例，用量控制在20%以下。

1. 小麦麸皮

小麦麸皮由小麦的种皮、糊粉层与少量的胚和胚乳组成。在麸皮中胚和胚乳含量多少，直接决定它的营养价值，含量多营养价值高，含量少营养值低。由于小麦种皮与糊粉层的细胞壁厚实，故粗纤维含量较高，一般在7%～11%。因此麸皮的能量价值也较低。对于猪来说，麸皮中含有消化能10.88～11.72兆焦/千克。麸皮中的粗蛋白质含量较高，一般可达11%～15%，蛋白质的品质较好，含猪所需要的第一限制氨基酸——赖氨酸在0.5%～0.7%，但是麸皮中蛋氨酸含量较低，只有0.11%左右。由于小麦的麦粒中B族维生素多集中在糊粉层与胚中，故B族维生素含量很高，每千克麸皮中约含核黄素（维生素B_2）3.5毫克左右，硫胺素（维生素B_1）8.9毫克左右。

麸皮的最大缺点是钙、磷含量比例极不平衡。在干物质中，钙的含量只有0.16%，而磷的含量可高达1.31%，钙和磷的比例几乎是1∶8。因此，在猪的配合饲料中，如果麸皮比例大，一定要特别注意钙的补充。麸皮具有轻泻性质，在母猪产后可饲喂适量的温麸皮水，以调节其消化道机能。

2. 米糠

米糠分为砻糠和细米糠，砻糠是稻谷加工大米时去掉的粗硬的外壳，这种糠只能当作粗饲料使用，不宜作为猪饲料。细米糠是野猪的好饲料，它是糙米加工成白米时分离出的种皮、糊粉层与胚三种物质的混合物，一般每100千克糙米可分离出细米糠6～8千克。细米糠的营养价值视白米加工程度不同而异，加工的米越白，则胚乳中物质进入米糠的越多，米糠的营养价值越高。细米糠基本不含稻壳，故粗纤维含量少，含消化能12.56～14.23兆焦/千克，粗蛋白质为13%左右，细米糠的蛋白质品质较好，在谷物饲料中它的赖氨酸含量较高。核黄素（维生素B_2）2.6毫克/千克，次于麸皮，一般米糠为稻谷加工时，带有部分外壳的米糠。这样的米糠含消化能10.46～12.56兆焦/千克，粗蛋白质、粗纤维和粗脂肪均在13%左右。

由于新鲜的细米糠含有较高的消化能和粗蛋白质，因此是猪很好的催肥饲料。但也正是由于它含有较多的粗脂肪，而且粗脂肪中不饱和脂肪酸含量较高，如果在猪饲料中配比过多（超过30%时），有可能造成猪拉稀，同时造成猪屠宰后的胴体脂肪变软，影响猪的胴体品质。由于细米糠含有较高的不饱和脂肪酸，故不易长期储藏，尤其是炎热的夏天，容易因氧化而引起酸败，因此米糠最好是边加工边饲喂，不要积压时间过长，避免影响其质量及饲喂猪的价值。细米糠的最大缺点与麸皮一样，也是钙、磷含量比例不当，两者分别为0.08%和1.77%，其比例约为1∶20，因此，在大量使用细米糠喂猪时，应注意钙的补充。

（三）块根块茎类饲料

块根块茎类能量饲料：块根块茎类饲料的特点是水分含量很高，一般含水量为75%～90%，相对干物质较少，鲜样中含消化能为1.8～4.69兆焦/千克。但如就其干物质的营养价值来考虑，则可归属于能量饲料范畴。在干物质中，它们的粗纤维含量较低，一般为2.5%～3.5%；无氮浸出物很高，占干物质的65%～85%，而且多是宜消化的糖、淀粉或聚戊糖。因此，干物质中含消化能 13.81～15.49兆焦/千克。但是它们也具有能量饲料的一般缺点，即蛋白质含量低，而且蛋白质中的非蛋白质含氮物质占的比例较高，矿物质和 B 族维生素的含量较少。该类饲料包括胡萝卜、红薯、木薯、饲用甜菜、马铃薯、芜菁、甘蓝、南瓜等。

1. 甘薯

甘薯又名地瓜、红苕、番薯、红(白)薯等，是我国种植面积最广的薯类作物。甘薯多汁，富含淀粉，是一种很好的能量饲料，适于饲喂肥育和泌乳期的野猪。其水分含量为 70% 左右，粗蛋白质含量约 4.5%。甘薯可以生喂或熟喂，其能量消化率几乎相同，但熟喂的蛋白质消化率较高，并可增加采食量。甘薯应注意储存，冻后易腐烂，温度高于 18℃ 且空气较为潮湿时则会发芽。故甘薯常切成片，晒制成干备用。甘薯收获后的茎叶可用作青绿饲料或青贮饲料。

2. 马铃薯

马铃薯又称土豆、地瓜、洋芋等。马铃薯的无氮浸出物含量较红薯低，故其有效能值较红薯低；但其粗蛋白质含量较高，约为红薯的 2 倍。适于用作马、猪、牛的饲料，用作猪饲料时宜煮熟后使用。马铃薯在储存期间经日光照射时会产生一种有毒物质——龙葵素，使用时应注意。

3. 木薯

木薯为我国南方地区多年生灌木。其块根中含有大量淀粉，占鲜样的 25%～30%，粗纤维含量较低。蛋白质含量是块根、块茎类饲料中最低的，且品质较差，含非蛋白氮多。木薯中含有氢氰酸，饲用前必须进行脱毒处理。脱毒方法为去皮或切片后于水中浸泡 1～2 天，或切片晒干磨粉后煮沸 3～4 小时。

4. 胡萝卜

胡萝卜虽然列入能量饲料，但在生产实践中，主要是在冬季作为动物的多汁饲料及补充维生素用。胡萝卜适口性好，各种家畜都喜食，在冬春季饲料中如加有胡萝卜作为多汁饲料，可提高产乳量，提高乳的品质，并可改善繁殖家畜和幼龄动物的生产性能。

二、蛋白质饲料

蛋白质饲料是指干物质中粗纤维含量在8%以下，粗蛋白质含量为20%以上的饲料，这类饲料的粗纤维含量低，可消化养分多，是配合饲料中主要成分之一。蛋白质饲料可分为：植物性蛋白、动物性蛋白和单细胞蛋白质饲料。

（一）植物性蛋白质饲料

1. 大豆饼粕

大豆饼粕分为大豆饼和大豆粕，是我国最常用一种植物性蛋白质饲料。一般含粗蛋白在40%～46%，赖氨酸可达2.5%左右，色氨酸0.1%左右，蛋氨酸0.38%左右，胱氨酸0.25%；富含铁、锌，其总磷中约一半是植酸磷，含胡萝卜素少，仅为0.2～0.4毫克/千克。粗脂肪含量豆饼为4.7%，豆粕为0.9%左右。

浸提豆粕较之机榨豆饼适口性差，饲用后可能引起腹泻现象，经加热处理后，其不良作用即可消失。因此，豆饼粕可作为猪的主要蛋白质饲料，配制饲料时加少量鱼粉等动物性蛋白质饲料和维生素，能显著促进猪的生长和发育。

2. 花生饼

带壳花生饼含粗纤维15%以上，饲用价值低。国内一般都去壳榨油，去壳花生饼所含蛋白质、能量比较高。花生饼的饲用价值仅次于豆饼，蛋白质和能量都比较高，但其赖氨酸和蛋氨酸含量不足。花生饼本身虽无毒素，但易感染黄曲霉菌，对猪也有不良影响，甚至出现中毒。因此，储藏时切忌发霉。

花生饼是猪饲料中较好的蛋白源，猪喜食，但不宜多喂，一般不超过15%，否则猪体脂肪会变软，影响胴体品质。

3. 棉籽饼

棉籽饼是提取棉籽油后的副产品，一般含粗蛋白质32%～38%，产量仅次于大豆饼粕，是主要的蛋白饲料资源之一，猪对棉籽饼中蛋白质的消化率为80%左右，消化能为10.88～12.56兆焦/千克。

棉籽饼与豆饼相比，其消化能约为豆饼的83.2%，粗蛋白质约为80%，其赖氨酸含量为1.48%，色氨酸的含量为0.47%，蛋氨酸含量为0.54%，胱氨酸含量为0.61%。胡萝卜素和维生素D含量较少，磷、铁和锌的含量丰富。植酸磷含量为0.62%～0.67%，含量相对较高，会影响其他元素的吸收和利用。

棉籽仁中含有大量的色素、腺体，其中含有对动物有害的棉酚，乳猪、仔猪及母猪一般情况下饲料中尽量不用或少用棉籽饼，但在生长猪和育肥猪日粮中可添加4%～6%。

4. 菜籽饼粕

菜籽饼粕是油菜籽提取油脂后的副产品。其粗蛋白质在31%～40%。赖氨酸含量为1.0%～1.8%，色氨酸含量为0.3%～0.5%，蛋氨酸达0.5%～0.9%，稍高于豆饼与棉籽饼，微量元素中含硒、铁、锰、锌较高，但含铜量较低。

菜籽饼粕因处理工艺不同有的含一定的毒素，具有苦涩味，影响适口性和蛋白质的利用效果，阻碍猪的生长，因此，在饲喂时对未去毒的饼粕要进行去毒处理，未去毒的菜籽饼粕尽量不喂或控制喂量。一般哺乳猪、仔猪最好不用，生长猪、育肥猪和母猪可在日粮中添加4%～8%为宜。

以上4种饼粕是养猪常用的蛋白质饲料，来源丰富。除此之外，还有葵花饼、芝麻饼、麻籽饼、豌豆蛋白、酒糟和干豆腐渣等蛋白质饲料。生产中可因地因时利用，但利用时注意用量或与豆饼粕搭配使用。

（二）动物性蛋白质饲料

动物性蛋白饲料主要包括鱼类、肉类和乳品类加工副产品以及其他动物产品类。

1. 鱼粉

鱼粉是动物蛋白质饲料中优质的蛋白质饲料，不仅蛋白质含量高，而且赖氨酸、含硫氨基酸和色氨酸等必需氨基酸含量也很丰富。

鱼粉含粗蛋白质在40%～75%，进口鱼粉蛋白质含量55%～75%，而国产鱼粉粗蛋白质含量为40%～65%，鱼粉由于蛋白质、粗脂肪和盐的含量偏高，保存不好很易酸败变质。

在猪的饲料中，特别是在仔猪饲料中添加适量鱼粉，既能改善日粮适口性，平衡养分，又能提高猪的日增重，增加养猪效益，是猪饲料中不可缺少的蛋白质饲料。

2. 血粉

血粉是牲畜屠宰的鲜血经过加工制成的蛋白质饲料，其蛋白质含量一般在80%左右，尽管蛋白质含量较高，但消化率低，血粉中含矿物质元素较丰富，特别是铁，对猪补充铁效果较好。血粉的制作有两种方法：一是采用高温、压榨、干燥制成的血粉，这种血粉溶解性差、消化率低；二是通过低温，真空干燥法制成的血粉或者经过二次发酵制成的血粉，这种血粉溶解性好，消化率也高。在我国，随着人们肉食品食用量的增加，血粉资源呈上升的趋势。

在猪的日粮中添加3%～5%的血粉，并与豆饼（粕）结合，外加氨基酸，能获得较好的饲喂效果。

3. 肉粉和肉骨粉

肉粉和肉骨粉是将不能作食品的畜禽屠体及废弃物，经高温、高压灭菌处理后脱脂干燥制成。含骨量大于10%的称肉骨粉。肉粉的粗蛋白质含量为50%～60%，肉骨粉含粗蛋白质35%～40%，肉粉和肉骨粉中除含有丰富的蛋白质外，还含有一定量的钙、磷和维生素B_{12}。肉粉和肉骨粉因原料和加工方法不同，其营养成分变化幅度差异较大。用作野猪饲料，其中的蛋氨酸和色氨酸低于鱼粉。因此，在用作野猪饲料时，搭配鱼粉或补充所缺氨基酸，可提高饲料利用率。新鲜肉粉和肉骨粉色黄，有香味，发黑而有臭味的不能用作饲料。

4. 乳清粉

乳清粉是制作奶酪后脱水干燥后的副产品，乳清粉含有牛奶中大部分水溶性成分，如乳糖、乳白蛋白、乳球蛋白，水溶性维生素及矿物质等,乳清粉主要用于乳猪日粮。

乳猪对乳糖以外的碳水化合物因无消化酶而利用率较差,而乳糖能直接被乳猪吸收,转化为能量供给乳猪生长发育的需要。用于乳猪料的乳清粉一般是含有65% ~75%乳糖和大约12%粗蛋白质,也有含75% ~80%乳糖和约3%的粗蛋白质的低蛋白乳清粉。仔猪开食料中(6千克体重),用20%乳清粉时仔猪日增重最理想,超早期和早期断奶日粮中(2.2 ~5千克体重)通常应该用到20% ~30%,而断奶过渡日粮(5 ~7千克体重)一般用到15% ~20%乳清粉。乳清粉能提供大量的乳糖,在仔猪消化道内发酵可产生大量的乳酸,降低pH值,帮助乳的消化,抑制致病细菌的生长,这对仔猪健康有重要意义;乳清粉中亦含有白蛋白及球蛋白,对肠道同样具有正面的影响,特别是免疫球蛋白,对肠道具有保护作用,能对抗大肠杆菌。乳清粉中亦含有乳过氧化酵素及乳铁蛋白,具有杀菌及抑菌的功用。

除上述动物性饲料外,生产中还有猪毛水解粉,含粗蛋白质45%,制革下脚料、羽毛粉、蚕蛹等。随着畜牧业的高速发展,我国饲料原料供需矛盾越来越突出,蛋白质饲料缺口越来越大,解决蛋白质饲料的不足,充分利用动物性下脚料资源作为蛋白质饲料将对弥补蛋白质不足具有重要作用。

(三)单细胞蛋白质饲料

单细胞蛋白质饲料是由单细胞微生物生产的蛋白质饲料。主要包括酵母、细菌、真菌、微型藻类和某些原生物,在养猪生产中主要用的是饲料酵母。

饲料酵母是一种真菌,粗蛋白质含量为40% ~50%,蛋白质的生物学价值介于动物蛋白质与植物蛋白质之间,赖氨酸含量高。作野猪饲料补充物,主要用作补充蛋白质和维生素,改善氨基酸的组成,补充B族维生素,提高饲料的利用率。酵母饲料具有苦味,适口性差,在野猪饲粮配制中一般用量不超过5%。

除酵母饲料外,藻类也可以用作单细胞饲料,其蛋白质含量也比较丰富。

三、青绿饲料

这类饲料青绿多汁，营养丰富，易于消化，适口性好，还具有轻泻，保健作用，是我国传统养猪饲料的主要原料。它包括水生的浮萍、水浮莲（水葫芦）、水花生及农作物藤、叶、蔬菜下脚料，饲料类苜蓿、苕子等青绿饲料作物。喂量不限，由猪自由采食，但要根据季节合理组合，做到四季不断青。

（一）常见人工种植青绿饲料

1. 苜蓿

苜蓿草被称为“牧草之王”，一年生或多年生草本植物。茎直立或铺散，复叶，具3小叶，小叶上部边缘有细齿，托叶贴生在叶柄基部上，花很小，黄色或紫色，成短总状或头状花序，腋生。

苜蓿中含有丰富的蛋白质，初花期至盛花期的含量一般在17%～20%，粗脂肪含量在2%～3%。开花前，粗纤维和无氮浸出物在苜蓿干物质中的含量为30%左右，开花期即达35%以上，粗灰分含量一般都在10%左右，其中，钙含量1.5%，磷含量0.1%～0.3%。苜蓿中含有丰富的维生素和微量元素。含有野猪必需的铁、铜、锰、锌、钴和硒，其中，铁、锰含量较多。维生素含量丰富，含胡萝卜素18.8～161毫克/千克，维生素C 210毫克/千克，维生素B 5～6毫克/千克，维生素K 150～200毫克/千克。苜蓿中含有动物需要的各种氨基酸，而且含量丰富，品质良好。各种苜蓿中赖氨酸、天门冬氨酸、苏氨酸、丝氨酸、谷氨酸、甘氨酸、丙氨酸、亮氨酸、苯丙氨酸含量都较多，但蛋氨酸、酪氨酸、组氨酸含量较少，必需氨基酸含量比较均衡。

野猪生产中可以直接刈割后鲜喂，也可以晒干粉碎添加到配合饲料中饲喂。

2. 菊苣

菊苣为菊科多年生草本植物，高40～100厘米，根肉质、短粗，茎直立，单生，有棱，中空，多分枝。叶互生，长倒披针，长椭圆形，全长

15～34 厘米，宽 2～4 厘米，头状花序，花冠舌状，花色青蓝。耐寒，耐旱，喜生于阳光充足的田边、山坡等地，国内外均有分布。

菊苣叶片柔嫩多汁，营养丰富，叶丛期粗蛋白含量 22.87%，初花期粗蛋白含量 14.73%，平均 17%，粗蛋白质产量达 250 千克/亩。初花期含粗脂肪 2.1%，粗纤维 30.6%。菊苣氨基酸含量丰富，叶丛期 9 种必需氨基酸含量高于苜蓿草粉，维生素、胡萝卜素、钙含量丰富。菊苣适口性好，利用率高，是野猪饲养的优质种植牧草之一。

3. 聚合草（俄罗斯饲料菜）

聚合草，别名爱国草、肥羊草、友益草、友谊草、紫根草、外来聚合草、西门肺草。丛生型多年生草本植物，高 30～90 厘米，全株被向下稍弧曲的硬毛和短伏毛。生于山林地带，为典型的中生植物。原产苏联、欧洲部分地区和高加索，中国于 1973 年引种栽培。聚合草适应性广，产量高，利用期长，适口性好，是优质高产的野猪饲料。

收割的鲜草，经切碎直接饲喂或切碎拌入其他干饲料喂。如果有条件可打成浆或打成草泥拌入配合饲料饲喂。其枝叶青嫩多汁，气味芳香，质地细软，青草经切碎或打浆后散发出清淡的黄瓜香味，猪喜食。富含蛋白质和维生素，营养价值高，各种营养成分的含量及其消化率都高于一般牧草。可青贮，制草粉，但以青草状态饲喂最好。开花期鲜草干物质中含粗蛋白质 24.3%，粗脂肪 5.9%，粗纤维 10.1%。其干品粗蛋白含量为 24.3%～26.5%，比饲用玉米、黑麦草、麦麸高 1 倍左右，比白三叶草、苏丹草、狼尾草高 60%，比串叶松香草高 10%。其粗纤维含量为 13.7%，脂肪为 4.5%，无氮浸出物为 36.4%，灰分为 16.3%。在饲料家族中名列前茅。

4. 籽粒苋

籽粒苋（又名千穗谷）是苋科苋属一年生粮、饲、菜兼用型作物。平均株高 2.9 米，最高 3.5 米；茎粗壮，直径 3～5 厘米，分枝性强。单株有效分枝 30 个以上；叶宽大而繁茂，叶长 15～30 厘米。最宽处 14 厘米。绿色或紫红色；种子细小，圆形、淡黄色，棕黄色或紫黑色，千粒重 0.54 克；生育期 110～140 天。是西北黄土高原、半干旱半湿润地区沙地上的理想旱作饲料作物。

籽粒苋原产于热带的中美洲和南美洲，现已广泛传播于其他地区。我国种植范围极广，并且长势良好，既可春播，又可夏秋播，播种时要求土温14℃以上，春播一般在4月下旬播种，行株距33厘米×10厘米。

籽粒苋柔嫩多汁清香可口，适口性好，营养丰富，是野猪的优质饲料，鲜喂、青贮或调制优质草粒均宜。干品中含粗蛋白质14.4%，粗脂肪0.76%，粗纤维18.7%，无氮浸出物33.8%，粗灰分20%。

5. 苦荬菜

苦荬菜属菊科植物，多年生草本，具白色乳汁，光滑。根细圆锥状，长约10厘米，淡黄色，茎高30～60厘米，上部多分枝。

苦荬菜高产、优质，再生能力强，在北方各地每年可刈割3～5次，南方一年可刈割6～8次，每亩生产鲜草6 000～8 500千克。高产者可达10 000千克。它不仅产量高，而且营养价值也很高，含有较高的粗蛋白、粗脂肪、维生素，粗纤维含量很低。用苦荬菜喂猪，能节省大量精饲料，并提高母猪的泌乳能力，提高仔猪的增重率。同时它还有促进野猪食欲，帮助消化，祛火防病之功效。

6. 黑麦草

黑麦草，禾本科、黑麦草属植物，是重要的栽培牧草和绿肥作物，其中多年生黑麦草和多花黑麦草是具有经济价值的栽培牧草。

黑麦草在春、秋季生长繁茂，草质柔嫩多汁，适口性好，是野猪的好饲料。供草期为10月至翌年5月，夏天不能生长。株高80～100厘米。须根发达，主要分布于15厘米深的土层中。茎直立，光滑中空，色浅绿。单株分蘖一般60～100个，多者可达250～300个。叶片深绿有光泽，长15～35厘米，宽0.3～0.6厘米。

多年生黑麦草，原产西南欧、北非及亚洲西南地区。在我国长江流域如四川、云南、贵州、湖南一带高山地区生长良好。

黑麦草营养价值高，含粗蛋白4.93%，粗脂肪1.06%，无氮浸出物4.57%，钙0.075%，磷0.07%。其中粗蛋白质、粗脂肪比本地杂草含量高出3倍。矿物质和维生素含量丰富，以孕穗期至抽穗期刈割为佳，可采取直接投喂或切段饲喂，或打浆拌料喂给。

四、粗饲料

粗饲料是指天然水分的含量在45%以下，干物质中粗纤维的含量在18%以上的植物类饲料。主要包括干草、蒿秆和秕类等。其特点是体积大，粗纤维含量高，粗饲料在草食家畜的日粮中所占比重大，通常作为它们的基础饲料，在野猪的日粮中，配入一定比例的优质粗饲料，有利于增大日粮的体积，使猪有饱腹感，同时，在日粮中有少量粗纤维有利于预防猪拉稀，但粗纤维过多，又影响猪对精料的采食量和消化率。

五、矿物质饲料

矿物质饲料是补充矿物质需要的饲料，一般常用的矿物质饲料以补充钙、磷、钠、氯等常量元素为主，主要包括：食盐、补磷矿物质、补钙矿物质和补磷钙的矿物质。

（一）食盐

猪饲粮是以植物性饲料为主，而植物性饲料中含钠和氯较少，含钾丰富。为了维持生理上的平衡，对以植物为主的饲料应补充食盐。食盐除了维持体液渗透压和酸碱平衡的作用外，还具有刺激唾液分泌，提高饲料适口性增强动物食欲的作用，饲料中为了达到满足猪对钠、氯的需要，在日粮中应补充0.2% ~0.3%的食盐。

（二）补磷的矿物质饲料

只含磷的矿物质饲料在生产实践中使用得不多，当猪的饲粮钙的比例过高或钙、磷饲料缺乏时，用其来补充磷的含量和平衡钙、磷比例。常见补磷的矿物质有磷酸二氢钠（NaH_2PO_4）和磷酸氢二钠（Na_2HPO_4）。因此，以钠的磷酸盐补磷则改变饲料中钠的比例，在生产中应注意调整。

（三）补钙的矿物质饲料

含钙的矿物质饲料主要有石粉、贝壳粉、蛋壳粉等。

1. 石粉

主要指石灰石粉，为天然的碳酸钙，含钙34% ~38%，是最广泛的补钙来源，属价格低廉的矿物质原料。

2. 贝壳粉

贝壳粉是贝壳粉碎的粉末，主要成分为碳酸钙，含钙 33% ~ 38%，成本较为低廉，也是使用比较广泛的补钙饲料。

3. 蛋壳粉

家禽蛋壳粉碎后的补钙饲料，主要成分为碳酸钙，含钙 25%。新鲜蛋壳还含有约 12% 的粗蛋白质，制干粉碎前应经高温消毒，以免蛋白质腐败和病原菌传播。

（四）补充钙、磷的矿物质饲料

既含钙又含磷的矿物饲料在生产中使用较为广泛，通常与含钙的饲料共同配合使用，以使饲粮钙、磷比例正常，这类矿物质饲料有骨粉、磷酸氢钙、磷酸钙、过磷酸钙等。

1. 骨粉

骨粉是指动物骨骼经过高压蒸煮，再脱脂、脱胶干燥后磨成的细粉，其主要成分为磷酸钙。优质骨粉色白、不结块。一般骨粉含钙 25% 以上，含磷 12% 以上。

2. 磷酸氢钙

磷酸氢钙的钙、磷比例约为 3∶2，接近于动物需要的比例。其含钙 23% 以上，含磷 16% 以上，含氟 0.18% 以下。

补充矿物质元素所需的化合物含量及主要成分见表 6 – 1，可以作为生产参考。

表 6 – 1 补充矿物元素的化合物及元素含量表

矿物质名称	元素含量（%）
蚌壳粉	钙 = 23.5 ~ 46.5
贝壳粉	钙 = 32.93 ~ 34.76；磷 = 0.02 ~ 0.03
蛋壳粉	钙 = 25.99 ~ 37.0；磷 = 0.10 ~ 0.15
碳酸钙	钙 = 40

续表

矿物质名称	元素含量（%）
骨粉	钙＝29.23～36.39；磷＝13.13～16.37
砺粉	钙＝39.23；磷＝0.23
石粉	钙＝32.55～55.7
磷酸钙	钙＝38.7；磷＝20.0
磷酸氢钙	钙＝18.0；磷＝23.2
过磷酸钙	钙＝15.9；磷＝24.6
磷酸钠	磷＝8.2；钠＝12.1
磷酸氢二钠	磷＝8.7；钠＝12.8
氯化钠	钠＝39.7；氯＝60.3

六、饲料添加剂

饲料添加剂是完善基础日粮的营养性添加成分，它能提高饲料效率，促进畜禽生长和预防疾病，减少饲料在储存期间的营养损失以及改善野猪的产品品质。饲料添加剂可分为两类：一类是营养性添加剂，如氨基酸、微量元素和维生素；另一类是非营养性添加剂，如抗生素、激素、化学药物等。由于饲养目的不同，对饲料添加剂的要求也有所不同。但是在生产实践中，饲料添加应符合以下要求：一是长期使用或在使用期间，不应对猪产生急、慢性毒害作用和不良影响，对繁殖母猪不能导致生殖生理的改变，以至影响胎儿；二是必须有确实的经济效益和生产效果；三是在饲料和猪体内具有较好的稳定性；四是不影响猪对饲料的采食量；五是在畜产品中的残留量不能超过规定标准，不能影响猪产品的质量和人体健康。

（一）营养性添加剂

营养性添加剂的用途是平衡猪日粮的营养素，添加的品种和数量取决于基础日粮的营养含量和猪的营养状况，即按照缺什么补什么，缺多少补多少的原则。在正常情况下，要根据猪的不同生长阶段，生产目标，按照饲养标准确定添加剂的种类和数量。

1. 氨基酸添加剂

主要包括:蛋氨酸、赖氨酸、色氨酸和苏氨酸。饲料添加剂所用的氨基酸一般为必需氨基酸,特别是第一和第二限制性氨基酸。动物对氨基酸的利用还有一个特点,即只有第一限制性氨基酸得到满足,第二限制性氨基酸和其他限制性氨基酸才能得到较好的利用,以此类推。如果第一限制性氨基酸只能满足需要量的70%,第二限制性氨基酸和其他限制性氨基酸含量再高,也只能利用其需要量的70%。因此,在饲料中应用氨基酸添加剂,应首先考虑第一限制性氨基酸,再依次考虑其他限制性氨基酸。

目前在拟定饲料配方时主要考虑第一限制性氨基酸和第二限制性氨基酸。猪的第一限制性氨基酸为赖氨酸,第二限制性氨基酸为蛋氨酸。因此,在应用氨基酸添加剂时,不要盲目添加,以免影响生产性能和造成浪费。

(1)赖氨酸　赖氨酸是猪饲料中第一限制氨基酸。动物性的蛋白质饲料和豆饼(粕)饲料富含赖氨酸,植物蛋白质饲料含赖氨酸较低。国家标准饲料级L－赖氨酸盐酸盐,为白色或淡褐色粉末,无味或微有特殊气味,易溶于水。L－赖氨酸盐酸盐含量有98.5%和65%的产品,98.5%的产品中含有的L－赖氨酸仅为78.8%。因此,在实际应用氨基酸类添加剂时,应先折算其有效含量和效价,以防止添加量过多和不足。在缺乏动物性蛋白质饲料和豆饼(粕)饲料中必须添加赖氨酸,以提高养猪效益。

(2)蛋氨酸　我国的蛋白质饲料绝大多数系植物蛋白质饲料,蛋氨酸相对缺乏,如果能添加适量的蛋氨酸,对养猪生产和猪的生长有促进作用。通常在饲料中,添加蛋氨酸是人工合成的DL－型蛋氨酸,人工合成的DL－型蛋氨酸与天然存在L－型蛋氨酸的效价相等,蛋氨酸在饲粮中的添加,原则上只补充饲粮中蛋氨酸的不足部分。蛋氨酸和胱氨酸都是含硫氨基酸、猪的需要常用蛋氨酸＋胱氨酸来表示。

(3)色氨酸　也属于易缺乏的限制性氨基酸,具有典型特有气味，为无色或微黄色晶体，溶于水。玉米、肉粉、肉骨粉中色氨酸含量较低，仅能满足猪需要量的60%～70%，大豆饼（粕）中含量较高。在日粮中应根据饲料类型选择性的补充。

(4)苏氨酸　属必需氨基酸，是幼猪生长阶段的一种限制性氨基酸，为无色或微黄色晶体、溶于水，具有极弱的特别气味。通过在6周龄断奶仔猪试验，在低苏氨酸类型日粮中，补充苏氨酸水平达到0.66%～0.67%，可在无鱼粉、豆饼（粕）的条件下，也能获得较好的生产效果。

2. 维生素添加剂

野猪对维生素的需要量极少，但其作用极为显著。在野猪集约化饲养条件下，采食相对高能高蛋白的配合饲料，野猪的生产性能也高，对维生素需要量一般要比正常需要量大1倍。即使有些维生素在猪体内可以合成，也往往因合成速度太慢太少，难以满足猪的生长发育需要，所以必须向饲料中添加维生素。常用的维生素有：维生素A、维生素D、维生素E、维生素B_1、维生素B_2、烟酸、泛酸、维生素B_{12}、维生素C。生产中常添加的是复合维生素，因为单体维生素，在保存、加工等方面需要严格的温度以及严格的加工工艺。而且常因为搅拌不均和保存不当造成维生素损失，所以生产中使用复合维生素比较方便经济。

3. 微量元素添加剂

野猪需要添加的微量元素有铁、铜、锌、锰、硒、碘、钴等。这些微量元素在不同地区所生产的不同饲料原料中，其含量差异较大，所以必须根据当地土壤中元素含量的多少，补充不足的微量元素。

(1)铁　含铁的化合物有硫酸亚铁、硫化铁、氯化铁和氧化铁，其中硫酸亚铁（$FeSO_4 \cdot 7H_2O$）的生物学效价较高，氧化铁最差。饲料级硫酸亚铁（$FeSO_4 \cdot 7H_2O$）为淡绿色结晶。含结晶水的硫酸亚铁（$FeSO_4 \cdot 7H_2O$）吸湿性强，易于结块，故需经烘干处理。

(2)铜　含铜的化合物有硫酸铜（$CuSO_4 \cdot 5H_2O$）、氯化铜（$CuCl_2$）和碳酸铜（$CuCO_3$）。其中硫酸铜不仅生物学效价高，而且还有抗菌作用,饲用效果好,应用广泛。

(3)锌　含锌的化合物有氧化锌(ZnO)、碳酸锌($ZnCO_3$)、硫酸锌($ZnSO_4 \cdot 7H_2O$)。它们生物学效价都较高。但是在猪饲料中常用硫酸锌,外观为白色结晶粉末。但在高温高湿地区因容易水解,可改用氧化锌。

(4)锰　含锰的化合物有硫酸锰($MnSO_4 \cdot 7H_2O$)和氧化锰(MnO)。硫酸锰是野猪饲料中比较常用的添加剂,其理化特性为白色略带粉红色结晶。氧化锰的生物学效价较低但价格便宜,生产中也经常使用。

(5)硒　含硒的化合物有亚硒酸钠($Na_2SeO_3 \cdot 5H_2O$)、硒酸钠($Na_2SeO_4 \cdot 10H_2O$)等,硒既是畜禽必需的微量元素,又是剧毒物质。我国大部分是缺硒地区,特别在东北地区、西北地区、华南地区更是严重缺硒,因此,在猪饲料中添加亚硒酸钠(Na_2SeO_3)尤为重要,既可预防白肌病,又可提高饲料利用率。但在配合饲料中使用时要充分拌均匀,以防止硒中毒而造成生产损失。

(6)碘　常用的含碘化合物有碘化钾(KI)和碘酸钙[$Ca(IO_3) \cdot 2H_2O$]等。碘化钾化合物不够稳定,易分解而引起碘的损失。碘酸钙在水中溶解度较低也比较稳定,生物学效价和碘化钾相似,故常被利用。

(7)钴　作为补钴的化合物常用的是硫酸钴($CoSO_4 \cdot H_2O$)和氯化钴($CoCl_2 \cdot 6H_2O$),为紫血青色。

生产中常用的补充各种微量元素的化合物及含量见表6－2。

表6－2　补充微量元素的化合物及元素含量表

含元素的化合物	元素含量(%)
硫酸亚铁	铁＝20.1
碳酸亚铁	铁＝41.7
碳酸亚铁	铁＝48.2
氯化亚铁	铁＝28.1

续表

含元素的化合物	元素含量(%)
氯化铁	铁=20.7
氯化铁	铁=34.4
硫酸铜	铜=39.8;硫=20.06
氯化铜	铜=47.2;氯=52.71
氧化镁	Mg=60.31
硫酸镁	Mg=20.18;硫=26.58
碳酸铜	铜=53.2
碳酸铜(碱化)孔雀石	铜=57.5
氢氧化铜	铜=65.2
氯化铜(白色)	铜=64.2
硫酸锰	锰=22.8
碳酸锰	锰=47.8
氧化锰	锰=77.4
氯化锰	锰=27.8
硫酸锌	锌=22.7
碳酸锌	锌=52.1
氧化锌	锌=80.3
氯化锌	锌=48.0
碘化钾	碘=76.4;钾=23.56
二氧化锰	锰=63.2
亚硒酸钠	硒=30.0
硒酸钠	硒=21.4
硫酸钴	钴=38.02;硫=20.68
碳酸钴	钴=49.55
氯化钴	钴=24.78

（二）非营养性添加剂

1. 抑菌促生长剂和驱虫保健剂

抑菌促生长剂和驱虫保健剂主要是指抗生素及驱虫类药物，这类添加剂用于促进生长，提高饲料效率，保持稳定的生产能力和控制疾病感染。在猪的日粮中最常用抗生素有：喹乙醇、杆菌肽锌、速大肥、盐霉素、阿散酸、泰乐菌素和土霉素。驱虫保健剂有莫能菌素、氯苯胍、伊维菌素等，通常产品标签中对使用对象、年龄，在饲料中添加量等都作了明确规定。

2. 抗氧化和防腐剂

饲料保藏不当，通常会变质，影响饲料的适口性、降低营养价值，甚至产生有毒物质，直接危害猪的健康。为使饲料在储存期（中）质量不受影响，可使用饲料抗氧化剂和防霉剂。

3. 着色剂和调味剂

为了提高畜产品的外观和商品价值，在饲料中加入着色剂。为了增加猪的食欲，在饲料中添加各种香料和调味剂，对提高采食量起到促进作用。

4. 保健及生长促进剂

为了提高畜禽饲料的消化利用率和养殖效益，在畜禽饲料或预混料中添加一些保健和促生长剂以保障野猪健康和加快生长，其产品有：有机酸类，益生菌类，酶制剂类和矿石类等。

第二节　野猪的饲料配合

野猪的饲料配合就是根据野猪的营养需要（即饲养标准）、饲料中的养分含量，通过科学的计算方法制定饲料配方，利用现代的加工工艺将各种饲料混合在一起，制成养分全面、营养互补，满足野猪不同生长期需要的全价日粮。

一、配合饲料的概念及种类

配合饲料是指根据野猪的营养需求和饲养野猪的生产实践经

验及生产要求，有选择性地将多种饲料原料（含饲料半成品）按照一定的科学比例进行一系列的科学加工而成的混合物。配合饲料因其营养全面、消化利用率高、促进生长预防疫病、扩大饲料来源、适应高密度集约化养殖等优点，得以广泛应用。目前我国饲料工业生产的饲料产品种类有：添加剂预混料、浓缩饲料和全价配合饲料。

（一）添加剂预混合饲料

把多种饲料添加剂（如：微量元素、维生素、氨基酸、抗生素、生物饲料以及国家允许使用的药物添加剂等）按一定比例与适量的载体混合而成。根据构成预混合饲料的原料类别不同，将其分为微量元素预混合饲料、维生素预混合饲料和复合添加剂预混合饲料等。一般添加量为全价料的0.2%～3%。

（二）浓缩饲料

浓缩饲料是在添加剂预混料的基础上加入蛋白质类饲料混合而成。养猪场和农户购回浓缩饲料后按说明加入一定比例的能量饲料，即可配合成全价饲料。浓缩饲料一般占全价饲料的20%～30%，浓缩饲料的营养参考指标详见表6－3。

表6－3 浓缩饲料营养成分参考指标 （单位：%）

产品对象＼指标	粗蛋白质≥	粗纤维≥	粗灰分≤	钙	总磷	食盐	赖氨酸≥
仔猪10～20千克	35	7	16	2～2.5	1.3～1.8	0.83～1.33	2.0
生长育肥猪一级	30	12	14	1.5～2.4	0.8～1.5	0.83～1.33	1.5
生长育肥猪二级	25	15	14	1.5～2.4	0.8～1.5	0.83～1.33	1.0

（三）全价配合饲料

全价配合料是将能量饲料、蛋白质饲料以及添加剂预混料按照科学配方配合而成，也有直接使用饲料原料，通过科学配方和先进的生产工艺配制而成，其营养成分全面，能满足猪的生长需要，是直接饲喂营养全面的饲料。全价配合饲料的营养参考指标详见表6－4。

表 6－4　全价配合饲料的营养参考指标

指标 产品对象	消化能≥（兆焦/千克）	粗脂肪≥（%）	粗蛋白质≥（%）	粗纤维≥（%）	粗灰分≤（%）	钙（%）	磷（%）	食盐（%）
仔猪 10～20 千克	13.39	2.5	18	4	7	0.6～0.75	0.5～0.65	0.25～0.4
生长育肥猪 20～60 千克	12.55	1.5	14.5	7	8	0.45～0.7	0.3～0.5	0.25～0.4
生长育肥猪 60～90 千克	12.14	1.5	12.5	8	9	0.4～0.7	0.3～0.5	0.25～0.4

二、饲料配合基本原则

第一，选用适宜的饲养标准作为配合饲料养分供给水平的依据。

第二，选择原料时应尽力做到兼顾原料的养分含量、消化性、适口性和成本等诸多因素，充分利用本地资源，做到在满足养分供给的前提下尽量降低饲料成本。

第三，注意野猪的消化特点，饲料体积应与猪的采食量相适应，使猪采食后既能满足营养需要又具有饱腹感。

第四，控制粗纤维含量，哺乳仔猪不超过 4%，生长育肥猪不超过 6%，种猪不超过 8%。

第五，饲料原料要多样化，充分发挥各种饲料营养素间的互补作用，同时考虑饲料的消化率和适口性，禁止使用发霉、变质或有毒的原料。

三、饲料配合的方法

要配合好饲料首先要了解野猪的采食量，根据猪采食量和营养需要进行科学的配合；其次制定符合野猪不同生长阶段的科学饲料配方；第三是采用现代化生产工艺，使饲料的均匀度达到最佳。

（一）野猪采食量的估计

野猪的采食量因其种类、生长期、生产用途、性别不同，其差异明显，由于目前野猪生产主要通过和家猪杂交生产商品猪，所以其采食量与家猪类似，在生产中应根据具体情况灵活掌握，并根据个体大小进行适当的调整，表 6－5 列出野猪采食量的参考指标，供生产者在配制野猪饲料时参考。

表 6－5　野猪采食量参考指标

猪群类别		参考采食量
肉猪	乳猪（5～10 千克）	0.6 千克
	仔猪（10～30 千克）	1.2 千克或占体重的 5.5%～6.0%
	中猪（30～60 千克）	2 千克或占体重的 4.5%～5.0%
	大猪（60～120 千克）	2.5 千克或占体重的 3.5%～4.0%
生产母猪	后备母猪（≤30 千克）	1.2 千克
	后备母猪（≥30 千克）	2 千克
	后备母猪（≥60 千克）	2 千克（开始限饲）
	配种前 14 天开始	3 千克（短期优饲）
	配种后 1 周止	2～3 千克
	妊娠 84 天前	1.8～2 千克（体重的 2%～2.5%）
	妊娠 84 天后	3 千克
	分娩前 1 周	减料
	分娩当天	停料，只供饮水
	哺乳期	体重的 0.8%～1% 维持日粮，每头仔猪增加 0.3 千克
	断奶后	3 千克
	发情配种受胎	1.8～2.0 千克
种公猪	非配种期	2 千克
	配种期	3 千克

注：根据猪的实际生长环境，其采食量可在表 6－5 的基础上灵活调整。

（二）常用饲料用量区间

野猪对饲料的用量，根据各种饲料的特点不同而有一定的差异,但是只要控制在合理范围内,就会克服饲料中的不足,根据养殖经验,现将各种饲料的喂量区间通过表6-6列出,供参考。

表6-6 各种饲料用量区间表

饲料名称	用量(%)	饲料名称	用量(%)	饲料名称	用量(%)	饲料名称	用量(%)
玉米	45~65	麸皮	10~15	豆饼	10~20	血粉	3~5
大麦	8~10	次粉	10~15	棉籽饼	8~15	鱼粉	3~8
高粱	8~10	米糠	15~20	菜籽饼	5~10	蚕蛹粉	3~8
稻谷	5~10	统糠	10~15	糠饼	10~15	肉骨粉	3~8
碎米	20~45	大豆	5~10	花生饼	8~15	骨粉	1~2
小米	8~10	黑豆	5~10	粉渣	5~15	贝壳粉	0.5~3
青稞	10~15	豌豆	5~15	酒糟	5~10	石粉	0.5~2
食盐	0.2~0.3	草粉	3~5	饲料酵母	5~10	氨基酸	0.1~0.4
维生素	0.01~0.03	微量元素	0.02				

(三)饲料配合配方设计

饲料配方就是指加工某一饲料产品时,选用的原料种类及相互间搭配的比例的总称。饲料配方设计的方法很多,有试差法、四方形法(交叉法)、矩阵法、配合饲料电脑软件法等。简单介绍几种方法供参考。

1. 试差法

试差法又叫凑数法,是最容易理解、目前国内使用范围最广的一种手工计算方法。这种方法的具体做法和思路是:首先根据经验初步拟定出各种原料在配合饲料中的大致比例;其次用各自的比例去乘该种原料所含各种养分的含量;第三将各种原料的同种养分之积相加即得到该配方每种养分的总和;第四将所得结果与相应的饲养标准进行比较,若有一种或几种养分超标或不足,可通过增加或减少相应的原料比例进行调整和重新计算,直到所有的营养指标都基本满足需要为止。以育肥猪为例说明。

(1)依据饲养对象选择饲养标准,确定营养需要量　根据饲养标准,生长育肥猪的营养需要为,消化能15兆焦/千克,粗蛋白质16%,粗纤维14%,钙0.5%,磷0.5%,食盐0.3%,赖氨酸0.9%,蛋氨酸+胱氨酸0.5%。

(2)选择饲料原料,并依据饲料营养成分表或实测值获得各原料成分含量　拟选择原料为:玉米,麸皮、大麦、豆粕、鱼粉、骨粉、石粉等,具体营养含量见表6-7。

表6-7　拟用原料营养成分含量

项目	消化能≥(兆焦/千克)	粗蛋白质(%)	粗纤维(%)	钙(%)	磷(%)	赖氨酸(%)	蛋氨酸+胱氨酸(%)
麸皮	12.15	15.62	9.24	0.14	0.96	0.56	0.28
玉米	16.05	8.9	3.21	0.03	0.39	0.22	0.2
大麦	14.05	10.2	4.31	0.1	0.46	0.33	0.25
豆粕	13.52	42.3	3.64	0.28	0.57	2.07	1.09
鱼粉	15.75	58.54	0	3.91	2.9	4.01	1.66
骨粉				23	12		
石粉				38			

(3)进行初配　根据饲养经验或现成配方,按能量和蛋白需要初步确定各种原料的大致比例,并计算能量和粗蛋白水平,与营养标准进行比较,生长育肥猪的饲粮中各种饲料的大致比例一般为:谷物籽实类能量饲料50%~70%,糠麸类饲料占5%~25%,蛋白质饲料15%~25%,矿物质饲料及各种添加剂1%~2%。一般初配时,配方中不考虑矿物质饲料,所以总量应小于100%,以便留出最后添加钙、磷、食盐、维生素、微量元素、氨基酸等添加剂所需要的空间,能量、蛋白质饲料原料一般占总比例的98%~99%,饲料试配营养含量差别见表6-8。

表6-8　饲料初配营养含量差别表

项目	配比（%）	消化能（兆焦/千克）	粗蛋白质（%）	钙（%）	磷（%）	赖氨酸（%）	蛋氨酸+胱氨酸（%）
麸皮	10	1.22	1.56	0.01	0.1	0.06	0.03
玉米	54	8.52	4.75	0.01	0.2	0.11	0.11
大麦	15	2.11	1.53	0.02	0.07	0.05	0.04
豆粕	14	1.9	5.96	0.04	0.08	0.29	0.15
菜粕	5	0.62	1.99	0.02	0.05	0.07	0.05
鱼粉	1	0.16	0.59	0.04	0.03	0.04	0.02
合计	99	14.53	16.38	0.14	0.53	0.62	0.4
与标准比较	-1	-0.47	0.38	-0.36	0.03	-0.28	-0.1

（4）调整能量与粗蛋白质水平，使消化能和粗蛋白含量符合饲养标准规定量　进行能量、蛋白调整的方法是降低配方中一种饲料原料的比例，同时增加另一种饲料原料的含量，二者增减数相同，即用一定比例的一种饲料原料替代另一种饲料原料，计算时，先求出每替代1%时，配方能量和蛋白的改变程度，然后结合初配方中求出的营养含量与标准值的差值，计算出应该替代的百分数。将上述初配日粮的营养水平与标准比较，能量稍低于标准0.47兆焦/千克，而粗蛋白含量高于标准0.38%，可用能量稍高而蛋白较低的玉米替代部分能量较低而蛋白较高的豆（饼）粕，豆（饼）粕蛋白含量为42.3%，玉米蛋白含量为8.9%，每替代1%，蛋白减少0.33%，因此，减少1%的豆（饼）粕，增加1%的玉米即可使蛋白含量下降0.33%，而能量提高（16.05～13.52）×0.01＝0.025兆焦/千克，基本达到了标准要求的蛋白、能量水平。调整后的结果见表6-9。

表 6－9　饲料配方调整后营养水平

项目	配比（%）	消化能（兆焦/千克）	粗蛋白质（%）	钙（%）	磷（%）	赖氨酸（%）	蛋氨酸＋胱氨酸（%）
麸皮	10	1.22	1.56	0.01	0.1	0.06	0.03
玉米	55	8.68	4.83	0.01	0.2	0.11	0.11
大麦	15	2.11	1.53	0.02	0.07	0.05	0.04
豆粕	13	1.77	5.5	0.04	0.08	0.28	0.15
菜粕	5	0.62	1.99	0.02	0.05	0.07	0.05
鱼粉	1	0.16	0.59	0.04	0.03	0.04	0.02
合计	99	14.56	16.00	0.14	0.53	0.62	0.4
与标准比较	－1	－0.44	0	－0.36	0.03	－0.28	－0.1

从结果看，消化能和粗蛋白含量与标准比较，分别相差 0.44、0，基本符合要求。

（5）调整磷、钙、食盐、氨基酸含量，添加微量元素、维生素　磷不足的部分用骨粉、磷酸氢钙等补充；钙不足，用石粉或贝壳粉等补充，使钙和磷达到标准要求量；食盐不足部分用食盐补充；赖氨酸、蛋氨酸不足，用人工合成的 L－赖氨酸和 DL－蛋氨酸进行补充；微量元素和维生素可直接用肉猪专用的饲料添加剂补充。

另外，形成饲料配方并写出营养指标含量，以供生产使用。

2. 四方形法

四方形法配制饲料方法简单，容易操作，在原料种类不多或者营养指标要求不高情况下经常使用。下面举例说明其方法。

用玉米、麸皮和豆粕为 60～90 千克猪配制含粗蛋白 14% 的饲料，已知玉米含粗蛋白为 8.6%，麸皮含粗蛋白 14.3%，豆粕含粗蛋白 46%。

第一步，先将玉米和麸皮作为能量饲料混合，玉米 70%，麸皮 30%，计算出蛋白质含量。

蛋白质含量＝(70% ×8.6% ＋30% ×14.3%) ×100% ＝10.31%

第二步，画一个四边形，中间写上配制日粮的蛋白质含量，左边上下两个角写上豆粕和能量饲料的蛋白质含量，对角线用大数减去小数，分别标注在右上角和下角。

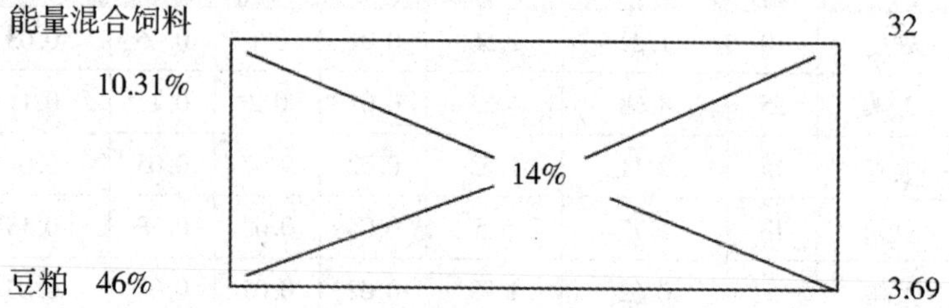

第三步，折算比例，通过第二步的计算，得出 32 和 3.69，这两个数据分别表示，能量混合饲料和豆粕所需的份额，即 32 份能量混合饲料和 3.69 份豆粕即可配制成含蛋白 14% 的饲料，计算成百分比为：

能量混合饲料 = 32 ÷ (32 + 3.69) × 100% = 89.66%

玉米用量 = 89.66% × 70% = 62.76%

麸皮用量 = 89.66% × 30% = 26.9%

豆粕 = 3.69 ÷ (32 + 3.69) × 100% = 10.34%

计算结果为 60 ~ 90 千克猪配制含蛋白 14% 的饲料，需要玉米 62.76%、麸皮 26.9%、豆粕 10.34%。

如果是多种饲料配合，可以按照上述办法，逐步配制。

3. 饲料配方软件法

通过购买现成的计算机软件，进行计算。

(1) 购买软件应考虑的因素　随着越来越多的农业院校、科研机构科技人员对计算机配方技术的研究开发，计算机配方技术的逐渐成熟，配方软件的功能越来越完善，操作越来越简单，获得的配方也逐渐变得更加实用。从最初的只能进行线性规划，获得全价饲料最低成本配方，发展到现在的目标规划、多配方技术、概率配方、生产工艺管理、“原料配料仓竞争”处理技术、原料采购决策与灵敏度分析技术、多套原料组分概念、配方渐变分析与综合分析技术等，可同时进行全价饲料、浓缩饲料、预混合饲料等配方设计，而且操作界面也越来越友好、简单易用。不过，在购买饲料配方软件时还应考虑如下因素：

配方设计运算尽量要快，以节省时间；界面，应该操作简单，提示清楚，翻屏次数少，可修改，实时帮助；数据库管理，方便选择、任意添加、随时备份，特别是原料和标准库应能够依据实际情况修改。对计算结果及其背景材料能存储、检索、打印、便于分析、总结。具有手工调整功能，这样就能够对计算机获得的配方依据饲养经验和生产需要进行微观调整。具备影子价格和灵敏度分析，以便于指导饲料原料的选择和评价。在无最优解的情况下，能给出一个成本较低的参考配方，特别是线性规划时，不会出现无解现象。能够进行预混合饲料和浓缩料配方设计，从而满足各类饲料生产需要。能进行可消化氨基酸和理想蛋白模型设计，为以后数据完全时，能依据动物实际需要和消化特性进行配方设计。具有动物营养和兽医基本知识简介，这对于非专业人员和动物营养专业人士对抗生素或药物添加剂的使用具有一定的指导作用。

(2)利用计算机软件进行配方设计的步骤　根据饲养对象，选择合适的饲养标准，并依据实际饲养环境、动物不同品种、不同生理阶段、不同生产目的和生产性能，进行营养需要量的确定，营养指标应该有上、下限限制。根据现有饲料资源选择饲料原料，并根据实际分析结果，修改饲料原料营养成分含量和价格，并确定饲料原料的大致使用量范围。进行优化计算，获得理想配方。依据实践生产情况，进行实际配方转换，获得实际可行的生产配方。

第三节　野猪的饲料配方示例

一、乳野猪饲料配方

配方一：熟玉米粉46%、炒大豆粉5%、葡萄糖粉3%、酵母1%、鲜奶45%。

配方二：熟玉米粉 30%、炒大豆粉 8%、葡萄糖粉 2%、鲜奶 60%。

配方三：熟玉米粉 15%、鲜奶 85%。

配方四：玉米 67.7%、高粱 5%、豆粕 10%、花生粕 10%、鱼粉 4%、磷酸氢钙 1.5%、石粉 0.5%、食盐 0.3%、预混合饲料 1%。

配方五：玉米 58.7%、高粱 6%、豆粕 9%、花生粕 13%、鱼粉 3%、磷酸氢钙 1%、石粉 0.5%、食盐 0.3%、预混合饲料 1%。

配方六：玉米 62%、高粱 7%、花生粕 18%、鱼粉 6%、磷酸氢钙 1.7%、食盐 0.3%、预混合饲料 1%。

二、仔野猪饲料配方

根据不同地方饲料资源不同选用不同的配方，现举例如下：

配方一：玉米 68%，高粱 5%，豆粕 11%，花生粕 8%，鱼粉 5%，磷酸氢钙 1%，预混料 1%，石粉 0.6%，食盐 0.4%。

配方二：玉米 71%，花生粕 13 %，豆粕 8 %，鱼粉 5 %，磷酸氢钙 1%，预混合饲料 1%，石粉 0.6%，食盐 0.4%。

配方三：玉米 76%，豆粕 18%，鱼粉 3%，磷酸氢钙 1%，预混合饲料 1%，石粉 0.6%，食盐 0.4%。

三、怀孕母野猪饲料配方

配方一：玉米 48.5%、麸皮 18%，干草粉 14%、豆粕 6%，鱼粉 2%、骨粉 1%、食盐 0.5%。

配方二：玉米 70%、麸皮 20 %、豆粕 6%，预混合饲料 4%。

配方三：玉米 60%、麸皮 15%、干草粉 10%、菜籽粕 10%、鱼粉 3%、骨粉 1.5%、食盐 0.5%。

四、哺乳母野猪饲料配方

配方一：玉米 67%、麸皮 11%、豆粕 5%、棉粕 4%、花生粕 3%，鱼粉 4%、干草粉 3%，磷酸氢钙 1%，骨粉 1%，添加剂 0.5%、食盐 0.5%。

配方二：玉米 62%、麸皮 20%、豆粕 6%、棉粕 3.5%、鱼粉 2%、碳酸钙 1%，骨粉 0.6%，微量元素添加剂 0.5%、维生素添加剂

0.25%、食盐0.4%。

配方三：玉米52%、麸皮11%、酒糟13%、青贮玉米7%、豆粕9%、菜籽粕5%、鱼粉1%、贝壳粉0.5%，骨粉1%、食盐0.5%。

五、育肥野猪饲料配方

不同阶段育肥野猪的饲料配方见表6-10。

表6-10　不同阶段育肥野猪饲料配方　（单位：千克，%）

饲料种类	育肥体重（千克）			
	10~20	20~35	35~60	60~90
玉米	63	67	70	71.5
麸皮	8	11	13	15
豆粕	20	16	13	9.5
鱼粉	5	2	0	0
预混合饲料	4	4	4	4
合计	100	100	100	100

七、公猪饲料配方

配方一：玉米55%、大麦15%、麸皮8%、豆饼8%、干草粉6%、鱼粉5.75%、骨粉1.5%、维生素添加剂0.25%、食盐0.5%。

配方二：玉米65.75%、大麦8%、麸皮5%、豆饼5%、槐叶粉3%、鱼粉7%、贝壳粉0.5%、维生素0.25%、食盐0.5%。

配方三：玉米42%、大麦8%、麸皮17%、豆饼10.75%、干草粉14.5%、鱼粉6%、骨粉1%、维生素添加剂0.25%、食盐0.5%。

配方四：玉米30.91%、高粱4.6%、麸皮11.84%、豆饼6.58%、葵花子饼9.86%、青贮玉米16.14%、酒糟18.09%、骨粉0.66%、贝壳粉0.66%、食盐0.66%。

第七章　野猪的饲养管理

种公野猪的好坏直接影响着猪场经济效益，科学管理公野猪，协调好营养、运动和配种之间的关系是养好野公猪的关键。对于母野猪的饲养，需要保证母野猪不胖不瘦、七八成膘情，且能保证正常发情配种和较高的产仔率。通过加强对仔野猪的饲养管理，可以减少哺乳期仔野猪的死亡率、提高仔野猪断奶窝重，增加种野猪的生产效益。掌握和利用野猪的生长发育规律，以及影响野猪生产性能的遗传、管理、营养和环境等因素的基础上，采用现代化科学的饲养管理和环境控制技术，生产出高品质的商品野猪。

第一节 公野猪的饲养管理

种公野猪的好坏直接影响着猪场经济效益。种公野猪不仅外形要健壮、精力充沛、反应敏捷、雄性特征明显、性欲旺盛，而且需要科学的饲养管理技术，才能产出量多质优的精液。因此，科学管理野公猪，协调好营养、运动和配种之间的关系是养好公野猪的关键。

一、公野猪的饲养

（一）饲喂技术

种公猪的日粮中应含有较多的精饲料，最好是全价配合饲料，原料尽量多样化，粗精搭配，有利于提高精液品质以及公猪的配种能力。配种期间要根据不同季节科学配制饲料，在严寒酷暑季节，应适当提高饲料的营养水平，补充维生素和微量元素，促进食欲，满足营养需要。对于季节性配种的公猪，从配种前45天开始要逐步提高营养水平，在原有日粮基础上增加20%～25%，常年配种的公野猪应均衡供应其所需的营养物质。有条件的地区可适当喂些胡萝卜或优质青饲料，种公猪的青粗饲料喂量不宜过大，粗饲料需粉碎磨细，青绿饲料最好打浆后饲喂，既能保证营养供给，又能防止种公猪腹大而降低配种能力，日粮的用量以占体重2.5%～3%为宜。

（二）供给充足的动物性蛋白饲料

公猪精液中干物质占5%，蛋白质占干物质的75%，为了保证种公野猪精液的数量和质量，需要供给充足的粗蛋白质，要求粗蛋白质含量要在14%左右。若日粮中的蛋白质不足，会造成公猪的精液少而稀，精子发育不完全、活力差，受胎率下降，严重者丧失配种能力。因此，可在日粮中添加动物性饲料如鱼粉、骨粉、豆粕、小虾、蚕蛹等，来满足对种公野猪蛋白质的需求。注意不宜长期供应高能量饲料，防止公猪过于肥胖、脂肪沉积过多，导致性欲下降以及精液品质降低。

（三）补充足够的维生素

种公猪对维生素需求量大，特别是维生素A、维生素E、维生素

D、维生素 B_1、维生素 B_2。长期缺乏维生素 A,引起睾丸肿胀或萎缩,不能产生精子,失去繁殖能力,要求每千克饲料中维生素 A 应不少于 3 500 国际单位。维生素 E 的多少也会影响精液品质,饲料中维生素 E 应不少于 9 毫克/千克。维生素 D 对钙、磷代谢有影响,间接影响精液品质,饲料中维生素 D 应不少于 200 国际单位/千克,也可通过增加公野猪的日照时间,来满足对维生素 D 的需要。散养公野猪大量采食含有丰富维生素的青绿多汁饲料,一般情况下不会出现维生素缺乏现象;但在北方冬季青绿多汁饲料不足或种公猪交配后,易缺乏维生素,因此应适当补充维生素添加剂。

(四)添加适量矿物质

缺少矿物质尤其是钙、锰、锌和硒等会影响种公猪的健康和精液品质,尤其是硒缺乏时可引起睾丸退化,精液品质下降。因此,日粮中应科学添加含钙丰富的青绿多汁饲料与干草粉、含磷较多的糠麸,可适量补充骨粉、石粉或贝壳粉等矿物质含量丰富的物质。

(五)定时、定量科学饲喂

饲喂种公野猪应掌握定时、定量、定质的原则,每天早、中、晚各喂 1 次;定量既可使猪饱而又不剩食,每天喂料量 1.5～2.0 千克,最好采用生料干喂法。定质防止种公野猪消化不良,造成胃肠道紊乱。种公野猪体重在 50 千克之前自由采食,50 千克之后限制采食。如果营养水平过低或过高,都会造成种公野猪的体重过小或过大,易引起种公野猪健康紊乱及繁殖性能减退。另需供给种公野猪充足的清洁饮水,同时注意水质,并保持种公野猪舍卫生、干燥。

二、公野猪的科学管理

(一)适量运动

种公野猪的合理运动,能使其四肢和全身肌肉受到锻炼,使公猪体质健壮、精神活泼、增加食欲,并能保持旺盛的性欲和较高的精液品质。公野猪的运动形式有自由运动和强制运动两种,自由运动每天 2 次,每次 1 小时左右,冬季宜在中午暖和时进行,夏季在早晚凉爽时进行。强制运动一般在非配种季节或配种淡季进行,每天 1

次，每次1～2小时，把公猪赶到运动场内运动，或结合每天清扫粪便的时候，在栏内驱赶种公猪，促使其活动。后备种公猪要给予适当的运动，每天运动1～2小时。注意配种任务繁重时，应酌情减少运动量或暂停运动。公野猪性情野蛮，在运动时要注意人员的安全。

(二)搞好卫生，防疫和驱虫工作

猪舍要保持清洁、平整、通风干燥，定期消毒。种公野猪在春、秋季要各注射一次猪瘟疫苗和猪瘟三联苗。为防止种公猪患寄生虫病，春、秋季各进行一次驱虫。如种公猪患病，应推迟配种，治愈后30天才可利用。

(三)专人饲养，合理调教

种公野猪性情比较暴躁，无论是饲喂或是配种采精都严禁大声喊叫或随意赶打，否则会引起公猪反感，影响公猪射精效果甚至咬人，所以种公猪管理人员和采精人员要固定。同时，采用科学的饲养管理制度，固定喂料、饮水、运动、洗浴、刷拭和修蹄时间和程序，合理安排配种，使公猪建立条件反射，养成良好的生活习惯，从种公野猪断奶起就要结合每天的刷拭对公野猪进行合理调教，训练公野猪要以诱导为主，切忌粗暴乱打，以免种公野猪对人产生敌意，养成咬人恶癖。

(四)定期称重，刷拭和修蹄

对种公野猪定期称重，了解其体重变化，以便随时调整日粮中的营养。种公野猪需保持七八成膘和性欲旺盛。结合种野猪的性情进行刷拭修蹄，如性情凶暴，可先用固定笼固定后进行，以防伤人。刷拭猪体，可保持皮肤清洁卫生，减少皮肤病的发生。注意保护猪的趾蹄，对不良的蹄形进行及时修整。

(五)保持圈舍内合理的温度

种公野猪最适宜的温度是18～22℃，在实际生产中，圈舍的临界温度是8～30℃。冬季舍内温度过低时，可增加麦秸、稻草和利用外源加热器加热；夏季温度过高时，要加强舍内通风，采用喷淋、滴水降温，或者安装空调或水帘降温。高温高湿环境，都会对种公野猪的精液品质产生一定影响，故夏季要做好防暑降温工作。

（六）合理配种，并做好详细记录

种公野猪的合理利用是提高精液品质和延长种公野猪使用年限的关键因素。一般优良的种公猪，合理使用可利用7~8年。野猪的生长规律是性成熟早，体成熟晚，初次配种的年龄为12~14月龄，体重达75~90千克。过早使用会影响公野猪自身的生长发育，降低利用价值，必须让公野猪自身得到充分发育后，再进行配种利用。青年公野猪在使用前要进行配种调教，可选择有配种经验的母野猪进行调教。1~2岁的青年公野猪，每周配种2~3次；2~5岁，每天配种1~2次，每周5~6次。如在配种旺季，配种任务繁重，可在配种后饲喂2~3枚生鸡蛋，促进公野猪体力的恢复。在配种之前，应将已经发情的母猪放进相邻圈舍，以使公、母猪之间互闻气味，互相熟悉，然后再用。因为纯种野猪皮厚、毛多，不易散热，夏天配种时间应选择在早上5点以前和晚上9点以后，配种之后还应避免公野猪立刻喝冷水。对于公野猪，要定期地进行精液品质检查；采用人工授精，每次采集后都要进行检查；采用本交，每月检查1~2次。由于纯种公野猪野性比较大，性情较暴躁，在人工饲养条件下，一般不易采用人工授精，本交时公、母猪比例为1∶25。每次配种后都要做好详细记录，如配种次数、与配母野猪产仔数、产活仔数等，便于对种公野猪的种用价值进行评估。

第二节　母野猪的饲养管理

母野猪根据饲养阶段可以分为空怀母野猪、妊娠母野猪和泌乳母野猪3个阶段，对于母野猪的饲养，需要保证母野猪不胖不瘦、七八成膘情，且能保证正常发情配种和较高的产仔率。

一、空怀母野猪的饲养管理

空怀母猪是指尚未配种妊娠的母野猪，包括后备母野猪和经产空怀母野猪。这一阶段的饲养管理要点是：促进母野猪早发情、多排卵，保证及时配种，提高受胎率。由于后备母猪还处在身体生长发育阶段，所以饲养标准和管理方法与经产母猪有一定的区别。

（一）后备母野猪的饲养管理

1. 后备母野猪的饲养

后备野猪的饲养管理不仅影响初产成绩，而且影响后期生产成绩，所以后备母野猪的饲养管理对于提高整个种猪群的生产潜力十分重要。猪场疾病的控制也应从后备野猪开始，控制好源头对控制整个猪群的疾病来说具有至关重要的意义。因此，做好后备种野猪的饲养管理是提高和挖掘猪场生产潜力的前提，是猪场高效生产持续稳定的基本保障之一。

首先，后备母野猪第一次妊娠时要有适当的背膘，体内要储备一定量的脂肪，但体脂肪过多或过少，都会造成不利的影响。体脂肪储存过少，会推迟母野猪初情期的到来，或在妊娠过程中会影响自身以及胚胎发育，易发生早期流产或者产出弱仔，甚至影响以后胎次的产仔数，造成过早淘汰；体脂肪储存过多时，使过多的脂肪渗入乳腺泡，限制乳腺系统的血液循环，易导致乳腺发育不良而引起泌乳障碍。因此，对于后备母野猪，饲料中的营养水平应结合其生长发育阶段、饲养环境、野猪血统含量等因素，供给营养均衡的全价日粮，特别是矿物质、维生素和必需氨基酸的供给。后备母野猪日粮中不能用大量的能量饲料，防止过肥或过瘦而影响种用价值。做好限饲优饲计划，日喂料 2 次。一般后备母野猪体重达 70 千克以前，采用自由采食方式，饲喂育肥野猪饲料，每天每头喂 2.0 ~ 2.5 千克，根据不同体况、配种计划增减喂料量；体重达 70 千克以上至配种的后备母野猪，适当限制，喂料量控制在 2 千克以下；要求饲喂后备母野猪专用饲料或哺乳母野猪饲料，但是切忌饲喂肥育野猪或妊娠母野猪饲料。对于自繁留种的野猪场，当母野猪体重达到 70 ~ 80 千克时，确定为后备母猪后，可由生长肥育圈调入母野猪圈并采取限制饲养方式，一般采用每天喂 2 次，注意控制给料量，根据膘情投料，避免母野猪过肥或过瘦，保证七八成膘情为宜。

2. 后备母野猪的管理

(1)做好防疫工作　在后备母野猪管理过程中,需做好疾病防治与保健工作,及时做好疫苗免疫和驱虫工作,加强保健。后备母猪生长发育过程中必须进行重要疫苗的注射和体内外寄生虫病的清除,确保后备母野猪健康投入生产。

(2)加强环境的调控　搞好猪舍内外环境卫生,及时清理猪舍周边的杂草,防止蚊虫滋生;定期对猪舍内外及周边环境进行消毒;合理控制猪舍内的温度与湿度,并根据天气变化,及时做好防暑降温及防寒保暖工作,给后备母野猪创造舒适的生长环境。

(3)科学运动　科学的运动可以改善猪的体质,提高抗病力(尤其是病毒性疾病),减少红眼、泪斑、眼屎等病症的出现;其次可以促进钙、磷沉积,增强骨骼强度,减少趾蹄病的发生;另外,合理运动还可促进后备母猪发情。所以,要求后备母野猪圈舍的面积不能过小,在设计猪舍时最好预留室外运动场。在条件允许情况下,可设专门的种野猪室外运动场,有利于后备母野猪和断奶母野猪拥有更大的运动空间。

(4)做好促发情工作　为促进后备母野猪尽早发情,可采取后备母野猪与公猪加强接触,根据猪舍的设计特点采取合适的方法,如圈舍为栏杆式,可在相邻舍饲养公野猪;若为实体墙式,则可采用每天将公野猪赶到母野猪圈内,接触10分左右。对不发情的后备母猪要及时处理,可以通过适当运动、公猪追逐、发情母猪刺激、调圈、饥饿、注射激素等方法进行促发情。做好猪舍环境卫生的调控,气温过高对后备母猪的发情影响较大,会造成延迟发情甚至不发情。

(5)后备母野猪的淘汰与更新　对后备母野猪的淘汰要遵循以下原则:对达9月龄以上未发情的后备母野猪一律淘汰;对不符合种用要求的后备母猪及时淘汰;对患病经2个疗程治疗后不见好转的后备母野猪及时淘汰。同时,及时补充后备母野猪,严格做好后备母野猪的选留,挑选健康,性能优良,结实粗壮,乳头数5对以上、排列整齐、发育良好以及高产母猪的后代。

总之,后备母野猪的饲养管理是猪群健康生长、生产持续稳定以及高效生产的重要保证。

(二)经产空怀母野猪饲养管理

1. 经产空怀母野猪的饲养

断奶母野猪的膘情至关重要,直接影响断奶后母野猪发情间隔时间。在正常条件下,哺乳母野猪在仔猪断奶时应有七八成膘,断奶后 7~10 天就可出现发情症状。因此,断奶后,根据膘情情况,调控母猪采食量,促使母猪体况恢复和内分泌系统平衡,促进发情和排卵,争取断奶后 3~5 天内有 90% 以上的母猪发情。在哺乳期带仔较多的母野猪,或哺乳期偏长的母野猪多体弱,这时应尽快加强饲养,使其恢复体力,膘情恢复至七八成,保证母野猪在断奶后及时发情。对空怀母野猪可采用配种前催情饲养,达到促进发情排卵,提高受胎率和产仔数。

哺乳期最大限度提高采食量;抓好仔猪诱食补饲,减少母猪哺乳的营养消耗。

断奶前后 1 周内适当减少哺乳次数,减少喂料量以防发生乳腺炎。在仔猪断奶前几天,母猪还能分泌相当多的乳汁(特别是早期断奶的母猪),为了防止断奶后母猪得乳腺炎,在断奶前后各 3 天要减少配合饲料喂量,添加一些青粗饲料,促使母猪尽快干乳。断奶母野猪干乳后,由于负担减轻食欲旺盛,多供给营养丰富的饲料和保证充分休息,可使母猪迅速恢复体力。可增喂动物性饲料和优质青绿饲料更好,有利于促进空怀母野猪发情排卵,为提高受胎率和产仔数奠定物质基础。

2. 经产空怀母野猪的管理

母野猪断奶后一般在 3~7 天开始发情,认真观察发情母猪,做好发情鉴定和公猪试情工作,做到适时配种,提高受胎率。对于断奶后 10 天内仍不发情的母野猪,可采取公母野猪混群饲养、公野猪试情、按摩乳房、加强运动或注射外源激素等方法促进发情,采用上述方法仍不发情的母野猪,应及时淘汰。保证给断奶母野猪提供干燥、清洁、温湿度适宜、空气新鲜的环境条件，同样具有促进发情的作用。

二、妊娠母野猪饲养管理

母野猪在妊娠阶段饲养管理的中心任务是保证胎儿在母体内健康发育，避免流产和死胎现象的发生。

（一）妊娠母野猪的饲养

1. 采用前低后高的饲喂方式

妊娠前期母野猪受激素的影响，对能量和蛋白质的利用效率较高，如采食过多，会降低胚胎成活率；到妊娠中期，母野猪自身合成代谢效率降低，但随着胎儿生长速度的加快，需大量的营养；妊娠后期时，母野猪的食入能量不能满足胎儿的需要时，就必须通过降解自身组织来供给胎儿生长发育的需求。因此，妊娠母野猪的营养宜采用“前低后高”的饲养方式。

2. 注意控制能量的供给

在妊娠期间，高能量水平，特别是妊娠初期会导致胚胎死亡率增加，同时会导致母野猪肥胖，致使泌乳期采食量降低；妊娠最后 1 个月可以提高能量水平，增加精饲料的供给量。

3. 分娩前饲养要点

产前 10 天逐渐改用哺乳期饲料，产前 5 ~ 7 天开始逐渐减少饲喂量，至产前 1 ~ 2 天减去每天饲喂量的 1/2，并可适量添加青饲料。如出现临产征状，应停止饲喂，只喂豆饼麸皮汤，如母野猪膘情不好，乳房膨胀不明显，可在不减料的基础上适当增加一些富含蛋白质的催乳饲料。

（二）妊娠母野猪的管理

1. 妊娠诊断

可结合外部观察法和超声波法对母野猪进行妊娠诊断。一般情况下，母野猪配种后 3 周不返情，食欲旺盛，被毛光亮，性情温驯，行动稳重，且贪睡，即可初步判断为已怀孕。可同时采用超声波仪器对母猪腹部进行扫描，观察胚泡液，一般在 28 天时检出率最高，此时可直接观察到胎儿的心跳，并且可同时确定胎儿的数量。

2. 加强管理

防止母野猪之间拥挤、咬架，同时禁止鞭打等粗暴行为；可适当增加运动量，增强体质，减少难产的发生；由于妊娠早期母野猪对高温比较敏感，夏季应注意防暑降温。

3. 做好分娩前准备

分娩前准备最重要的是消毒和保温，首先应对产房和分娩栏进行清扫和消毒，并准备好接产用的保育箱，铺上 10～15 厘米的柔软垫草。助产时应用的药品和器械主要包括耳号钳，2% 的来苏儿水，5% 的碘酒和 0.1% 的高锰酸钾等消毒药品以及称重工具和母猪记录卡，产房内的温度应控制在 15～18℃。产前 2 周，应对母野猪进行检查，发现疥癣、虱子等体外寄生虫，用 2% 敌百虫进行喷雾消毒，避免产后传染给仔猪；提前 7 天将母野猪转入产房，使其熟悉环境，便于接产管理。

4. 产后护理

母野猪产后 8 小时内一般不喂料，只喂给豆饼麸皮汤或其他稀薄饲食。由于母猪产后体质虚弱，过早加料易引起消化不良或乳质变化，造成仔野猪拉稀，因此，产后 2～3 天内不应喂得过饱，但要喂容易消化且营养丰富的饲料，多喂青饲料，直至 1 周后用哺乳母猪饲养。初产母野猪易出现产后食欲不振或不吃食的现象，一般是由于产后加料太早，喂料过多，饲料太浓的缘故，或者是由于吃了胎衣，引起消化不良；青饲料不足，会引起母野猪便秘，食欲减退或者是由于产后腹压降低，影响正常消化机能。

三、哺乳母野猪的饲养管理

（一）哺乳母野猪的饲养

哺乳母野猪饲养的重点在于提高母猪的泌乳力，以满足仔野猪对母乳的需求，最终保证仔野猪正常生长发育。哺乳母野猪在哺乳期间常因采食的营养不足，动用体内的储备物质，大量分解体脂来满足泌乳的能量需要，容易导致哺乳期母野猪的失重现象。因此，通过合理的饲养控制母野猪在哺乳期间的失重量，尤其是青年母野猪，可以保证断奶后母野猪的正常发情配种。母乳是仔野猪出生后2周龄前唯一的营养来源，是30日龄前主要的营养来源，所以母野猪分泌大量优质的乳汁是仔野猪成长和生长的关键因素。母野猪在泌乳期间，每天泌乳量为5～7千克。所以，母野猪的营养要求比妊娠母野猪的高。一般要求哺乳母猪的饲料中粗蛋白质含量为14%，野猪乳汁的特点是含有大量的矿物质和维生素，因此，钙、磷等矿物质的补充也十分重要，应保证每天每头供给哺乳母野猪钙40克，磷28克，食盐3克，日粮中必须含有300国际单位/千克的维生素A，220国际单位/千克维生素D。对于哺乳母野猪的饲粮，除了要求营养全价、均衡外，还要求适口性好、易消化，所以，配制饲料时应添加动物性饲料，如鱼粉等，以保证氨基酸的平衡。

除了对上述营养水平要求以外，哺乳期母野猪饲料结构要求保持稳定，不能轻易变动或者改变饲料原料，切忌不能饲喂发霉变质的有毒饲料，否则会影响母猪的乳汁容易引起仔猪腹泻或中毒而死亡。哺乳母野猪的泌乳量高峰期一般在产后第一个月，所以这段时间母野猪的失重也比较严重，产后不宜立即投料过多，经3～5天逐渐增加投料量，至产后1周，母野猪采食和消化正常，可放开饲喂，一般到20天左右达到最大值，维持7～10天，再逐渐减少投料量。在35天断奶的条件下，产后10～20天的日喂量应在4.5～5千克，20～30天母猪泌乳盛期应在5.5～6千克，30～35天应逐渐下降到5千克左右，断奶后应根据膘情酌情减料。若50天断奶，则应在产后40天之前重点投料，40天以后减少投料量。所以，哺乳期的65%的精饲料集中在产后第一个月使用，形成前高后低的饲喂模式，这样既满足泌乳旺期的营养需要，又可避免哺乳前期母野猪的过多失重。哺乳期采用自由采食和饮水，让母野猪随意吃饱喝足。对于初产母野猪，由于在哺乳期间自身还在生长发育，所以在整个哺乳期都应供给较高的营养水平，前期可适当高于后期。

（二）哺乳母野猪的管理

做好哺乳母野猪的管理，不但可以促进母野猪产后身体的恢复,同时还可增强泌乳机能,因此哺乳母野猪的管理非常重要。

1. 供给充足的饮水

母野猪乳汁中含有大量的水分,如果泌乳期间饮水不足,不但影响泌乳量,还会使乳汁变浓稠,影响仔野猪对乳汁的消化而引起拉稀等现象,因此,供给母野猪充足的清洁饮水十分重要。有条件的猪舍可以使用自动饮水器,让野猪自由饮水,也可设置饮水槽,但要经常更换水,保证随时能喝到清洁的饮水,冬季注意供给温热水。

2. 适当运动和良好环境

哺乳母野猪每天适量的运动,有利于母仔健康,促进泌乳。猪舍保持清洁、干燥、卫生和通风良好,冬季要防寒保温,夏季要防暑降温,尽量将室温控制在21~24℃,相对湿度在50%~60%。同时,要尽量减少噪声,避免大声喧哗,严禁鞭打或强行驱赶母野猪,以创造有利于母野猪泌乳的舒适环境。

3. 保护乳房和乳头

母猪的泌乳是一个反射活动,乳房乳腺的发育与仔野猪的吸吮有密切的关系。特别是初产母野猪,产仔数较少,为了能让母野猪的每个乳头都能被均匀利用,可实行并窝或固定吸吮乳头的方法,以免未被利用的乳房发育不良而影响泌乳量。另外,为了减少乳房炎的发生,在断奶前的3~5天,对于体况好、泌乳量高的母野猪应适量减料。同时,保证圈栏光滑、地面平坦,防止划伤母野猪的乳房和乳头。

4. 勤观察

在整个哺乳期间,要经常观察母野猪吃食状况、粪便、精神状态以及仔野猪的生长发育和健康状况,如果发现异常,要及时采取措施进行治疗。

第三节　仔野猪的饲养管理

仔野猪是指从出生至断奶前的野猪。通过加强对仔野猪的饲养管理，可以减少哺乳期仔野猪的死亡率、提高仔野猪断奶窝重，增加种野猪的生产效益。仔野猪出生后生活环境发生了很大的变化，有很多因素会对仔野猪的生存和生长发育产生重要的影响。所以，要根据仔野猪的生理特点和对环境条件的要求，制定科学的管理办法，提供适合仔野猪正常生长发育的良好条件，从而达到提高仔野猪育成率和断奶窝重的目的。

一、仔野猪的生理特点

（一）生长特点

生长速度相对比较快，代谢旺盛。仔野猪出生后生长发育较快，出生后10日龄的体重较初生重增大2倍左右，1月龄时增大4~6倍，2月龄时增大9~11倍。其生长发育快的特点就决定了物质代谢的旺盛，特别是对蛋白质的代谢和钙、磷代谢要比成年野猪高很多。仔野猪的养分积累规律是3周龄前蛋白质积累超过脂肪，3周龄后脂肪与蛋白质积累相同，所以仔野猪具有需要高能量高蛋白的营养特点，同时仔野猪对营养不全价饲料的反应特别敏感，对营养物质的数量和质量都有很高的要求。因此，必须供给仔野猪营养全面的饲粮，以满足生长发育的需要。

（二）消化特点

消化器官不健全，机能不完善。仔野猪的消化器官在胚胎期逐步形成，但是结构和功能尚不完善。初生仔野猪的胃肠容积小，胃重为4~8克，仅为成年猪胃重的1%左右，初生时胃只能容纳25~40克食物，所以初生仔野猪的进食量一般较小；初生仔野猪只具有消化母乳的酶类，如乳糖酶、凝乳酶等，分泌量在2~3周龄达到高峰，直到3~4周后才有消化非乳饲料的一些酶类。胰蛋白酶分泌量在3~4周龄迅速增加，到10周龄时总胰蛋白酶活性达到初生时的33.8倍，所以，仔野猪的消化能力比较弱，不能有效地利用饲料中的植物蛋白质，日粮蛋白质只能以乳蛋白等动物性蛋白为主。另外，由于胃内盐酸浓度低，杀菌能力较差，很容易出现下痢现象，从而限制了胃肠道消化酶的活性和消化道的运动机能以及其对养分的消化吸收。因此,要求仔野猪饲料中的非乳饲料的添加要逐步进行。在生产中可采用提早补料来刺激胃底腺分泌盐酸,激活胃蛋白酶原,促进胃肠器官运动和发育,逐渐提高仔野猪利用植物和动物性饲料的能力。

(三)抗逆性特点

缺乏先天免疫力,易患病。抗体是一种大分子球蛋白,在机体免疫力方面发挥重要作用。在胎儿发育过程中,由于母野猪和胎儿脐带间被6~7层组织隔开,母源抗体不能通过血液循环转移给胎儿,所以,刚出生的仔野猪体内没有抗体,缺乏先天免疫力。母野猪初乳的特点是乳蛋白含量高达7%,占干物质的34%,其中70%~80%为免疫球蛋白。仔野猪在出生后24小时内,肠道上皮具有很强的渗透性,仔野猪通过吸食初乳,免疫球蛋白不经转化直接进入血液,使仔猪血液中的免疫球蛋白迅速增加而获得免疫力。随着仔野猪肠道的发育,对球蛋白的吸收能力逐渐下降,直到消失。仔野猪一般在出生后10~30日龄才开始产生自身抗体,5~6月龄才能达到成年水平。因此,从出生到30日龄这段时间内,仔野猪对疾病的抵抗力弱,容易患腹泻和其他疾病。在这一段时间内,应尽量让仔野猪较早地吃初乳,同时为了减少病原微生物的侵袭、保证仔野猪的健康,要保持母野猪乳房和乳头的卫生,圈舍环境的清洁干燥,供给干净卫生的饲料和饮水。

(四)体温调控特点

体温调节机能尚未发育完善,耐寒能力较低。仔野猪刚出生时,大脑皮层发育不完善,调节体温机能不完整,反应能力也较差,抗寒能力较差,因此容易受外界环境的影响。仔野猪的正常体温是38.5~39℃,当外界环境温度为14℃时,体重小的初生仔野猪会冻僵,5℃时初生仔野猪会冻死。仔野猪调节体温的机能随着日龄增长而增强,一般仔野猪从7日龄开始具有调节体温的机能,到20日龄才逐渐发育完善。

二、出生至7日龄的仔野猪管理

(一)仔野猪的管理

由于初生仔野猪有以上的生理特点,所以在出生后1周内是最容易发生死亡的时期,据统计,死亡率占60%。做好仔野猪出生后1周内的护理,是提高仔野猪育成率的关键,可采取以下措施:

1. 接产助产

野猪作为多胎动物,一般每隔5~25分产出一头仔野猪,平均间隔为15分,整个分娩持续时间为1~4小时。由于母野猪分娩需要安静的环境,一般在夜间分娩,因此,要根据预产期,提前做好接产和助产准备工作。

2. 保温防压

初生仔野猪具有皮下脂肪薄、被毛稀疏、保温能力差的特点,其体温较成年野猪高1℃以上,而维持体温的代谢体重所需能量为成年野猪的3倍。但由于仔野猪在出生24小时基本不能利用乳脂肪和乳蛋白氧化供热,主要热源是靠分解体内储备的糖原和母乳的乳糖调节体温,所以初生仔野猪适应冷环境能力差,要求外界环境温度较高。低温会引起仔野猪感冒、肺炎甚至会被冻死。另外,低温又是仔野猪被压死、饿死和下痢的诱发因素,所以保持适宜的环境温度对提高仔野猪成活率发挥重要作用。初生仔野猪的最高临界温度为35℃。不同日龄最适宜的温度分别为:出生后1~3日龄为32~35℃,4~7日龄为28~32℃,15~30日龄为22~28℃。如果整个产房内采用保温措施,温度过高会影响母野猪的采食和泌乳,因此可采用在产房内设置仔野猪保温箱,通过训练使仔野猪能够自动出入保温箱。

造成出生仔野猪被压死的原因有很多,如初生仔野猪体质较弱,行动不灵活;母野猪产后疲劳或趾蹄疼痛等疾病造成起卧不良;初产母野猪无护仔经验、母性差;或产房环境差,因管理不善压死仔野猪,如急赶母野猪导致受惊吓;母猪泌乳不良;产房温度低,仔野猪为了取暖向母野猪腹部下面钻等问题,都容易造成仔野猪被压死。因此，为防止新生仔野猪被压，可以通过设置防压设备，保持舍内安静环境和加强日常饲养管理等方法避免。

3. 早吃初乳

因为初乳中含有大量的免疫球蛋白，可以被仔野猪全部吸收和利用，所以早喂初乳，在养好初生仔野猪方面发挥重要作用。初乳对仔野猪发挥着重要的生理作用，如初乳中含有镁盐，具有轻泻作用，能促进仔野猪胎粪的排出和消化道蠕动，有利于消化；初乳酸度较高，可提高仔野猪的消化功能。另外，初乳中含有丰富的干物质和粗蛋白质，包含仔野猪所必需的各种氨基酸，还含有各种酶类、维生素和溶菌酶等物质，能增加仔野猪的抗病能力，因此初乳是适合初生仔野猪生理特点的最佳天然食物。在生产中要求仔野猪在出生后 2 小时内吃到初乳。

4. 固定乳头

每次哺乳过程中，在垂体后叶分泌的催产素的作用下母野猪放乳时间仅有 10 ~20 秒。为使仔野猪在母野猪较短的放乳时间内吃到乳汁，需要对仔野猪固定乳头。仔野猪出生后一般会本能地寻找乳头，而弱小仔野猪由于四肢无力，行动不便，往往不能及时找到乳头或者被挤开。如果不能固定乳头，会发生因相互争抢而错过放乳时间；有时会因仔野猪争抢而咬痛乳头，影响母野猪正常放乳。为了避免这些现象的发生，仔野猪出生后 2 ~3 天内须人工辅助固定乳头。乳头固定后，一般整个哺乳期内就不再串位，每次哺乳时，不再乱抢乳头，而安静地吃奶。这样就有利于母野猪泌乳，保证仔野猪发育均匀，健壮成长。

5. 寄养与并窝

母野猪的乳头数和营养状况直接影响着其能哺乳的仔野猪数。一般 1 头母野猪可哺乳 6 ~10 头仔野猪，太多会影响仔野猪的发育，同时还会导致母野猪过瘦，影响断奶后发情，严重者还会引起母野猪患乳腺炎。如分娩仔野猪数超过母野猪的有效乳头数，或者母野猪分娩后出现死亡、缺乳、无乳等情况，就需要为仔野猪找“乳母”，即寄养给别的母野猪。如两头母野猪产仔少,可采用两窝并一窝的方式,让泌乳良好的母野猪哺育并窝仔野猪,而另一头母野猪则可提早发情配种。由于母野猪的嗅觉比较发达,仔野猪寄养时,可采用一定办法干扰母野猪的嗅觉,否则母野猪会拒绝哺乳,严重者会踩踏陌生仔野猪。一般可用母野猪产仔时的胎衣或垫草涂擦寄养的仔野猪身体,或者事先把寄养的仔野猪与母野猪本窝的仔野猪混群,互相接触一段时间,还可以用少量白酒或来苏儿喷到母野猪鼻子和仔野猪身上来干扰母野猪的嗅觉。如果寄养时出现寄养仔野猪不认母猪,可先把寄养仔野猪停止哺乳 2~3 小时,等仔猪感到饥饿时,再尝试让其吃母乳,也可强制将乳头放入仔野猪的口中,人工辅助哺乳。寄养时还需要注意两窝最好相差不超过 3 天,保证寄养仔野猪吃到初乳,个体相差不要太大,尽量选大小相近个体寄养到同一窝中。做到这些才能成功地寄养仔野猪,提高仔野猪的成活率。

6. 补铁预防贫血

铁作为造血的原料,是仔野猪生长发育不可缺少的物质,缺铁后会造成仔野猪缺铁性贫血,导致仔野猪精神萎靡,皮肤或可视黏膜苍白,被毛蓬乱无光泽,下痢,生长停滞,严重消瘦,严重者可致死。初生仔野猪体内储备的铁有 30~50 毫克,仔野猪正常生长每头每天需铁 7~8 毫克。母野猪乳中的含铁量很低,每头仔野猪每天从母乳中仅能获得不足 1 毫克的铁,因此,要及时给仔野猪补铁。由于通过给母野猪补喂普通的铁制剂,不能提高乳汁中铁的含量,所以必须直接给仔野猪补铁。给仔野猪补铁最有效的方法是在仔野猪出生后 2~3 天内注射铁制剂。目前,国产和进口的铁制剂绝大部分是低分子右旋糖酐铁,效果较好,一般每头仔野猪颈部肌内注射 100~150 毫克,可保证仔野猪在哺乳期内不发生缺铁性贫血症。如果条件不允许,可采用在仔猪栏内撒一些未污染的红黏土,让仔野猪任意舔食,并尽早给仔野猪开食,便于从饲料中获得铁的补充。另外,在一些严重缺硒的地区,仔野猪容易发生因缺硒而引起的缺硒性下痢、肝坏死和白肌病等，所以在出生后 3 天内每头注射 0.1% 亚硒酸钠、维生素 E 合剂 0.5 毫升，10 日龄再补第二次。

（二）开食与补料

1. 早期开食

根据母野猪的泌乳规律，在 15 日龄前母乳基本能满足仔野猪营养的需要，20 日龄后只能满足仔野猪营养需要的 85% 左右。随着仔野猪的增长以及母野猪泌乳量逐渐减少，仅靠母乳已经不能满足仔野猪生长发育的营养需要。3 周龄之前的仔野猪缺乏自动采食的意识，需要人为干预提早训练仔野猪开食，否则待母乳减少时，仔野猪不习惯吃料，就必然影响仔野猪生长发育。提早开食，一方面能刺激仔野猪胃肠发育和分泌机能完善，另一方面有利于预防断奶后腹泻和水肿病等疾病的发生，使仔野猪成活率高，断奶体重大，经济效益十分显著。早期诱食的方法如下：

（1）先诱水　由于仔野猪代谢比较旺盛，需水量较高，5 ~ 8 周龄仔野猪需水量为其体重的 1/5。同时由于母乳中的含脂率高，达 7% ~ 11%，也会导致仔野猪口渴的现象，因此需水量较大，若不及时补水，仔野猪便会饮用圈内不清洁的水或尿液，容易引起下痢。所以仔野猪出生后 3 ~ 5 天开始训练饮水，有自动饮水器的猪栏，在饮水器加一个垫，使经常有水滴出，诱导仔野猪舔食滴水，习惯饮水。

（2）耐心诱食　早期诱食的时间不应晚于 7 日龄，仔野猪喜食甜味、香味和乳味饲料，诱食要有耐心，时间要选在仔野猪最活跃的时候，一般以上午 8 ~ 11 点，下午 2 ~ 6 点为好。方法因条件而宜，比如可将诱食料调成粥状，在仔野猪拱奶时涂在乳头上，让仔野猪舔食；或采用“大带小”法，将没开食的仔野猪与开食的仔野猪关在同一补料栏，经几次训练后，小的仔野猪即会模仿大的仔野猪舔食饲料；也可以在干净的水泥面上撒少许粉状或颗粒料，让仔野猪随母猪采食，每天 4 ~ 5 次。最好在仔野猪诱食时就用全价配合颗粒料或切碎的嫩草、薯类、瓜类，不宜用稀料和热粥料喂仔野猪，因为这类料型会减少仔野猪采食干物质，冲淡消化液影响消化，引起仔野猪下痢,污染圈舍,同时影响其增重。无论按次饲喂还是自由采食,都必须保证充分饮水(饮水器或常备水槽)并保持饮水卫生。如果仔野猪诱食训练进行得顺利,一般在20日龄就能较好地采食饲料,25日龄可以吃大量配合饲料。需要注意的是炒熟或煮熟的谷物饲料,不能满足仔野猪对蛋白质及其他营养的需要,只适用于诱食。

2. 旺食期补饲

仔野猪一般在30日龄左右进入旺食期,而这一时期正是母野猪泌乳快速下降的时期,所以应抓好这一机会促使仔野猪加大采食量,逐渐从依靠母乳生长转变为主要靠饲料来维持生长。野猪的生长比家猪略慢,对蛋白质和能量的需要较家猪低。供给仔野猪的全价配合饲料,要求适口性好、易消化,能量、蛋白质、矿物质、维生素含量丰富,还要添加酸化剂、酶制剂、益生菌、抗菌促生长剂等添加剂。在配制饲料时要注意蛋白质的含量,蛋白质含量过高会引起仔野猪腹泻而抑制生长。使用常规饲料配合仔野猪饲粮时,为保证能量浓度,一般糠麸类不超过10%。为了能保证饲料中氨基酸的平衡,饲料中可适当添加进口鱼粉、乳清粉等,还可适量添加骨粉、贝粉等以满足仔野猪对钙、磷的高需求。

(三)仔野猪的防病

仔野猪由于生理特点所限,所以很容易患病,为更有效地预防仔野猪发病,采取以下管理措施:

1. 吃足初乳

仔野猪10日龄时,自身能产生免疫抗体,但是速度较慢,直到5~7月龄才能达到成年野猪的水平,所以要尽量让仔野猪多吃初乳,从乳中获得足够多的抗体,增强抗病力。

2. 科学饲养母野猪

通过科学的饲养母野猪,才能提高母野猪的泌乳量,保证仔野猪吃足奶。在妊娠期,根据胚胎生长发育规律饲喂不同营养水平的全价配合饲料,母野猪不能过肥或过瘦。母野猪分娩前30~45天注射大肠杆菌疫苗、传染性胃肠炎疫苗和流行性腹泻疫苗。泌乳期母野猪要饲喂全价哺乳料,饲料中含有充足的维生素,不随意更换饲料种类,不饲喂发霉变质和有毒的饲料。为预防仔野猪繁殖与呼吸综合征的发生,根据实际情况在母野猪产前或产后1周饲料中添加抗生素类药物。

3. 注意产房卫生

产房在产仔前必须彻底清洗和消毒,在整个育仔阶段要每隔3~5天用无刺激性的消毒剂消毒一次。产床、地面栏杆要打光磨净,不能有尖锐物,以防刺破仔野猪皮肤、膝盖而感染链球菌。同时保持产房干燥、温暖、干净卫生、空气新鲜,特别要重视仔野猪的保温和产房的通风换气。

4. 加强仔野猪饲养管理

仔野猪要喂全价的优质饲料,为了预防仔野猪繁殖与呼吸综合征和链球菌的发生,需要在仔猪料中添加抗生素和磺胺类药物。断奶前5~10天,用驱虫净驱除小野猪体内外寄生虫,最好间隔7天进行第二次驱虫。

5. 勤观察

对产仔舍要经常观察,发现母野猪和仔野猪有异常现象,及时查找原因,采取相应措施进行处理。

三、仔野猪断奶与饲养管理

(一)断奶时间与方法

仔野猪的断奶日龄,关系到母野猪年产仔窝数和育成猪头数,且与野猪场整个野猪群的饲养管理工艺流程,野猪场建设规划和母野猪群的生产效率息息相关。通过缩短哺乳期,仔野猪提早断奶,是提高母野猪年产仔窝数和育成头数的主要措施。近年来,早期断奶已经在很多规模化养猪场进行推广和应用,并取得了较好的效果。但如果野猪场条件不具备,可以适当地缩短哺乳日龄,不要盲目地追求早期断奶。仔野猪早期断奶应注意3个问题:一是要抓好仔野猪早期开食训练,使仔野猪尽早适应独立采食;二是早期断奶仔野猪日粮要高能量、优质蛋白,并有较高的全价性,断奶后第一周要适当控制采食量，以免引起消化不良而腹泻；三是断奶仔野猪留原圈饲养一段时间，使其适应独立生活后转圈，并注意保温及圈舍卫生。

1. 断奶时间

由于野猪的初生重和生长速度相对家猪比较慢，对外界的适应能力也较差，所以与家猪相比，断奶时间相对较晚一些。一般温度适宜的季节可采用40～50日龄断奶，寒冷季节采用45～55日龄断奶。

2. 断奶方法

断奶前几天，母野猪如果膘情好，可适当减少精饲料量、青饲料量并控制饮水，以免断奶后发生乳腺炎，如果母野猪膘情不好，则不减精饲料量，适当控制青饲料量和饮水，以免母野猪过分消瘦，影响断奶后发情配种，断奶方法有以下几种：

（1）一次断奶法　适用于泌乳量已显著减少，无患乳腺炎危险的母野猪。当仔野猪达到预期断奶日期时，即将母野猪隔出，仔野猪留原圈饲养。

（2）分批断奶　适用于乳汁旺的母野猪。预定断奶前1周，先将准备育肥的仔野猪隔出去，让选留种用和发育不良的仔野猪继续哺乳，到预定断奶期把母野猪转出去。

（3）逐渐断奶法　同样适用于乳汁旺的母野猪。在断奶前4～6天起控制哺乳次数，第一天哺乳4～5次，以后逐渐减少哺乳次数，使母、仔野猪有个适应过程，最好到预产断奶日期在把母野猪隔出去。

上述断奶方法各有利弊，如一次断奶简便，易因食物及环境突然改变而引起仔猪消化不良，又易使母猪乳房胀痛，烦躁不安，或发生乳腺炎，对母猪和仔猪均不利；但方法简便，适于工厂化养猪使用；但应注意对母猪和仔猪的护理，断奶前3天要减少母猪精饲料和青饲料量，以减少乳汁分泌。分批断奶做到了区别对待仔野猪；逐渐断奶使母、仔野猪都有一段适应过程，且能缩短母猪从断奶到发情的时间间隔，但此方法都比较麻烦。因此应根据实际情况选择合适的断奶方法对仔野猪进行断奶。

(二)断奶仔野猪的饲养管理

仔野猪断奶后,由于生活条件的突然变化,会表现出食欲不振,增重缓慢甚至减重等现象。为了养好断奶仔野猪,把好断奶关,就要做到以下几点:

1. 不换圈不混群

断奶仔野猪对环境的适应性和对疾病的抵抗力较差,保持良好的生活环境,是培育断奶仔野猪的重要措施之一。仔野猪断奶时,把母野猪从产栏调出,仔野猪留原圈饲养,断奶时不宜立刻把几窝仔野猪混群饲养,以免仔野猪受断奶、咬架双重刺激,阻碍仔野猪的生长发育。一般在原圈养5~10天,断奶仔野猪仍维持喂哺乳期补料,不要变料,直到转入保育舍继续喂1周左右,再逐渐改喂断奶仔野猪饲粮,使仔野猪有个适应过程。

2. 饲料逐步过渡

稳定的生活制度和适宜的饲料调制是提高仔野猪食欲、增加采食量、促进仔野猪生长的保证。仔野猪断奶后,在1周左右内保持饲料不变。1周后,应逐渐由哺乳期补料逐渐过渡到断奶仔野猪饲料,以免突然改变饲料降低食欲,引起消化紊乱。断奶第一天仔野猪采食量少,但第二天后又会猛吃,这样容易发生消化不良引起下痢。在断奶后前4~5天要适当控制仔野猪采食量,吃到七八成饱即可。仔野猪每天喂量按风干饲料约为体重的1/20,但次数要多,一昼夜宜喂5~7次,夜间应喂1次,免得停食过长,使仔野猪因受饥饿而不安;以后逐渐减少饲喂次数,至3月龄改为每天喂4次,并设水槽或自动饮水器,保证饮水充足和清洁。

3. 环境过渡

仔野猪断奶在原圈饲养1周左右后,吃食及粪便都正常后便可进行并圈和分群,为防止咬斗可在仔野猪身上喷来苏儿等,一般经过1~2天咬斗后,很快建立群居秩序;猪舍内应保持干燥清洁,冬暖夏凉,断奶仔野猪适宜的温度为30~40日龄为21~23℃,41~60日龄为20℃;60～90日龄为16℃以上,适宜的相对湿度为65%左右。经常观察仔野猪,要精心饲养,一经发现患病仔野猪,应立即治疗,这样减少病原传播机会,保证断奶仔野猪健康生长。

4. 适时分群

断奶后仔野猪约2周可根据仔野猪的性别、个体大小等进行分群饲养。为避免分群并圈后的仔野猪间的不安和咬斗,分群前3～5天让仔野猪同槽进食或一起运动,使彼此熟悉。要求同群内的仔野猪体重相差不超过3千克,密度不可过大,一般以4～6头或10～12头一圈,经过1～2天便可建立群居秩序。

5. 运动和调教

断奶仔野猪应有充分的运动和日光浴,夏季尽可能放牧饲养4～6小时,冬季晴天室外运动2小时。同时做好调教工作,使仔野猪养成定点吃食、定点卧睡、定点排粪便的好习惯,保持圈舍内干净卫生。

6. 免疫驱虫

在断奶饲养阶段,要根据本地、本场的实际情况制定合理的免疫程序,及时完成各种传染病疫苗的防疫注射,保证仔野猪产生足够的免疫力。在免疫程序结束后,一般要用左旋咪唑、阿维菌素或伊维菌素等药物对仔野猪进行驱虫,一般间隔1周,驱虫2次。驱虫适宜在晚间进行,第二天早晨及时清除粪便,并对圈舍清洗消毒,避免二次污染。

第四节　育肥野猪的饲养管理

育肥野猪是野猪养殖生产中的最后一个环节,是决定野猪经济效益的重要时期,具有生长发育快、饲料消耗量大的特点。因此,必须掌握和利用野猪的生长发育规律,以及影响野猪生产性能的遗传、管理、营养和环境等因素的基础上,采用现代化科学的饲养管理和环境控制技术,生产出高品质的商品野猪,以满足人们的需求。

一、肥育野猪的生长发育规律

（一）体重增长规律

野猪的体重在生长过程中，是按照指数比例增长的，从绝对生长方面看，为先慢后快又慢的规律；从相对生长规律来看，从幼龄的高速生长到减慢下降的过程，大概在达成年体重的 40% 时出现一个转折点，此时生长速度逐渐变慢，饲料利用率也随之下降。总的来说，野猪的年龄越小，其增重速度越快，随着日龄的增大，绝对增重越高。因此，在野猪生产中，要抓好生长转折点之前的饲养管理工作，充分发挥其生长优势，保证野猪最快生长，提高饲料转化率和增加经济效益。

（二）各组织生长发育特征

野猪体组织的生长速度是成钟形曲线，即神经、骨骼、肌肉和脂肪的生长顺序和强度是不平衡的。神经组织和骨骼组织最先发育，也最先停止，肌肉生长居中，脂肪发育最晚。15 ~ 25 千克的仔野猪骨骼生长最快；25 ~ 50 千克阶段皮肤和肌肉生长最快；50 ~ 80 千克阶段肌肉高速生长，脂肪也随着生长，但是沉积较少；80 千克以上阶段，脂肪沉积速度加快。总的规律是“仔猪长骨皮，中猪长肉，大猪长膘”。

（三）组织内化学成分的变化

野猪体化学成分随着组织和体重的增长呈现规律性的变化。一般体内水分、蛋白质和灰分随着日龄和体重的增长相对含量下降，脂肪含量迅速增高。在育肥期前增长的主要是水分、蛋白质，中期减少，后期则更少。脂肪则是前期增加很少，中期逐渐增多，后期最多。对于育肥猪，体脂肪主要储积在腹腔、皮下和肌肉间的中性脂肪，腹腔最先沉积，皮下脂肪次之，最后是肌纤维内脂肪。因此，适当延长野猪的育肥期，可以增加肌内脂肪的沉积，提高野猪肉的风味。

结合以上的生长发育规律，在肥育期间，前期应给予易消化、营养水平高的饲料，并注意氨基酸和矿物质的供给，以促进骨骼和肌肉的快速生长发育；后期则主要控制饲粮中的能量水平，并适当限制采食量，减少脂肪的沉积。通过此种方法既可以降低饲料消耗，又可以提高瘦肉率和改善胴体品质。

二、野猪育肥前的准备

（一）圈舍的清理与消毒

育肥舍在进猪之前应首先对猪舍进行维修，包括地面、护栏、圈门等，之后对整个猪圈舍进行清理与消毒。一般用2% ~3%的氢氧化钠水溶液喷雾消毒，包括走道、猪栏和墙壁，间隔1天后，再用清水冲洗干净，然后用季铵盐类溶液或有机碘溶液进行喷雾消毒。

（二）育肥仔野猪的选择

为了提高育肥野猪的经济效益，应选择优良的仔野猪，外部特征为同窝中具有体重大，体长；头轻，口角深，颈部短而细；臀部发达，后身较圆；体躯紧凑，体质结实健壮，食欲好等特点的优良个体，要求体重大小均匀一致。

（三）预防接种疫苗和驱虫

自繁仔野猪必须严格按照科学的防疫程序进行疾病控制，仔猪在70日龄以前各种传染病疫苗均应进行预防注射，转入育肥舍到出栏前一般不再进行疫苗注射。野猪体内寄生虫以蛔虫感染最普遍，主要危害3 ~6月龄的幼猪，主要表现为生长缓慢、消瘦、被毛无光，严重者导致僵猪。体表的寄生虫主要有疥螨和虱子，一般采用2次驱虫，60 ~90日龄进行1次驱虫，中间间隔15天再驱虫1次，常用的药物有驱虫净、左旋咪唑、伊维菌素和阿维菌素等。

三、野猪育肥期的饲料配合

理想的育肥期日粮应既能满足育肥野猪生长发育的需要，保证野猪生长潜力的发挥，又能充分利用当地的饲料资源，降低饲料成本，达到提高经济效益的目的。与此同时，还要采用适宜的饲喂方法和技术，以获取最佳的生产效果。

与家猪相比，野猪的生长速度相对比较慢，如进口的瘦肉型猪在160天可达到90千克左右，而野猪却需要270天。因此，野猪生长肥育期间对饲料营养水平、饲料质量的要求比家猪低。对于育肥期的商品野猪，消化系统已经发育完善，采食量逐渐增大，能够有效地利用粗糙和质量较差的饲料。饲料中粗纤维含量是影响日粮适口性和消化率的主要因素，日粮粗纤维含量过低，育肥野猪会出现拉稀或便秘；含量过高，则影响适口性，同时严重降低饲料养分的消化率，并会因为能量的摄入减少而降低育肥野猪的增重速度。因此，在配置育肥期野猪饲料时，应根据不同的生长时期、不同的营养需求给予合理配制。生长肥育前期(60 千克前)：是野猪身体发育的高峰期，在保证供给一定能量的前提下，对蛋白质的需要量较大，所以此阶段要满足蛋白质的供给，并适当地补充钙、磷等微量元素和维生素，粗纤维水平不宜超过 15%；生长肥育后期(60 千克后)：野猪的身体发育逐步成熟，是肌肉和脂肪的高速增长期，对蛋白质的需求量逐渐减少，需要增加碳水化合物的供应。另外，在配置育肥期饲料时，还应该考虑不同的饲料品种对肌肉品质的影响。如饲料中不饱和脂肪酸含量较高的玉米、米糠、大豆、花生饼和菜籽饼等比例较高时，会导致胴体脂肪变软，不易保存；使用大麦、小麦、脱毒棉籽饼、红薯、马铃薯等饲喂野猪，可生产出脂肪硬实洁白的上等猪肉；饲粮中添加过多的鱼渣、鱼油、蚕蛹粉等，会导致野猪肉产生腥臭味，严重降低猪肉品质。

四、商品野猪育肥方式

野猪的育肥方式分为阶段育肥法和直线育肥法两种方式，不同的育肥方式直接影响着商品野猪的增重速度、料肉比和胴体瘦肉率。

(一)阶段育肥法

根据育肥野猪生长发育特点，阶段育肥法分为仔猪阶段、中猪阶段、大猪阶段和肥猪阶段 4 个阶段。采用阶段肥育法可充分利用各种廉价的青绿饲料和粗饲料，一方面降低了生产成本，另一方面可增加野猪胴体瘦肉率和提高猪肉品质。但需要注意饲粮的质量，保证饲料中不含异味、变质和有毒的饲料。

1. 仔猪阶段

从断奶到体重达30千克左右,一般2~3个月。此阶段对日粮的营养要求比较严格,为防止形成僵猪,要求饲料中含有较高的蛋白质和能量水平。饲喂以全价配合饲料为主,适量搭配多汁青绿饲料。

2. 中猪阶段

即架子猪阶段,体重30~50千克,饲养2~3个月。在仔猪阶段的营养水平条件下,适当增加饲料的粗纤维含量,饲喂以配合饲料为主,适当增加少量的粗饲料、青绿饲料,比例为7:3,为下一阶段青饲料的饲喂打下基础。注意添加粗饲料时要逐渐过渡,防止突然增减而引起的食欲下降、消化不良等情况的发生。

3. 大猪阶段

体重50~80千克,饲养3个月左右。饲粮中以青绿饲料和粗饲料为主,减少精饲料的供给,精粗饲料比例为3:7左右,可适当增加饲喂次数,一般每天饲喂4~6次。

4. 肥猪阶段

体重80~100千克,饲养期1个月左右。这一阶段是野猪脂肪沉积的时期,饲粮以青绿饲料为主,尤其是含碳水化合物较多的精饲料,限制运动,加速猪体内脂肪的沉积,外表呈现肥胖丰满,可适量添加青粗饲料和农副产品。

阶段育肥法具有节省精饲料的优点,适合边远山区农户养猪,但容易出现增重速度慢,饲料消耗多等缺点,导致经济效益低。

(二)直线育肥法

在整个肥育过程中,根据野猪不同生理阶段的营养需要水平配制日粮,并始终保持较高的营养水平,采用能量水平逐渐提高,蛋白质水平逐渐降低的方式,全部精饲料在育肥期均衡供给,使得育肥猪骨骼发育和肌肉生长同时进行,同时采用自由采食,不限量饲喂。饲料配好后可采用干喂或湿喂的方法,喂干饲料的优点是:冬天不冻,夏天不酸,猪吃后能分泌大量的唾液,有利于饲料的消化吸收;喂湿饲料(料水比例为1:1)优点是采食量增加,水溶性维生素容易吸收。在育肥期间让猪自由饮水，夏天喝凉水防暑，冬天应饮温水，以减少猪的体能消耗。为了充分发挥野猪的生长性能，可根据野猪生长发育规律，不同生长阶段添加适量添加剂，如前期喂含硒的微量元素添加剂，促使骨骼生长，同时添加防水肿药；中期可添加长效霉素粉，防球虫和肠炎，采食量降低可添加健胃散；后期适量添加氨基酸类添加剂，促进饲料合成蛋白，满足增膘的需要。在整个育肥阶段，注意防暑降温，为野猪的生长性能的充分发挥提供良好的环境。直线育肥法优点是有利于充分发挥生长育肥野猪的生长潜力，具有增重速度快，育肥期短，胴体瘦肉率高等优点，可有效提高猪舍和相关设备的利用率。

五、环境控制

（一）饲养密度

饲养密度是以每头野猪所占圈栏面积的多少为依据确定饲养密度，同时要考虑提高圈舍利用率和育肥野猪的饲养效果。饲养密度过高，会影响野猪的饲料利用率，同时容易产生个体间的冲突和舍内温度过高，最终影响野猪的采食量。野猪所占圈舍面积比家猪大一些，一般15～16千克时每头所需面积1～1.2米^2，60千克以上每头1.5～1.8米^2。为了充分利用圈舍和设备，在温度适宜、通风良好的情况下，每群以10～15头为宜，最多不宜超过20头，可根据环境条件做适当的调整。

（二）温度

在适宜温度下，野猪的增重速度最快，饲料利用率较高，育肥野猪最适宜的温度为10～25℃。温度过高，会导致野猪食欲下降，采食量降低，增重速度减慢；温度过低，野猪饲料消耗量增多，不但饲料浪费，而且还会导致育肥野猪的体重下降。

（三）湿度

在室内温度适宜的条件下，湿度对育肥猪的影响相对较小。猪舍内空气相对湿度以60%～75%为宜。低温高湿，会加剧体热的散失，加剧低温对野猪的不利影响；高温高湿，会影响猪体表的散热，打破体热的平衡调节，加剧高温所造成的危害。同时，空气湿度过大，也会促使环境中微生物的滋生，易引起饲料、垫草的霉变。

（四）通风换气

野猪舍内的空气容易受到排泄物、饲料、垫草的发酵和腐败形成的氨气或硫化氢等有害气体的污染。舍内有害气体浓度过大受很多因素的影响，如猪舍设计不合理，饲养密度过大，卫生状况不好，都会造成舍内空气潮湿、污浊，从而影响猪的增重和饲料利用率，严重者会引起野猪的眼病、呼吸系统和消化系统疾病。野猪舍内空气中有害气体的上限指标为：二氧化碳 $<0.2\%$ 毫克/升，氨 <0.02 毫克/升，硫化氢 <0.01 毫克/升。为了有效控制舍内有害气体的含量，猪舍设计时要设置通风换气设备，同时注意保持圈舍内的清洁，减少污浊气体的产生。

六、适宜出栏时间

野猪生产，不仅仅追求生长速度和饲料转化率，而且要求肉质的优良，野猪最大的优点在于肉品质优于家猪，因此，从野猪的生理角度出发，在生长高峰期过后，仍然继续饲养1~2个月，使肌内脂肪含量达到一定的沉积，才能达到对优良肉质的要求。所以野猪的出栏时间不但要考虑饲料转化率和平均日增重，还应根据市场的需求，综合考虑经济效益，最终确定出栏重，一般南方地区出栏的适宜体重为60~80千克，华北地区80~90千克，东北及西北地区为90~100千克。

第五节　野猪的生态养殖

一、野猪的生态养殖模式

野猪的生态养殖模式有多种，可以根据生产中的实际情况进行调整。

（一）野猪—鱼—草结合模式

在鱼塘和小型水库旁建造野猪养殖场，并在野猪场旁边种植饲草。野猪的粪尿及清洗圈舍的污水可以通过一定的水处理措施，使水质达到一定的排放标准后排放到鱼塘和小型水库，滋养水质，增加浮游生物，供应鱼采食生长；鱼收获后，清空鱼塘底泥可作为饲草的肥料。由于鱼塘底泥肥力强，促进饲草的高产。比例可按照1亩水塘3头野猪的比例进行配比，1亩草可供8～10头野猪食用，可以节约野猪饲养成本；同时还可以改善野猪肌肉品质，使野猪肉变得更加细腻鲜嫩，香味浓郁。

（二）野猪—沼气—菜结合模式

目前大棚种植蔬菜作为农民致富的好项目，可以把野猪场建在蔬菜生产区，同时建立沼气池，利用产生的沼气供做饭和照明用。生产沼气后余下的沼液、沼渣可作为蔬菜的肥料施肥，既可减少农药的残留，也能极大改善蔬菜的口感。通过此种模式，既能提高农民的经济收入，又能提高蔬菜的品质，迎合目前推广的生态农业发展模式。

（三）野猪—沼气—水果结合模式

随着人们生活水平的不断提高，对水果的需求日益剧增，可以将猪场建在果园旁边，同时建立沼气池。用猪的粪尿发酵生产沼气用来做饭照明，余下的沼液和沼渣可作为有机肥料给果树施肥，具有改善水果品质的作用。沼渣对樱桃、苹果和梨等水果品质的改良效果最为明显，此种绿色养殖和绿色种植相结合的模式值得大力推广，起到既节约成本又改良品质的双重作用。

二、野猪的放牧技术

野猪的放牧饲养作为一种古老传统的饲养模式，主要追求自然、高品质、生态型、高效益的野猪生产方式。放牧养殖模式比较适合山区，目前部分山区还在继续延续放牧养猪的生产方式。

（一）野猪是最适合野外放牧饲养的品种

野猪具有行动敏捷，善于野外奔跑，又有性情温驯、听从口令好管理和野外觅食能力强等优点，同时野猪的杂食性较强，一切无毒的植物都可以作为食物的来源，所以最适合采用野外放牧养殖技术。夏季，在植物和杂草生产旺盛季节，放牧饲养的野猪依靠野外采食饲草和植物就能获得生长发育所需要的营养，不用单独补饲精料；由于野猪具有较强的嗅觉，且鼻子坚韧有力，秋季可以通过嗅觉在花生和红薯地寻找遗留的果实，同样可以取得较好的育肥效果。因此，与圈养方式相比，通过野外放牧饲养，可以在不影响生长速度的情况下，节约饲养成本。

（二）野外放牧饲养，可有效地利用资源

野外放牧，可以从春季嫩草开始生长直到秋收后的一段时间，放牧期可达9个月之久。在放牧期间，极大节约了粮食，降低了生产成本。同时在野猪放牧时，猪粪尿直接排泄在田野里，可以被庄稼和野生植物直接利用，节省了化肥等的投入，既保护了环境，也节约了资金的投入。

（三）生产优质的野猪肉

通过对野猪实行野外放牧饲养，由于野外环境空气清新，阳光充足，采食植物种类繁多，一方面可以提高野猪的抗逆性，抗病能力得到迅速提高，另一方面使野猪获得的营养得到互补，体质更加强壮。由于采用野外放牧，野猪不需要单独饲喂全价配合饲料，避免野猪体内药物和激素的残留，生产真正意义上的绿色猪肉。另外，由于放牧饲养，使野猪在整个生长期间得到充分运动，肌肉品质得到提高，同时饲喂以青绿饲料为主，并采食多种野生植物，会使肉色更加鲜艳，达到色、香、味俱全，更加适合人们的需求。

（四）野猪放牧前的驯化

为了能够形成更好的条件反射，同时使仔野猪能够很快地适应放牧饲养，在出生后半个月，就让其到运动场内自由活动。同时在运动场内设置补料槽，让仔野猪集体活动，集体采食，形成群体活动。为了便于以后的放牧管理，在补饲时，饲养员可有意识地发出固定的口令和哨声，让仔野猪形成良好的条件反射。在仔野猪断奶后，可以投喂一些青饲料，为放牧打下一定基础。

（五）放牧时注意事项

1. 群体大小

放牧饲养时，群体不要过大，以30～40头为宜，前几次放牧应选择距离较近的地方。

2. 放牧时间

一般上午、下午各3小时，中午将野猪赶回猪圈后，要供给充足的饮水，并让野猪充分的休息，下午在太阳落山前赶回猪舍。一般中午不补饲，晚上根据白天的采食情况进行适量的补饲，如野外食物丰富，可少补或不补。

3. 防疫和驱虫

为了避免疾病的发生，在放牧前，要进行防疫，一般注射猪瘟疫苗和三联疫苗。放牧的野猪感染蛔虫的机会较多，所以每隔两个月要进行一次驱虫。

4. 清理胃肠道

秋后放牧的野猪由于大量地掘土采食地下食物，胃肠道内容易进入大量的泥土，长时间积累容易引起消化不良。因此，对于放牧的野猪，每月要饲喂2次小米稀粥，促使胃肠道内泥土的排出。

除了上述需要注意的事项外，对于妊娠母野猪，在怀孕前80天可以进行野外放牧饲养，为了避免流产现象的发生，妊娠80天以后采用圈舍饲养方式。放牧过程中对待野猪要温和，与野猪建立感情，避免用鞭子抽打野猪，便于以后的管理。为了避免放牧过程中猪丢失，及时地归拢猪群，不要分布太散。

第八章　野猪疾病防治

野猪饲养是特种养殖的新兴项目，由于生存环境的改变，养殖规模和养殖密度的加大，使野猪失去了抵抗疾病的天然屏障，疾病流行日益严重。为保证野猪饲养健康发展，有效控制野猪疾病，应严格执行“预防为主，防重于治”的方针，按照免疫程序进行接种，防患于未然。同时，要加强饲养管理，防止外来疾病进入，并切实搞好环境卫生，做好日常的消毒、隔离工作，提高野猪抗病力，减少生产过程不必要的损失。

第一节　野猪疾病的预防

加强野猪的饲养管理，注意环境卫生，执行严格的兽医卫生制度，增强猪体健康和对外界致病因素的抵抗力，是预防传染病的重要条件。同时，也要重视饲料、饮水的清洁卫生，不喂腐烂、发霉和变质饲料，圈舍经常清扫，保持清洁、干燥，食槽和管理用具保持清洁，做好防寒保暖、防暑降温等都是预防疾病不可忽视的内容，也是保证猪生长发育和体格健壮、抗病力强的基本条件。

一、分群饲养

根据性别、年龄及各阶段的营养要求，确定饲养标准和饲养方法，以保证野猪的正常发育和健康。

二、创造良好的生长环境

保持猪舍清洁舒适、通风良好、防寒保暖、防暑降温，以提高饲料利用率，促进野猪的生长，减少疾病发生。

三、加强卫生与消毒工作

做好养殖场环境、猪舍的清洁、卫生及消毒工作，消灭病原体，清除外环境的传播因素。

平时要建立定时消毒制度，猪舍和用具每年春秋各进行大清扫、大消毒，以后每月至少消毒1次。母野猪分娩室在临产前彻底消毒，每批猪出栏后要彻底消毒，并空圈1周。

发生传染病时，猪舍及用具每周至少消毒1次，传染病扑灭后必须进行终末消毒。消毒时先将圈舍中的粪尿污物清扫干净，再用消毒液消毒。

在常用的消毒药中，属于酚类的有来苏儿、克辽林、菌毒敌、农福等，这类药物对细菌的杀灭作用较强；属于醛类的有福尔马林和多聚甲醛，多用于熏蒸消毒；属于碱类的有氢氧化钠、生石灰，多用于猪舍场地、路面和食槽消毒；属于氧化剂的有过氧乙酸，具有高效、速效和广谱杀菌作用，可用于猪舍饲槽及车辆消毒；属于卤素类的有漂白粉、氯胺(氯亚明)、优氯净、次氯酸钠、抗毒威、威岛牌消毒剂、百毒杀、爱迪伏等对细菌、芽孢、病毒均有很强的杀灭作用,应用较广;属于表面活性剂的有新洁而灭、洗必泰、消毒净、消毒灵,这类药对细菌有很强的杀灭作用,无刺激性,常用于器械、动物皮肤和黏膜的消毒。

各种消毒药使用的浓度,因消毒对象、目的、使用方法和环境温度而异,可按药品说明书配制。消毒池的消毒药水要定期更换,经常保持有效浓度。

四、加强哺乳母野猪和仔野猪的饲养管理

注意哺乳母猪的饲养管理,在哺乳期,应给予营养丰富,含蛋白质、维生素、无机盐较多的饲料,使其分泌更多更好的乳汁,保证仔野猪的营养来源。断奶前3~5天,应逐渐减少母野猪的精饲料和青绿多汁饲料的喂量,减少乳汁产量,并防治断奶后发生乳腺炎。注意初生仔野猪的保温、干燥和卫生。尽早让仔野猪吃上初乳,早吃初乳可吸收较多的母源抗体而获得被动免疫,提高仔野猪对疾病的抵抗力。提早补料可促进胃肠机能的活动,不仅能增加消化作用,而且可防治仔野猪下痢;3~5日龄时提早让仔野猪喝到清洁的水,以防仔野猪喝污水或尿液而引起下痢或其他疾病。补喂无机盐、防治仔野猪贫血。稳定饲料种类,定时定量饲喂。注意断奶仔野猪的饲养管理,防止断奶仔野猪腹泻。

五、制定合理的防疫卫生制度

主要包括:选好场址,合理布局;建立防疫制度,防止疾病传染人或由人携带传播疫病;猪舍清扫、清洗、消毒、保持清洁卫生;驱蚊蝇、灭鼠;注意疫情监测,及时发现病情,以及采取防治措施。

六、制定和执行科学的免疫程序

免疫程序是根据猪群的免疫状态和传染病的流行季节,结合当地的具体疫情而制订的预防接种计划;制定免疫程序应根据当地的疫情、疾病的种类和性质、猪的抗体和母源抗体的高低、猪的日龄和用途以及疫苗的性质等情况而制定。根据实际提出野猪参考免疫

程序,供生产使用,见表 8－1 至表 8－6。

表 8－1 购进种公、母猪

免疫时间	疫苗种类	注射剂量	备注
购进 1 周	猪瘟弱毒疫苗	6 头份	购进 4 天后注射
购进 2 周	口蹄疫浓缩苗	3 毫升	深部肌内注射
购进 3 周	细小病毒苗	2 毫升	配种前 1 月注射
3 月底 4 月初	乙脑疫苗	2 毫升	50 千克以上公母猪

表 8－2 后备种公、母猪

免疫时间	疫苗种类	注射剂量	备注
配种前 6 周	猪瘟弱毒疫苗	6 头份	肌内注射
配种前 5 周	口蹄疫浓缩苗	3 毫升	深部肌内注射
配种前 1 月	细小病毒苗	2 毫升	肌内注射
3 月底 4 月初	乙脑疫苗	2 毫升	肌内注射

表 8－3 生产种公猪

免疫时间	疫苗种类	注射剂量	备注
每年 3 月、9 月	猪瘟弱毒疫苗	6 头份	肌内注射
每年 3 月、9 月	口蹄疫浓缩苗	3 毫升	深部肌内注射
每年 3 月、9 月	伪狂犬疫苗	2 毫升	肌内注射
每年 3 月、9 月	喘气病疫苗	2 毫升	肌内注射
每年 3 月、9 月	多价链球菌苗	3 毫升	肌内注射
每年 3 月、9 月	丹肺二联苗	2 毫升	肌内注射
每年 3 月、9 月	蓝耳病灭活苗	2 毫升	肌内注射
每年 5 月	丹肺二联苗	2 毫升	肌内注射
3 月底 4 月初	乙脑疫苗	2 毫升	肌内注射

表 8－4　生产种母猪

免疫时间	疫苗种类	注射剂量	备注
产前 8 周	蓝耳病灭活苗	2 毫升	肌内注射
产前 6 周	多价链球菌苗	3 毫升	肌内注射
产前 5 周	大肠杆菌多价苗	头份	肌内注射
产前 4 周	伪狂犬疫苗	2 毫升	肌内注射
产前 3 周	多价链球菌苗	3 毫升	肌内注射
产前 2 周	蓝耳病灭活苗	2 毫升	肌内注射
产后 15 天	蓝耳病灭活苗	2 毫升	肌内注射
断奶当天	口蹄疫浓缩苗	3 毫升	深部肌内注射
断奶后 2 天、3 天	猪瘟弱毒疫苗	6 头份	肌内注射
断奶后 10 天	丹肺二联苗	2 头份	肌内注射
每年 3 月、9 月	丹肺二联苗	2 头份	肌内注射
3 月底 4 月初	乙脑疫苗	2 毫升	肌内注射

表 8－5　留种仔猪

免疫时间	疫苗种类	注射剂量	备注
4 日龄	多价链球菌苗	3 毫升	产前已注射可省去
4 日龄	伪狂犬疫苗	2 毫升	产前已注射可省去
7 日龄	喘气病疫苗	1 毫升	胸腔注射
15 日龄	蓝耳病灭活苗	2 毫升	肌内注射
20 日龄	猪瘟弱毒疫苗	4 头份	肌内注射
4 周龄	多价链球菌苗	3 毫升	肌内注射
5 周龄	喘气病疫苗	2 毫升	胸腔注射
5 周龄	口服副伤寒菌苗	8 头份	拌料
6 周龄	口蹄疫浓缩苗	1 毫升	深部肌内注射
7 周龄	蓝耳病灭活苗	2 毫升	肌内注射
60 日龄	猪瘟弱毒疫苗	6 头份	肌内注射

表 8-6 商品仔猪

免疫时间	疫苗种类	注射剂量	备注
20 日龄	猪瘟弱毒疫苗	4 头份	肌内注射
28 日龄	多价链球菌苗	3 毫升	肌内注射
35 日龄	口服副伤寒菌苗	2 头份	拌料
45 日龄	口服副伤寒菌苗	6 头份	拌料
49 日龄	丹肺二联苗	1 头份	肌内注射
70 日龄	口蹄疫浓缩苗	2 毫升	深部肌内注射

七、有计划地进行药物预防

在饲料中适当添加各种药物，是一种很好地预防疾病的手段。常添加的药物主要有抗生素、抗寄生虫药、促生长剂和微生态制剂等。

八、定期驱虫

1. 药物选择

应选择高效、安全、广谱、副作用小的抗寄生虫药，伊维菌素和阿维菌素的各种制剂为首选药物。

2. 驱虫模式

对怀孕母野猪于产前 20～30 天用一次抗寄生虫药，配种前用 1 次。公野猪每年至少用药 2 次。仔野猪 20 日龄用药 1 次，80～90 日龄用药 1 次。后备母猪配种前用药 1 次。新买仔野猪驱虫 2 次，购进后即进行驱虫，间隔 10～14 天进行 2 次驱虫。

第二节 野猪疾病的诊断

在群体饲养模式下，野猪疾病的诊断主要从流行病学调查、症状诊断和尸体剖检等方面进行。

一、流行病学调查

1. 流行概况

最初发病的时间、地点，传播蔓延情况；发病猪的数量、性别、日龄，猪群各年龄组的发病率和病死率，疾病在猪群中流行过程如何；疾病是急性的还是慢性的或隐性的，最先受害的是哪些猪；是突然大批发生的还是缓慢地发生的；在疾病发生前，饲养管理上是否行更大改变。

2. 疾病的发展变化

病猪症状的发展进程如何，初期表现与后期症状是否有区别，疾病是加剧还是减轻；疾病持续多久，病猪的预后如何；曾用何种药物治疗，效果如何。

3. 饲养管理情况

饲料从何而来，饲料配方是否合理，饲料如何储存，是否含有腐败变质饲料；猪群的饲养密度是否合理；猪舍的设备是否充足；猪舍的温度、通风换气、粪便及污水处理如何，有无鼠类危害；近期是否从外面引进野猪，新引入野猪的检疫和隔离措施如何；母猪进入产仔区产房前是否有消洗消毒，每窝的产仔数、仔猪的出生重、弱胎及死胎、仔猪存活率等。

4. 免疫接种、驱虫及药物预防情况

常用哪种疫苗，什么时候进行免疫；哪些猪进行过免疫，免疫效果怎么样；是否定期驱虫；饲料中用哪种药物添加剂，是否多种药物轮换使用。

二、症状检查

不少的疾病在临床表现上有许多类似的特征，容易混淆，常采用鉴别诊断的方法，进行分析鉴别，有些疾病还可参考药物治疗的结果进行分析比较。

病猪的检查步骤和方法如下。

（一）群体检查

主要包括行为观察、呼吸检查、粪便检查等。

1. 行为观察

仔细观察野猪在自由状态下的姿势、行为、营养状况、排粪情况及呼吸的节律。四肢缩于腹下，或聚堆伏卧，这是恶寒发热的表现；

呈犬坐姿势，常见于肺炎、胸膜炎、贫血或心功能不全；头颈歪斜或做圆周运动（向病侧），通常见于中耳炎、内耳炎、脑脓肿或脑膜炎；共济失调、平衡失控、痉挛，表明神经系统病变；拱背、腿松弛及肢体位置异常（或拢于腹下或前伸），表明患肢有病不敢负重。

2. 呼吸检查

野猪正常呼吸数变动范围很大，检查病野猪的呼吸数应与同栏健康野猪进行比较加以判断。呼吸加快可由肺炎、心功能不全、胸膜炎、贫血和疼痛等引起；腹式呼吸多见于肺炎和胸膜炎。发生咳嗽、流鼻液，表明呼吸道或肺部有炎症。

3. 粪便检查

正常的猪粪为条状，呈棕黄色或深棕色，如果粪便变红、变稀或变黄，含有血液或黏液，或粪便干硬呈球状，或稀薄如水，均说明胃肠道异常。

（二）体温测定

一般测定直肠体温，野猪的正常体温为 38～40℃。如果病猪普遍持续高温，可能是急性败血性疾病。如果体温不高，则有可能是中毒性疾病或某些慢性传染病。

（三）个体检查

对野猪做适当保定，检查眼结膜、鼻黏膜和口腔黏膜的颜色、分泌物、溃疡以及出血斑点。观察猪全身皮肤的颜色，有无出血点、丘疹、坏死灶、结节、肿胀，尤其要注意口、鼻、耳、腹下、股内侧、外阴和肛门部皮肤的病变；皮肤变为蓝紫色，是循环障碍（淤血）的表现；皮肤有出血斑点，表明微血管受到损伤，可能有败血性传染病。

三、尸体剖检

如发现有病死或濒死野猪，可进行尸体剖检，方法如下。

1. 外部检查

在剖检之前检查尸体的外表状态，包括性别、年龄、毛色、营养状态、皮肤、可视黏膜、天然孔（眼、鼻、口、肛门、外生殖器官等）。

2. 内部检查

包括体腔的剖开、皮下检查、内脏的采取和检查等。

检查时尸体取仰卧位，切开体腔的过程中进行皮下检查，注意皮下有无出血、水肿、炎症等病变，并观察皮下脂肪及皮下淋巴结的变化。

腹腔的剖开和腹腔脏器的采出：从剑状软骨后方沿白线由前向后，直至耻骨联合处做第一切线，然后再从剑状软骨沿左右两侧肋骨后缘至腰椎横突做第二、第三切线，使腹壁切成两个相等的楔形，将其向两侧翻开，即可露出腹腔。此时检查腹腔脏器的位置和有无异物，如需进行病原学检查，可用无菌操作采取被检病料；然后在横膈处切断食管，骨盆腔切断直肠，并分别结扎，将肝、脾、胃、肠、肾与膀胱一起取出（母猪还需取出子宫等），分别检查。

胸腔的剖开：由剑状软骨向前，分别切开左右侧肋软骨联合，将胸骨与肋软骨取下或锯开胸腔；切断横膈附着部、心包、纵隔与胸骨间的联系，然后切开下颌及颈部皮肤、肌肉，将舌、喉、气管连同胸腔中脏器一起取出，分别检查。

3. 剖检注意事项

尸体剖检前，要特别注意有无人畜共患病发生。如疑为炭疽，必须取颌下淋巴结涂片染色检查，确诊炭疽时禁止剖检。剖检时间应愈早愈好，尤其在夏季，尸体极易腐败，影响观察、诊断。剖检过程中，既要重点检查不同器官，又要系统考虑全身各部分的可能性病变，并客观地记录和判断。剖检地点应尽量选择在远离猪舍、村庄和交通要道的避风处，以免造成疾病传染。病死野猪的尸体，剖检后应深埋或焚烧，场地要严格消毒。

第三节　野猪常见传染病防治

一、猪瘟

猪瘟又称古典猪瘟、烂肠瘟，发病率高，死亡率高，一年四季都可发生，不同品种、不同年龄的猪均可感染，是严重危害养猪业的重要传染病。

近年来本病以多种形式发生，如非典型猪瘟、繁殖障碍、新生仔猪先天性感染等，给本病的诊断与防控带来很大的困难。

野猪是猪瘟病毒的自然储存宿主，野猪体内存在的猪瘟病毒，是猪瘟流行的潜在危险。

【病原】猪瘟病毒为一种小核糖核酸病毒，遍布病猪的各种组织，以淋巴结、脾脏、血液含量最高，其次是红骨髓、肝和肾等。病猪的粪尿和各种分泌物中含有大量病毒。病毒在尿及血液中和尸体腐败时能活2～3天，骨髓中能活15天。78℃的温度下能活1小时，日光直射9小时仍不能致死。在腌肉中能活80天，寒冷对病毒没有影响，1%～2%氢氧化钠、5%生石灰及5%漂白粉等药液均能杀死病毒。

【症状】在自然感染情况下潜伏期为2～10天。

1. 最急性型

突然发病，高热稽留，皮肤有紫斑与出血，经一至数天死亡或转为慢性。

2. 急性型

体温升高到40～41.5℃，高热稽留，至临死才急剧下降。病程为2周左右。病猪食欲废绝，结膜发炎，有脓性分泌物流出。病初粪便干硬如栗状，附有血液及黏液。以后出现泻痢。病猪极度衰弱，后肢无力，皮肤上出现小出血点。

3. 慢性型

急性型经治疗或因机体抗病力强而生存下来的则往往转为慢性。体温多保持在40～41℃，早晨可降至39.5℃左右，稍有食欲，便秘、腹泻呈周期性交替发生。病猪迅速消瘦，步态不稳，抗过的仔猪发育缓慢。而40千克以上的患猪病愈后，对生长似乎影响不大。若发现下唇、齿龈有针刺样弥漫性出血点，或舌尖及边缘有局灶性梗死者，几乎无一存活。但皮肤出血点遍布全身或耳朵发紫、出血斑点明显者，尚有治愈的可能。

4. 温和型

近年常出现温和型猪瘟，又称非典型猪瘟，表现症状轻缓，体温略高于正常，皮肤一般无出血点，腹下多见淤血和坏死，尾巴和耳部皮肤发生坏死，病期可达 2～3 个月。

【剖检】病期很短或突然死亡的剖检常无显著变化，仅可看到黏膜充血或小点出血，肾点状出血及淋巴结轻度肿胀。

病期稍长者，眼角有脓性分泌物，皮肤苍白，上有大小不同的出血点和出血斑，口腔黏膜有出血点，有时可见溃疡，上附灰白色或黄色的假膜。胃有出血性炎症，回盲瓣和结肠上段出现坏死或有纽扣状溃疡。脾脏边缘有红色针尖状出血点，有时有楔状梗死。心内、外膜，喉、膀胱有小点出血。直肠黏膜、阴道黏膜有密集的小点出血或血斑。

【诊断】

1. 临床检查诊断

出现相应的症状和病变，用抗生素或磺胺类药物治疗无效，而用抗猪瘟血清可减轻其症状时则可初诊为猪瘟。

2. 流行病学调查

主要包括：①不分年龄、性别和品种的猪均可发病，没有季节性，但冬春多于夏秋。②在新发生或未免疫猪群中发病猛烈，发病率与死亡率高。③在未免疫过猪群如果多数猪发病，或 7～8 天前仅有 1～2 头发病或死亡，以后有很多猪感染，则应首先考虑猪瘟。

【治疗】自制免疫血清或全血治疗：用防疫过的大猪，以 100～200 倍头份疫苗注射，15 天后即可采血分离出血清，用来治疗初期的患猪，当患猪精神差，皮肤苍白时，以全血入，可使患猪耐受性增强，抗病毒能力增大。

中成药：牛黄解毒丸 4 粒、病毒灵 10 片、土霉素 3 片、人工盐 40 克、甘草流浸膏 40 毫升，一次灌服，每天 1 次，连用 2 天。

中药疗法：对慢性者，粪便干燥、寒战、喜卧、食少喜饮冷水、齿龈有红斑、体温稍高、结膜色淡、行走尚无困难，可用下方。

方一：夏枯草 30 克、败酱草 30 克、金银花 20 克、红藤 30 克、生地 30 克、知母 20 克、柴胡 20 克、白芍 20 克、茜草 15 克、茅根 40 克、肉苁蓉40克、生草15克、煎水灌服,每天上午、下午各灌1次,连用2~3天。

方二:川椒6克、牙皂6克、细辛6克、雄黄2克、滑石粉60克。研末灌服,每天1次,连用2天。

【预防】严格执行免疫程序。猪舍、用具等用2%氢氧化钠或10%石灰水或30%热草木灰水消毒。不要从疫区引进野猪,发现本病应立即隔离,消毒并向上级有关部门报告。

二、猪繁殖与呼吸综合征

猪繁殖与呼吸综合征是以繁殖障碍和呼吸系统症状为特征的一种急性、高度传染的病毒性传染病。临床主要表现流产,产死胎、木乃伊胎、弱胎,呼吸困难,在发病过程中会出现两耳皮肤紫绀,故又称为蓝耳病。

【病原】猪繁殖与呼吸综合征病毒对酸、碱都较敏感,尤其很不耐碱,一般的消毒剂对其都有作用,但在空气中可以保持3周左右的感染力。

【流行特点】猪是本病的唯一自然宿主,各种年龄和品种的猪都可以感染,但以怀孕母猪和仔猪最易发病。主要感染途径为呼吸道,空气传播、接触传播、精液传播和垂直传播,病猪、带毒猪和患病母猪所产的仔猪以及被污染的环境、用具都是重要的传染源。当健康猪与病猪接触,如同圈饲养,频繁调运,高度集中,都容易导致本病发生和流行。猪场卫生条件差,气候恶劣、饲养密度大,可促进猪繁殖与呼吸综合征的流行。老鼠可能是猪繁殖与呼吸综合征病原的携带者和传播者。

【症状】发病后大多表现有呼吸困难症状,但具体症状不尽相同。

母猪感染,初期出现厌食、体温升高、呼吸急促、流鼻涕等类似感冒的症状,部分感染猪四肢末端、尾、乳头、阴户和耳尖发紫,个别母猪拉稀,后期则出现四肢瘫痪等症状,一般持续1~3周,最后可能因为衰竭而死亡。怀孕前期的母猪流产,怀孕中期的母猪出现死胎、木乃伊胎，或者产下弱胎、畸形胎，哺乳母猪产后无乳，乳猪多被饿死。

公猪感染后表现咳嗽、打喷嚏、精神沉郁、食欲不振、呼吸急促和运动障碍、性欲减弱、精液质量下降、射精量少。

育肥猪和断奶仔猪染病后，主要表现为厌食、嗜睡、咳嗽、呼吸困难，有些猪双眼肿胀，出现结膜炎和腹泻，有些断奶仔猪表现下痢、关节炎、耳朵变红、皮肤有斑点。病猪常因继发其他疾病致死。如果不发生继发感染，生长肥育猪可以康复。

哺乳期仔猪染病后，多表现为被毛粗乱、精神不振、呼吸困难、气喘或耳朵发紫，有的有出血倾向，皮下有斑块，出现关节炎、败血症等症状，死亡率高达60%。仔猪断奶前死亡率增加，死亡高峰一般持续8～12周，而胚胎期感染病毒的，多在出生时即死亡或生后数天死亡，死亡率高达100%。

【剖检】局部淋巴结肿大，肺出血斑块和呈现肉变，肾表面有小的出血点（容易与猪瘟相混）。最常见的是局限性间质性肺炎，可波及肺的各个肺叶。死胎和弱仔的病理变化为头部水肿，下颌淋巴结和肠淋巴结及扁桃体水肿、弥漫性出血，腹腔积液，肺尖叶或心叶、膈叶暗红色肉变区，心外膜点状出血，肠系膜充血，胃底出血及黏膜脱落，肾表面点状出血，脑软膜轻度淤血。

【诊断】根据病原、传播特点、临床症状及剖检特点可做出初步诊断，但要注意与症状相似的一些病毒性传染病相鉴别，如流感、细小病毒病、流行性腹泻等。猪繁殖与呼吸综合征是病毒性传染病，确诊必须进行血清学鉴定或病毒分离鉴定。

【治疗】本病没有特效药物，只能采取对症治疗的办法加以控制。

对于体温升高的病猪，可以使用30%安乃近注射液20～30毫升，地塞米松25毫克，青霉素320万～480万国际单位，链霉素2克，一次肌内注射，每天2次，连用3天。

对于食欲不振的病猪，使用胃复安1毫克/千克体重，维生素

$B_1$20 毫升,1 次肌内注射,每天 1 次。

对于产后无乳的母猪,选用洁霉素 180 万国际单位、50% 葡萄糖 50~100 毫升静脉注射,也可注射催产素 3~5 支。

加强猪舍卫生消毒和饲养管理工作,减少环境中不利因素的影响,增加日粮中维生素和矿物质的含量。为减少应激反应,可在猪日粮中加入平安康,用量是每 500 千克饲料添加 1 千克,连用 1 周。

【预防】及时注射疫苗。一般情况下,种猪接种灭活苗,而育肥猪接种弱毒苗。弱毒苗的免疫期为 4 个月以上,后备母猪在配种前进行 2 次免疫,首免在配种前 2 个月,间隔 1 个月进行二免。灭活苗安全,但免疫效果略差,基础免疫进行 2 次,间隔 3 周,每次每头肌内注射 4 毫升,以后每隔 5 个月免疫 1 次,每头 4 毫升。受疫情威胁的猪场,应在饲料和饮水中添加药物,方法是:产前 1 周和产后 1 周,在饲料中添加支原净 100 毫克/千克加土霉素或金霉素 300 毫克/千克。仔猪在断奶后 1 个月,用支原净 50 毫克/千克加土霉素或金霉素 150 毫克/千克拌料饲喂,同时用阿莫西林 500 毫克/升饮水。根本办法是消除病猪、带毒猪和彻底消毒猪舍(如热水清洗、空栏消毒),严密封锁发病猪场,对死胎、木乃伊胎、胎衣、死猪等,应进行焚烧等无害化处理,及时扑杀、销毁患病猪,切断传播途径。坚持自繁自养,因生产需要必须引种时,应严格检疫,避免引入带毒猪。加强饲养管理,调整好猪的日粮,把矿物质(铁、钙、锌、硒、锰等)提高 5%~10%,维生素含量提高 5%~10%,其中维生素 E 提高 100%,生物素提高 50%,平衡好赖氨酸、蛋氨酸、胱氨酸、色氨酸、苏氨酸等,都能有效提高猪群的抗病力。

三、口蹄疫

口蹄疫俗称口疮、蹄黄,是由口蹄疫病毒引起的一种偶蹄兽急性发热性接触性传染病。主要表现口腔黏膜、蹄部和乳房发生特征性水疱和溃疡。

【病原】口蹄疫病毒有 7 个血清型,型间无交叉保护。每个血清型内有许多抗原性有差别的病毒株,相互间交叉免疫反应程度不等。口蹄疫病毒对外界环境有较强的抵抗力，在干粪中病毒可存活14天，在粪浆中可存活6个月，在尿水中存活39天，在地表面，夏季存活3天，冬季存活28天。口蹄疫病毒在动物组织、脏器和产品中存活时间较长，在冷冻存放中，在脾、肺、肾、肠、舌内至少存活210天，淋巴结和骨髓中存活半年以上。口蹄疫病毒对酸、碱、氧化剂和卤族消毒剂敏感。

【流行特点】病猪是主要传染源。发病初期的病猪是最危险的传染源，痊愈的猪带毒5个月左右。空气也是一种重要的传播媒介，特点可发生远距离、跳跃式传播。呼吸道、消化道、受伤皮肤都能感染，无明显季节性，但以秋季、冬季、春季多发，暴发和流行有一定周期性，每隔1年、2年、3年、5年或10年就流行1次。

【症状】潜伏期1～2天。病初体温40～41℃，精神不振，食欲减少或废绝。鼻镜、唇边、母猪乳头、口腔黏膜有明显水疱，蹄痛跛行，出现局部发红、微热、敏感等症状，不久形成米粒大、蚕豆大的水疱，水疱破后表面出血形成糜烂，蹄壳脱落，患肢不能着地，卧地不起，鼻镜、母猪乳头病灶较为常见。吃奶仔猪常呈急性胃肠炎和心肌炎而突然死亡，病程稍长见到口腔、鼻面上有水疱和糜烂。

【剖检】具有诊断意义的是心肌病变，心包膜有弥散性及点状出血，心肌切面有灰白色或淡黄色斑块或条纹，形似老虎身上的斑纹，称为“虎斑心”，心脏松软，似煮过的肉。除口腔、蹄部的水疱和烂斑外，在咽喉、气管、胃黏膜有时可发生烂斑和溃疡。

【诊断】根据临床特征，结合流行病学，一般可做出初步诊断。但在流行初期，为了与类似疾病鉴别，或为了确定病毒型，需进行实验室诊断，取病猪的水疱皮或水疱液，送有关部门检查。

应注意与猪传染性水疱病、猪水疱性疹、水疱性口炎鉴别。

【防治措施】每年两次坚持高密度、高质量免疫。做好猪产地、屠宰、农贸市场和运输检疫工作，做好查原灭源工作。不从有病地区购进猪及其产品、饲料等。坚持自繁自养，对从外地引入的猪应严格检疫，隔离观察15天，没有问题可入群饲养。当口蹄疫发生时

（或怀疑发生），必须立即上报有关部门疫情，确定诊断，规划疫点、疫区和受威胁区，按“早、快、严、小”的原则及时进行封锁和监督，防止疫情蔓延。病猪及其同栏猪群立即扑杀、烧毁或深埋。疫点周围及疫点内的猪紧急预防注射疫苗，对剩余饲料、饮水、病猪走过的道路、畜舍、畜产品与污染物进行全面消毒，对疫区场地用2%氢氧化钠溶液进行彻底消毒，每隔2~3天消毒1次。疫点内最后一头病猪死亡或痊愈后14天，如再没有发现新病例，经全面消毒后，方可解除封锁。

四、细小病毒病

细小病毒病是由猪细小病毒引起母猪繁殖障碍的一种传染病。其特征为受感染的母猪，特别是初产猪流产，产出死胎、畸形胎、木乃伊胎、病弱仔猪，母猪本身无明显症状。

【病原】猪细小病毒对外界抵抗力极强，在56℃恒温48小时，病毒的传染性无明显改变；70℃经2小时处理后仍有感染性，80℃加热5分才能使病毒失去感染性。该病毒对乙醚、氯仿等脂溶剂抵抗力较强，2%氢氧化钠溶液5分才可杀灭。

【流行特点】不同年龄、性别的家猪和野猪都能感染，但只有母猪表现繁殖障碍。病猪、带病毒猪及污染的精液等是本病的主要传染源。本病可经胎盘垂直感染和交配感染，也可通过被污染的饲料、环境，经呼吸道、消化道感染。细小病毒主要影响初次妊娠的母猪。

【症状和病变】主要是引起母猪繁殖障碍。妊娠母猪出现流产，产出死胎、木乃伊胎、产后久配不孕等症状。空怀母猪屡配不孕，不规律发情；而其他猪感染后无任何明显临床症状，公猪性欲、受精率也无明显变化。

流产时，肉眼可见母猪有轻度子宫内膜炎，胎儿在子宫内有被溶解和被吸收的现象。大多数死胎或弱仔皮下充血或水肿，胸、腹腔积有淡红或淡黄色渗出液。弱仔出生后30分，先后在耳尖、颈、胸、腹部及四肢上端内侧出现淤血、出血斑，半日内全身皮肤变紫而死亡。

【诊断】根据初次妊娠的猪出现流产，产出死胎、木乃伊胎等特征可做出初步诊断。确诊须进行实验室检查。

应与布氏菌病、日本乙型脑炎、猪繁殖与呼吸综合征、猪伪狂犬病、衣原体病等传染病相区别。

【防治措施】细小病毒对外界环境的抵抗力很强，必须采取严格的卫生措施，坚持自繁自养，引种时从无细小病毒感染的猪场引进。引进后严格隔离2周以上，血清学检测阴性，方可混群饲养。目前使用的疫苗主要有灭活疫苗和弱毒疫苗，其中以灭活疫苗多用，灭活疫苗包括氢氧化铝灭活疫苗和油乳剂灭活疫苗。可在母猪配种前的1～2月内进行免疫，重点放在后备母猪上。将初产母猪配种时间推迟到9月龄，对于预防初产母猪的繁殖障碍有一定作用。猪群发病后应对其排泄物、分泌物和产出的胎儿及其污染的场所和环境等进行严格的消毒，根据不同对象可选用福尔马林、碱类和氧化剂类消毒剂等。

五、伪狂犬病

伪狂犬病又名狂痒病，是由伪狂犬病毒引起的猪和其他动物共患的一种急性传染病。其特征为发热，表现有脑脊髓炎的症状，但成年猪常为隐性感染，可有流产、死胎和呼吸症状，新生仔猪除有神经症状外还可侵害消化系统。

【病原】病原为伪狂犬病毒，该病毒抵抗力较强，8℃可存活46天，对乙醚、氯仿等脂溶剂以及福尔马林和紫外线照射敏感。该病毒只有一个血清型，但不同毒株在毒力和生物学特征等方面存在差异。

【流行特点】本病自然发生于猪、牛、绵羊等各种动物。一年四季均可发生，但以春季和产仔旺季多发。病猪和带毒猪及鼠类是本病重要传染源，健猪与病猪、带毒猪直接接触可感染本病。病毒由鼻分泌物、唾液、乳汁、尿中排出。人也偶尔感染。易感动物可经呼吸道、破溃的皮肤、配种及病畜污染的饲料感染。

【症状】猪的临床表现随着年龄不同而有很大差异。

成猪一般为隐性感染，偶尔有发热、精神沉郁，有的呕吐、咳嗽，一般于4～8天内完全恢复。怀孕母猪可发生流产、产出木乃伊胎、死胎。流产母猪有轻度子宫内膜炎，公猪可能表现为阴囊水肿和渗出性鞘膜炎。

新生仔猪及4周龄以内仔猪表现为最急性型，常突然发病，体温升至41℃以上，病猪精神委顿、厌食、有呕吐或腹泻；随后可见兴奋不安、步态不稳、运动失调、全身肌肉痉挛或倒地抽搐；有时不自主地前冲、后退或转圈运动；或前肢呈“八”字形呆立不动；随着病程发展，出现四肢麻痹，倒地侧卧、头向后仰、四肢乱动、空嚼流涎、叫声嘶哑、喘气，最后死亡，病程2天，死亡率可达100%。

【剖检】流产胎儿大小较一致，鼻腔出血性或化脓性炎症，扁桃体、喉头水肿，并常有纤维素性坏死膜覆盖。肺水肿，上呼吸道有大量泡沫性液，喉黏膜点状或斑状出血。肾点状出血性炎症。胃底大面积出血，小肠黏膜充血，水肿，大肠有斑块状出血。淋巴结特别是肠系膜淋巴结和下颌淋巴结充血肿大出血。脑膜充血、水肿。病程较长者，心包液、胸腹液、脑脊髓液均明显增多。肝表面有大量纤维素渗出。

【诊断】根据病猪临床症状，流行病学分析，可初步做出诊断。确诊本病必须进行实验室检查。

应与脑炎型链球菌病、仔猪水肿病、猪沙门菌病、猪流行性腹泻、猪李氏杆菌病、猪细小病毒病、猪繁殖障碍与呼吸综合征、猪乙型脑炎、猪布氏杆菌病、猪食盐中毒等相区别。

【防治措施】本病尚无药物治疗。不从发生过本病的地区引进病猪；消灭养猪场及环境中的鼠类，严格将野猪与家猪、牛分开饲养；发现病猪立即隔离，猪圈、场地、用具用2%氢氧化钠或20%石灰水进行消毒；淘汰带毒猪及病猪。

免疫用伪狂犬病弱毒冻干苗，乳猪第一次肌内注射0.5毫升，断奶时再注1毫升；3月以上架子猪注射1毫升；成猪和妊娠猪（产前1

个月）注射 2 毫升，仅限于疫区和受威胁区使用。也可用伪狂犬病油剂灭活苗肌内注射，初生仔猪 2 毫升，断奶仔猪 3 毫升，妊娠母猪（70 天）5 毫升。

六、李氏杆菌病

李氏杆菌病是由李氏杆菌引起的人、家畜和禽类的共患传染病。野猪以脑膜炎、败血症妊娠母猪发生流产为特征。

【病原】李氏杆菌革兰染色阳性，无荚膜，不形成芽孢，7 个血清型和 11 个亚型。本菌对食盐有较强的耐受性，在 10% 食盐的培养基中仍能生长，在 20% 的食盐溶液中经久不死。本菌对热的耐受性较强，常规巴氏消毒法不能杀灭它，65℃ 经 30 ~ 40 分才能被杀灭。常用消毒药都可杀灭，对青霉素有抵抗力，对链霉素敏感，但易形成抗药性；对四环素类和磺胺类药物敏感。

【流行特点】李氏杆菌在自然界分布很广，土壤、污水、奶酪饲料里都有发现。反刍动物、猪、马、犬等，多种野兽、野禽、啮齿动物特别是鼠类都易感染，且常带菌。患病和带菌动物是本病的传染源，通过粪、尿、乳汁、精液以及眼、鼻孔和生殖道的分泌液排菌。主要经消化道、呼吸道、眼结膜和损伤的皮肤感染。污染的土壤、饲料、水和垫料都可成为本菌的传播媒介。本病一般为散发，但发病后致死率很高。幼龄和妊娠猪较易感，本病的发生无季节性。

【症状】本病主要表现为败血症和脑膜脑炎症状。败血型和脑膜炎型混合型多发生于哺乳仔猪，突然发病，体温升高至 41 ~ 41.5℃，不吮乳，呼吸困难，粪便干燥或腹泻，排尿少，皮肤发紫，后期体温下降，病程 1 ~ 3 天。多数病猪表现为脑炎症状，病初意识障碍，兴奋、共济失调、肌肉震颤、无目的地走动或转圈，或不自主地后退，或以头抵地呆立；有的头颈后仰，呈观星姿势；严重的倒卧、抽搐、口吐白沫、四肢乱划动，遇刺激时则出现惊叫，病程 3 ~ 7 天。较大的猪呈现共济失调，步态强拘，有的后肢麻痹，不能起立，或拖地行走，病程可达 15 天以上。

单纯脑膜脑炎型大多发生于断奶后的仔猪或哺乳仔猪。病情稍缓和，体温与食欲无明显变化，脑炎症状与混合型相似，病程较长，终归死亡。

母猪感染一般无明显的临诊症状，但妊娠母猪感染常发生流产，一般引起妊娠后期母猪的流产。

【剖检】脑和脑膜充血或水肿，脑脊髓液增多、混浊，脑干变软，有小化脓灶。脑髓质偶尔可见软化区。发生败血症时，肝脏可见多处坏死灶，脾脏偶尔可见。发生流产的母猪可见子宫内膜充血并发生广泛坏死，胎盘子叶常见有出血和坏死。流产胎儿肝脏有大量小的坏死灶，胎儿可发生自体溶解。

【诊断鉴别】依据该病的流行特点、临诊症状及剖检病变，可以怀疑本病。确诊需做病原菌分离与鉴定和血清学诊断。

本病应注意与猪伪狂犬病、猪传染性脑脊髓炎进行区别。

【防治措施】

1. 治疗

猪群发病，应及时隔离治疗，严格消毒；发病初期，可用链霉素、青霉素、庆大霉素及磺胺类药物注射，并且要大剂量，可取得较好的治疗效果。但对于有神经症状的乳猪，治疗效果不佳。

2. 预防

目前尚无有效的疫苗用于本病的预防。预防本病应做好平时的饲养管理，处理好粪尿。减少饲料和环境中的细菌污染。不要从有病的猪场引种，做好猪场的灭鼠工作。定期驱除猪体内外寄生虫。

七、日本乙型脑炎

日本乙型脑炎又称流行性乙型脑炎，简称乙脑，是由日本乙型脑炎病毒引起的一种急性人兽共患的蚊媒介传染病。野猪感染后主要表现高热、流产、死胎和公猪睾丸炎。

【病原】日本乙型脑炎病毒主要存在中枢神经系统、脑脊液、血液和死胎、仔猪的脑组织。对热和阳光的抵抗力不强，常用的消毒药如2%氢氧化钠、5%来苏儿可将其杀死。

【流行特点】日本乙型脑炎是一种人畜共患的自然疫源性疾病，在自然情况下，家畜中马、骡、驴、猪、牛、干、鸡、鸭、犬、猫及野马都能感染本病。患病动物和隐性感染动物在病毒血症期间可作为本病的传染源。

野猪可以通过"猪—蚊—猪"循环扩大病毒的传播。主要通过蚊虫的叮咬，经皮肤感染。感染的公猪精液也可作为媒介传染母猪，妊娠母猪感染后可通过胎盘侵害胎儿。由于本病主要通过蚊虫的叮咬进行传播，所以乙脑的流行有明显的季节性，多发生于夏秋蚊虫孳生季节。本病呈散发流行，并多为隐性感染。

在自然条件下，常呈现每4～5年流行一次的周期性倾向。猪的发病年龄与性成熟有关，大多在6月龄左右发病。其特点是感染率高，发病率低(20%～30%)，死亡率低，常因并发症死亡。新疫区发病率高，病情严重，以后逐年减轻，最后多呈无症状的带毒猪。

【症状】野猪常突然发病，体温升高到4℃左右，呈稽留热，短的持续几天，长者可达十多天。病猪精神沉郁，食欲减退，口渴，结膜潮红，喜卧地，心跳增加，每分钟达110～120次。有时可见流鼻涕，能听到鼻塞音，尿色深黄，粪便干结附有黏膜，有些病猪后肢关节肿胀疼有的轻度麻痹，行走不稳，最后身躯麻痹而死。

妊娠母猪的主要症状是发生流产或早产，初产母猪多发，第二胎后较少发生。胎儿多是死胎或木乃伊胎，或仔猪生后几天内发生痉挛而死亡。母猪流产后，其临床症状很快减轻，体温恢复常温，食欲也渐趋正常。母猪流产后不影响下次配种。

公猪除上述一般症状外，常发生单侧或两侧睾丸发炎肿大，局部发热，有痛感，数天后睾丸肿胀消退，逐渐萎缩变硬。

【剖检】流产胎儿常见脑水肿，脑膜和脊髓允血，脑室积液，脊髓膜充血；全身淋巴结边缘出血；死胎皮下水肿，心、肝肿大，贫血，实质部有点状坏死；肾肿大坏死并有小出血点；脾肿胀。

母猪子宫内膜充血、出血，胎盘增厚。公猪睾丸肿大，实质充血，睾丸萎缩与阴囊、鞘膜粘连。

【诊断鉴别】根据明显的季节性，妊娠母猪发生流产或早产，初产母猪多，第二胎后较少，公猪发生睾丸炎等特点，结合剖检病变和牛、羊等动物也有感染可做出初步诊断。

【防治措施】消灭蚊虫和预防接种是预防本病的重要措施。在蚊虫活动季节应注意饲养场的环境卫生，经常进行沟渠疏通以排除积水、铲除蚊虫滋生地，在蚊蝇繁殖季节要定期用药毒杀、烟熏、药诱、灯诱捕杀，有条件的门窗加纱帘阻挡。由于乙脑病毒能在蚊虫体内繁殖，并可越冬，经卵传递，成为翌年感染动物的来源，所以冬季还应设法消灭越冬蚊。在蚊虫活动前1~2个月，对后备和生产种公猪及种母猪用乙型脑炎弱毒疫苗或油乳剂灭活苗进行免疫接种，第一年以2周的间隔时间注射2次，以后每年注射1次。病猪一般无特效疗法，用抗菌类药物防止继发感染可提高自愈率。

八、传染性胃肠炎

传染性胃肠炎是由猪传染性胃肠炎病毒引起猪的一种高度接触性消化道传染病，以呕吐、水样腹泻和脱水为特征。

【病原】猪传染性胃肠炎病毒对乙醚、氯仿、去氧胆酸钠、次氯酸盐、氢氧化钠、甲醛、碘、碳酸以及季铵盐类化合物等敏感；不耐光照，粪便中的病毒在阳光下6小时失去活性，病毒细胞培养物在紫外线照射下30分即可灭活。病毒对胆汁有抵抗力，耐酸，在经过乳酸发酵的肉制品里病毒仍能存话。病毒不能在腐败的组织中存活。病毒对热敏感，56℃经30分能很快灭活；37℃经4天丧失毒力，但在低温下可长期保存，液氮中存放3年毒力无明显下降。

【流行特点】传染源为发病猪、带毒猪及其他带毒动物。病毒存在于病猪和带毒猪的粪便、乳汁及鼻分泌物中，病猪康复后可长时间带毒，有的带毒期长达10周。

本病主要经消化道、呼吸道传播。感染母猪可通过乳汁排毒感染哺乳仔猪。

感染动物为猪，各种年龄的猪都易感，但以10日龄以内的仔猪发病率和病死率高。

本病发生和流行有明显的季节性，多见于冬季和初春。多呈地方性流行，新发区可暴发性流行。本病常可与产毒素大肠杆菌、猪流行性腹泻病毒或轮状病毒发生混合感染。

【症状】病初仔猪呕吐，接着水样或糊状腹泻，粪便呈黄绿或灰色，常含有未消化的凝乳块。随即脱水、消瘦，2～7 天死亡。病愈仔猪生长缓慢。

育肥猪或成年猪症状较轻，表现减食，腹泻、消瘦，有时呕吐。哺乳母猪泌乳减少，一般经 3～7 天恢复，很少发生死亡。

【剖检】剖检可见胃肠充满凝乳块。小肠充满气体及黄绿或灰白色泡沫样内容物，肠壁变薄，呈半透明状。绒毛肠系膜淋巴结充血、肿胀。心、肺、肾一般无明显病变。

【诊断】根据临床症状和病理变化可做出初步诊断，确诊需进一步做实验室诊断。

【防治措施】可采取对症治疗以减轻脱水、酸中毒和防止并发感染，加强护理提供良好的环境。用传染性胃肠炎弱毒冻干疫苗进行预防免疫：妊娠母猪产前 20～30 天注射 2 毫升；初生仔猪 0.5 毫升，10～50 千克猪注射 1 毫升；50 千克以上注射 2 毫升，免疫期半年。要加强猪场的检疫工作，定期清扫消毒加强饲养管理。当猪群发病时，应立即隔离，对健康猪群进行免疫，加强环境消毒。

九、流行性腹泻

猪流行性腹泻又称流行性病毒性腹泻，由猪流行性腹泻病毒引起猪的一种肠道传染病，其特征为呕吐、腹泻和脱水。

【病原】猪流行腹泻病毒对乙醚、氯仿敏感。

【流行特点】本病仅发生于猪，各种年龄的猪都能感染发病。哺乳仔猪、架子猪、育肥猪的发病率很高，可达 100%，成年母猪 10%～90%。病猪是主要传染源，病毒随粪便排出后，污染环境、饲料、饮水及用具等而感染，其途径主要经消化道。多发生寒冷季节（12 月至翌年 2 月）。

【症状】主要表现水样腹泻或在腹泻间呕吐，仔猪吃奶或吃食之后多呕吐。年龄越小，症状越重。1 周龄仔猪发生腹泻后 3～4 天，呈现严重脱水而死亡，体温正常或稍高，精神不振、厌食、持续性腹泻。少数猪恢复后生长发育不良。育肥猪症状轻，拉稀可持续 4～7 天。成年猪仅发生呕吐和厌食。

【剖检】眼观变化仅限于小肠，小肠扩张、肠壁变薄，内充满黄色液体，肠系膜充血，肠系膜淋巴水肿，见空肠段上皮细胞的空泡形成和表皮脱落。胃内有多量的黄白色凝乳块。

【诊断】流行病学和症状方面与猪传染性胃肠炎无显著差别，只是传播速度较缓慢。

鉴别诊断，临床常见相似症状的疾病有猪伪狂犬病、传染性胃肠炎、轮状病毒等。

【防治措施】本病应用抗生素治疗无效。主要采取综合性防疫措施，加强对猪的饲养管理，提高野猪抵抗力。搞好猪舍的清洁卫生和消毒，经常清除粪便，禁止从疫区引进仔猪。野猪可用猪流行性腹泻弱毒疫苗或灭活苗进行预防接种。一旦发生本病，应采取粪便进行酶联免疫吸附试验，以检出排毒的病猪，及时隔离。猪舍、用具用 2% 氢氧化钠或 5%～10% 石灰乳、漂白粉消毒，病猪在隔离条件下治疗。对病猪及时补液，让其自由饮用葡萄糖甘氨酸溶液，不能饮水的病猪，静脉注射或腹腔内注射 5%～10% 糖盐水和 5% 碳酸氢钠溶液。

可试用下述药品治疗：病猪群口服盐溶液（氯化钠 3.5 克、氯化钾 1.5 克、碳酸氢钠 2.5 克、葡萄糖 20 克、水 1 000 毫升）。庆大霉素 1 000～1 500 国际单位/千克体重，12 小时 1 次。白细胞干扰素 2 000～3 000 国际单位/千克体重，每天 1～2 次皮下注射。2.5% 恩诺沙星注射液 0.1 毫升/千克体重，肌内注射，每天 2 次。

十、大肠杆菌病

大肠杆菌是一种条件性致病菌，在野猪抵抗力下降时会大量繁殖而引发疾病，主要表现为仔猪黄痢、仔猪白痢和仔猪水肿病。

（一）仔猪黄痢

仔猪黄痢又叫早发性大肠杆菌病，是由一定血清型的大肠杆菌引起的初生仔猪的一种急性、致死性传染病。主要症状以排出黄色稀粪和急性死亡为特征。

【流行特点】本病多发于炎夏和寒冬潮湿多雨季节，春、秋温暖季节发病少。1日龄内的仔猪最易感染发病，一般在生后3天左右发病，最迟不超过7天。初产母猪所产仔猪发病最为严重，经产母猪所产仔猪较轻。猪场卫生条件不好，新生仔猪初乳吃的不够或母猪乳汁不足以及产房温度不足，仔猪受凉，都会加剧本病的发生。

【症状】潜伏期最短的为8～10小时，一般在24小时左右。有时窝中几头发病，常整窝猪全部发病。最初为突然拉稀，排出稀薄如水样粪便，黄至灰黄色，有腥臭味，随后拉稀愈加严重，几分钟就拉1次水样粪便。病猪严重脱水，体重迅速下降，可达30%～40%，精神沉郁，迟钝，眼睛无光，皮肤蓝灰色，质地枯燥，最后昏迷死亡。

【剖检变化】表现为肠黏膜肿胀、充血或出血；胃黏膜红肿；肠膜淋巴结充血肿大，切面多汁；心、肝、肾有变性，重者有出血点。

【防治措施】开始发病时，立即对全窝仔猪给药，常用药物有氯霉素、金霉素、新霉素、磺胺甲基嘧啶等。由于细菌易产生抗药性，最好先分离出大肠杆菌做纸片药敏试验，以选出最敏感的治疗药品用于治疗，方能收到好的疗效。平时做好圈舍及环境的卫生及消毒工作；做好产房及母猪的清洁卫生和护理工作。常发地区，可用大肠杆菌腹泻K88、K99、987P三价灭活菌苗，或大肠杆菌K88、K99双价基因工程苗给产前1个月母猪注射，以通过母乳获得被动保护，防止发病。在仔猪出生后即全窝用抗菌药物口服，连用3天，以防止发病；也可采用本场淘汰母猪的全血或血清，给初生仔猪口服或注射进行预防。

（二）仔猪白痢

仔猪白痢又叫迟发性大肠杆菌病。是10～30日龄以内的仔猪常见的肠道传染病，以下痢、排出灰白色粥状粪便为特征。

【流行特点】本病发生于10～30日龄仔猪，以2～3周龄仔猪多见，一窝仔猪中陆续或同时发病；有的仔猪窝发病多，有的发病少或不发病;一年四季均可发生,但以严冬、炎热及阴雨连绵季节发生较多;每当气候突然变坏(如下大雪、寒流等)时,发病数显著增多;母猪饲养管理和卫生条件不良,如圈舍潮湿阴寒、缺乏垫草、粪便污秽、温度不定等;饲料品质差、配合不当、突然更换饲料、缺乏矿物质和维生素、母猪泌乳过多、过浓或不足等都可促进本病的发生和增加严重性。

【症状】常常先是1头仔猪发生白痢,很快蔓延到全窝猪,病初排白色液体粪便,有腥臭味,严重时肛门松弛,排粪失禁,粪水污染尾、会阴、臀部和后肢等。病仔猪衰弱,常昏睡,捕捉时尖叫。后期被毛粗乱无光,皮肤松弛,肚腹蜷缩,不吃奶,喜饮污水,眼球凹陷,走路摇晃,最终卧地不起,昏迷而死。有的病例常未见下痢就突然衰弱无力,结膜贫血,呼吸快速,卧地不起,不久昏迷死亡。

【剖检】基本同仔猪黄痢。

【防治措施】对于初产母猪,做好预防接种,建议使用大肠杆菌六价苗预防接种。治疗白痢药物和方法较多,要因地、因时而选用。如白龙散、大蒜甘草液、金银花大蒜液、矽炭银、活性炭、调痢生和促菌生、补充硫酸亚铁或硒、埋线疗法等,以收敛、止泻、助消化为主药,必要时,投服痢特灵等抗菌药物。

主要是采取综合防治措施,积极改善饲养管理及卫生条件,做好经常性的预防工作,包括:加强妊娠母猪和哺乳母猪的饲养管理,做好仔猪的饲养管理,改进猪舍的环境卫生,预防性给药。

(三)仔猪水肿病

猪水肿病又称大肠杆菌毒血症、浮肿病、胃水肿,是仔猪一种急性、致死性的疾病,其特征为胃壁和其他某些部位发生水肿。

【流行特点】本病主要发生于断乳仔猪,小至数日龄,大至4月龄都有发生。生长快、体况健壮的仔猪最为常见,瘦小仔猪少发生。带菌母猪传播给仔猪,呈地方性流行,常限于某些猪场和某些窝的仔猪。饲料饲养方法改变,饲料单纯,气候变化、被污染水、环境、用具等均可增加本病的发生和症状的加重。本病一年四季均可发生,但多见于春、秋季。如初生得过黄痢的仔猪，一般不发生本病。

【症状】病猪突然发病，精神沉郁，食欲减少，口流白沫，体温无明显变化，病前1~2天有轻度腹泻，后便秘。心跳疾速，呼吸初快而浅，后来慢而深。喜卧地、肌肉震颤，不时抽搐，四肢动作游泳状，呻吟，站立时拱腰，发抖。前肢如发生麻痹，则站立不稳，后肢麻痹，则不能站立。行走时四肢无力，共济失调，步态摇摆不稳，盲目前进或做圆圈运动。水肿是本病的特殊症状，常见于脸部、眼睑、结膜、齿龈、颈部、腹部的皮下。有的病猪没有水肿的变化。病程短的仅仅数小时，一般为1~2天，也有长达7天以上的。病死率约90%。

【剖检】特征性的病变是胃壁、结肠肠系膜、眼睑和脸部及颌下淋巴结水肿。胃内充满食物，黏膜潮红，有时出血，胃底区黏膜下有厚层的透明水肿，有时带血的胶冻样水肿浸润，使黏膜与肌层分离，水肿严重的可达2~3厘米，严重的可波及贲门区和幽门区。大肠系膜、胆囊、喉头、直肠周围也常有水肿，淋巴结水肿、充血、出血、心包和胸、腹腔有较多积液，暴露空气则凝成胶冻状。肾包膜水肿，膀胱黏膜轻度出血，出血性肠炎变化常见。

【诊断】根据流行病学和特殊的临床症状、病理变化可初步确诊。应与硒、维生素 B_1 缺乏症等疾病相区别。

【防治措施】目前对本病尚无特异的有效疗法，预防本病关键在于改善饲养管理，饲料营养要全面，蛋白质不能过高。药物治疗早期效果好，后期一般无效。在没有本病的地区，不要从有病地区购进新猪，邻近猪场发生本病，应做好卫生防疫工作。在有本病的猪群内，对断奶仔猪，在饲料中添加适宜的抗菌药物。切忌突然断奶和突然更换饲料，断奶时防止突然改变饲养条件，断奶后的仔猪不要饲喂过饱。猪舍清洁、干燥、卫生，定期冲洗消毒。

仔猪断奶前7~10天用猪水肿多价浓缩灭活菌苗肌内注射1~2毫升，可预防本病发生。

十一、梭菌性肠炎

梭菌性肠炎又称仔猪传染性坏死性肠炎，俗称仔猪红痢，多是由C型魏氏杆菌所引起的高度致死性肠毒败血病，主要发生于3日龄以内的新生仔猪。其特征是排红色粪便，小肠黏膜出血、坏死；病程短，病死率高。在环境卫生条件不良的猪场，发病较多，危害较大。

【流行特点】本病发生于1周龄左右的仔猪，以1~3天的新生仔猪最多见，偶尔可在2~4周龄及断奶仔猪中见到。带菌猪是本病的主要传染源，消化道侵入是本病最常见的传播途径。

【临诊症状】本病的病程长短差别很大，症状不尽相同，一般根据病程和症状不同而将之分为最急性型、急性型、亚急性型和慢性型。

1. 最急性型

发病很快，病程很短，通常于初生后一天内发病，症状多不明显或排血便，乳猪后躯或全身沾满血样粪便。病猪虚弱，很快变为濒死状态，病猪常于发病的当天或第二天死亡。少数病猪没有出现血痢，便昏倒而死亡。

2. 急性型

病猪出现较典型的腹泻症状，是最常见的病型。病猪在整个发病过程中大多排出含有灰色组织碎片的浅红色褐色水样粪便，很快脱水和虚脱，病程多为2天，一般于发病后的第三天死亡。

3. 亚急性型

病初，病猪食欲减弱，精神沉郁，开始排黄色软粪；继之，病猪持续腹泻，粪便呈淘米水样，含有灰色坏死组织碎片；很快，病猪明显脱水，逐渐消瘦，衰竭，多于5~7天死亡。

4. 慢性型

病猪呈间歇性或持续性下痢，排灰色黏液便；病程十几天，生长很缓慢，最后死亡或被淘汰。

【剖检】小肠特别是空肠黏膜红肿，有出血性或坏死性炎症；肠内容物呈红褐色并混杂小气泡；肠壁黏膜下层、肌层及肠系膜有灰色成串的小气泡；肠系膜淋巴结肿大或出血。

【诊断】确诊可进行病原分离与鉴定,应与猪传染性胃肠炎、猪流行性腹泻、仔猪黄痢、白痢等鉴别。

【防治措施】C 型魏氏梭菌灭活菌苗 10 毫升,母猪产前 1 月和 15 天分别肌内注射 1 次。磺胺嘧啶 0.2 ~ 0.8 克,三甲氧苄氨嘧啶 40 ~ 160 毫克活性炭 0.5 ~ 1 克,混匀一次喂服,每天 2 ~ 3 次。链霉素粉 1 克,胃蛋白酶 3 克,混匀喂服 5 头仔猪,每天 1 ~ 2 次,连用 2 ~ 3 天。

十二、猪痢疾

猪痢疾又称血痢、黑痢、黏液性出血性下痢等,以大肠黏膜卡他性、出血性及坏死性炎症为特征。一旦侵入猪群,仔猪的发病率和死亡率都较高,育肥猪患病后生长速度下降,饲料利用率降低。

【病原】病原为猪痢疾螺旋体,严格厌氧,对培养基要求较严格;对消毒药敏感,普通消毒药如过氧乙酸、来苏儿和氢氧化钠均能迅速将其杀死。

【流行特点】本菌只感染猪,各种品种和年龄的猪均易感染,但以 2 ~ 3 月龄猪发病多,哺乳仔猪发病较少。病猪和带菌猪是主要传染源,康复猪可带菌、排菌长达数月。易感猪与临床康复 70 天以内的猪在同一猪舍时,仍可感染发病。小鼠和犬感染后也是传染源。消化道是唯一的感染途径,通过污染的饲料、饮水、用具、人员、动物及环境等媒介引起间接传染。四季均有发生,流行缓慢,持续期长,流行初期多为急性经过,以后转变为亚急性和慢性病例。

【临床症状与病变】常见症状为不同程度的腹泻,有体温升高和腹痛现象,病程长的还表现脱水、消瘦和共济失调。

1. 最急性型

见于暴发初期。突然死亡且死亡率很高,多数病例表现为食欲废绝,病猪肛门松弛,剧烈腹泻,粪便开始时呈黄灰色软便,含黏液、血液或血块,气味腥臭;随后迅速转为水样腹泻,高度脱水,寒战、抽搐、死亡。

2. 急性型

多见于流行初、中期。体温升高达 40 ~ 40.5℃,食欲减少,拱背，并迅速消瘦、贫血。病初排稀便继而粪便带有大量黏液呈胶冻样，夹杂血液或血凝块及褐色脱落黏膜。有的死亡，存活的病猪1周左右转为慢性。

3.亚急性和慢性型

多见于流行的中后期。病情较轻，食欲正常或稍减退，下痢时轻时重、反复发生。粪便带有黏液和血液，病程长的渐渐消瘦，生长严重受阻，病死率低。亚急性病程2～3周，慢性4周以上，少数康复猪经一定时间还会复发。

【剖检】主要局限于大肠，最急性和急性病例表现为卡他性出血性炎症，病变肠壁肿胀，肠腔充黏液和血液，呈红黑色或巧克力色。当病情进一步发展时，大肠壁水肿减轻，黏膜出现坏死性炎症。病的后期，病变区域扩大，可能分布于整个大肠，肠黏膜表面有点状坏死和伪膜。刮去伪膜可见糜烂，肠内容物混有坏死组织，血液相对较少。肠系膜淋巴结轻度肿胀、充血，腹水。小肠及其系膜、其他脏器无明显病变。

【防治措施】本病尚无有效菌苗，在饲料中添加药物可控制，但不能彻底消灭，须采用综合防治措施。禁止从疫区购猪，外地引进猪隔离观察1个月以上；在无本病的地区或猪场，发生本病时，最好全群淘汰，猪场彻底清扫和消毒，并空舍2～3个月；若不能做到全群淘汰，应合群检疫，对感染猪群实行药物治疗，无病猪群实行药物预防；定期消毒，严格控制本病的传播；药物治疗可选用常见的链霉素与青霉素联合使用5万～10万国际单位/千克体重，肌内注射或静脉注射；土霉素或强力霉素5～10毫克/千克体重，口服或肌内注射。

十三、仔猪副伤寒

仔猪副伤寒是由沙门杆菌引起仔猪的一种条件性传染病，也称沙门杆菌病。急性者呈现败血症，慢性者呈现坏死性肠炎。

【病原】猪副伤寒病原是猪霍乱沙门杆菌、猪伤寒沙门杆菌或鼠伤寒沙门杆菌等，革兰染色阴性，不产生芽孢，无荚膜。对干燥、腐败和阳光等因素具有一定的抵抗力，在外界条件下可以生存数周或数月,60℃经1小时、75℃经5分死亡,一般消毒药可迅速将其杀死。

【流行特点】一年四季都可发生。多发生于2~4月龄仔猪,半岁以上的猪很少发生。健康猪常有带菌现象,病猪和带菌猪是主要传染源。本病主要由消化道感染。不合理的饲养管理和猪舍潮湿、阴暗及过早断奶等,都能降低幼猪的抵抗力,促使其流行。本病常和猪瘟混合感染。

【症状】潜伏期长短不一,可从3天到1个月左右。本病可分为急性和慢性型两种,一般以慢性型较多。

1. 急性型

来势迅猛,很像猪瘟症状。开始时体温上升到41~42℃,停食,不愿行动,精神沉郁,腹部收缩,拱背下痢,粪便很臭。2~3天后体温稍有下降,肛门、尾巴、后腿被混有血液的粪便污染。有时伴有咳嗽和呼吸困难。由于心脏衰弱,皮肤(特别是耳尖、四肢、胸腹等处)变成暗红色。

2. 慢性型

病初由减食到不食。粪便呈黄褐色、淡黄色、淡绿色不等,有恶臭。腹泻日久,病猪排粪失禁,粪内混有血液和假膜。开始1~3天有高热,以后呈弛张热,有些病例体温不升高。皮肤,特别是胸、腹部常有湿疹状丘疹,被毛蓬乱、粗糙、失去光泽,皮肤暗紫色,特别以耳尖、耳根、四肢较明显。腰背拱起,后腿软弱无力,叫声嘶哑。强迫行走时,则东倒西歪。末期往往极度衰竭而死。病程可延长到2~3周。

【剖检】急性的大肠黏膜充血,有出血点,肠系膜淋巴结肿大,脾肿大,肝、脾、肾等实质脏器有粟粒大坏死灶。慢性的大肠黏膜增厚,有浅平溃疡和坏死灶。肠黏膜附着灰白色或暗褐色假膜,形如糠麸。

【诊断】本病主要发生于6月龄以下的猪。流行经过缓慢,多发生于饲养管理不良的猪场。临床特点是顽固性下痢和消瘦。结合剖检时肠道病变可作出诊断。

【治疗】应在改变饲养管理的基础上及早进行治疗，剂量要足，疗程要长，一般要4~10天，如中途停药容易复发。

土霉素、卡那霉素较为常用，土霉素3~10毫克/千克体重，卡那霉素3万~5万国际单位。

磺胺二甲嘧啶，磺胺六甲氧嘧啶和磺胺脒等也有一定疗效，剂量每天0.2克/千克体重，分2次口服，连用1周。

大蒜泥或40%的大蒜酊10~20毫升，灌服，每天2~3次，连续数天。

中药方：苦参30克、黄芩20克、白芍20克、丹皮20克、金银花10克、白头翁15克、生草10克，水煎，分2次灌服。拉稀重者加米壳10克，柯子20克；排脓血者再加生地20克，茜草20克，小蓟20克。

对症治疗也是很重要的一个环节，如强心，补液，给予维生素制剂等。补液时，如静脉注射有困难，可通过腹腔注射给药。

【预防】加强饲养管理，对常发本病的猪群可考虑注射猪副伤寒菌苗。饲料中添加土霉素等有一定预防作用。

十四、巴氏杆菌病

猪巴氏杆菌病又名猪肺疫或猪出血性败血症，是由巴氏杆菌所引起的急性发热性败血性传染病。其特征是机体组织发生出血性炎症。

【病原】为多杀性巴氏杆菌，不形成芽孢，无运动性，革兰染色阴性。此菌的抵抗力不强，加热60℃，1%石炭酸，5%石灰乳及1%漂白粉均能于1分左右将其杀死。

【流行特点】本病多发生于夏、秋两季，一般为散发性，有时也呈地方性流行。由于巴氏杆菌天然存在于猪的呼吸道。这种健康带菌猪和病猪是主要的传染来源。在饲养管理不良的情况下，如天气突变、饥饿、猪舍潮湿、过于拥挤及长途运输等，都可以诱发本病。发病后病原体通过病猪的分泌物、排泄物、污染的饲料及饮水等使其他猪感染，并往往和猪瘟及猪丹毒并发。

【症状】潜伏期一般为1～3天，根据本病的发展过程，可分为最急性、急性和慢性3个类型。

1.最急性型

多发生在流行初期。体温41.5℃左右，呼吸困难，心跳加快。口鼻黏膜发紫，耳根、颈部、腹部等处发生出血性红斑。咽喉肿胀、有热痛感。病猪做犬坐姿势，常于数小时内死亡。

2.急性型

体温升至41～42℃，一种表现为咽炎症状，狂躁不安，颈部、咽喉局部增温，发红、肿胀、坚硬，向上延伸可达到耳根，往后可达胸前。伸颈呼吸，有时发喘鸣声。腹侧、耳根和四肢内侧可发现红斑。可视黏膜呈暗红色，一经出现呼吸困难症状，即迅速恶化。另一种急性型表现为急性胸膜肺炎症状：体温升高到41℃左右，有痉挛性干咳，呼吸困难。触诊胸部，有疼痛反应。流黏脓性鼻液，咳嗽，气喘，有时可见脓性结膜炎。病程仅几天，不死亡者可转为慢性。

3.慢性型

有持续的咳嗽，呼吸困难，逐渐消瘦，有时关节发生肿胀。常因持续下痢、衰竭而死。这种散发型慢性猪肺疫，颈部无红肿症状，死亡率很高。

【剖检】最急性的病理变化常不明显。急性的主要呈现咽喉炎，咽喉部周围结缔组织有炎性浸润。气管、支气管内的黏液夹杂红色泡沫。皮下组织及全身淋巴结出血，断面呈红色。喉、气管、支气管黏膜有出血点。肺有出血斑点，有的还可见有急性肺水肿伴以小叶结缔组织浆液性浸润。心包膜、心内外膜有出血点。脾亦见出血点，但不肿大。皮肤有出血斑点。慢性猪肺疫颈部不肿胀，以肺脏变化为显著，呈现水肿，气管有出血斑点，可见纤维素性胸膜炎病变，肺局部出现红色和灰色肝变，切面呈大理石状，胸膜常有纤维素状附着物。胸腔及心包有时积液，脾、肝有时肿大。

【治疗】抗生素如青霉素、链霉素、卡那霉素等可选用。若与复方氨基比林、安痛定注射液同时应用，效果较好。

磺胺类药物对急性猪肺疫有一定疗效，对慢性者效果稍差些。

血清疗法：用抗出败血清，按 0.4 ~ 0.6 毫升/千克体重的剂量，皮下或肌内注射。每天 1 次，连用 2 ~ 3 次。

下列中药方可选用：

方一：射干 20 克、豆根 20 克、金银花 20 克、玄参 15 克、桔梗 15 克、芒硝 50 克、生草 10 克，煎汤，一次灌服。

方二：黄连 15 克、龙胆草 20 克、大青叶 30 克、茅根 30 克、竹叶 20 克、地龙 20 条（研）、滑石粉 30 克，煎汤，一次灌服。

【预防】每年春、秋季用猪肺疫氢氧化铝甲醛菌苗，股内侧皮下注射 5 毫升，14 天后产生免疫力，免疫期半年以上；或用猪肺疫口服弱毒菌苗，按瓶签要求应用，7 天即可产生免疫力。发现病猪及时隔离、消毒。同舍猪用血清紧急预防，3 周后注射菌苗。

十五、猪气喘病

猪喘气病又叫猪地方流行性肺炎，猪支原体肺炎。

【病原】病原体为猪肺炎支原体，对外界抵抗力不强，病肺置于室温中 36 小时即失去致病力。一般消毒剂均能将其杀死。

【流行特点】1 ~ 2 月龄和断奶仔猪容易感染，死亡率高，病猪和带菌猪是主要的传染来源，传播途径为呼吸道的飞沫传染。饲养管理条件的好坏直接关系到该病的发生和发展，不良的气候条件也可以使野猪的抵抗力减弱、病情加剧，所以在冬春寒冷潮湿季节发病比较严重。

【症状】自然接触感染的潜伏期大约为 15 天，一般为慢性经过，病初症状不明显，中期喘气、咳嗽，后期则呼吸困难、食欲废绝、粪便或干或稀，体瘦，喜卧。该病呈急性经过者，为 7 ~ 15 天，转为慢性时可拖延 2 ~ 3 个月，甚至半年以上。

【剖检】急性死亡的猪，有肺水肿、肺气肿表现。在肺的心叶，尖叶、中间叶出现融合性支气管炎变化。病变部颜色为淡红或灰红色，半透明状，与周围界限明显，像鲜嫩的肌肉样，俗称“肉变”。随着病程延长，半透明状的程度减轻、坚韧度增加，俗称“胰变”或“虾肉样变”。肺门淋巴结肿大，呈灰白色。继发细菌感染时，肺与胸膜有纤维蛋白性、化脓及坏死性变化。

【治疗】采用对症疗法，促进炎症产物的吸收，防止继发性感染。金霉素每天25～50毫克/千克体重，连服7天。土霉素每天0.04克/千克体重，肌内注射，连用7天。卡那霉素每天2万～4万国际单位/千克体重，肌内注射，体温高者可配合安痛定注射。

下列中药方可选用：

方一：麻杏甘草散。麻黄、杏仁、薄荷、苏子、桔梗、花粉、陈皮、半夏、知母各12克，款冬花9克、马兜铃9克、黄芩18克 黄柏12克、紫菀12克、大黄30克、石膏60克、川贝母9克、甘草12克、金银花18克，共研末，大猪每次90克，胃管灌服，中等猪60克，仔猪15～30克。

方二：沙参二母散。沙参24克、龟板6克、贝母12克、款冬花4克、知母6克、橘红9克、茯苓6克、百部6克、半夏3克、连翘6克、天花粉8克、生姜10克，研末灌服或水煎灌服。

方三：实喘病猪可灌服凉膈白虎汤。大黄12克、芒硝9克、生石膏12克、连翘9克、栀子12克、黄芩15克、薄荷叶9克、生甘草6克、知母10克、粳米20克，研末，一次灌服。

方四：虚喘病猪可灌服本黄芪汤。五味子12克、白芍12克、天冬15克、麦冬15克、党参12克、炙黄芪30克、炙甘草12克、熟地15克、茯苓12克、乌梅3个、大枣4个，水煎，灌服。

【预防】做到及时隔离和消毒。本病主要是通过呼吸道飞沫传染，病原体排出体外后存时间不长，只要将健康猪和病猪隔离，自繁自养，通常可以控制本病。因此应该仔细检查猪群，若发现有咳嗽、气喘者，及时隔离。猪圈用草木灰水、10%石灰水、5%氢氧化钠消毒。为了能准确地将病猪检出和消除，有条件时可配合使用X线诊断。改善饲养管理，猪圈应温暖，清洁干燥，不要拥挤。接种疫苗是预防该病的重要措施。7日龄哺乳仔猪首免一次灭活苗1毫升，到确定留种时再在5周龄进行第二次免疫，种猪每年3月、9月各注射疫苗 1 次,剂量均为 2 毫升/头。

十六、猪链球菌病

猪链球菌病是由链球菌引起的一种人畜共患病。病原体共有 35 个型,最常见的致病血型有 2 个型,其中 C 型引起猪急性败血性链球菌病,E 型引起猪化脓性淋巴结肿。

【病原】猪溶血性链球菌是一种革兰阳性菌,不运动,不形成芽孢,常以共栖菌或致病菌的方式存在于大多数哺乳动物的体表。常引起猪的败血症脑膜炎和关节炎。

【流行特点】各种年龄、各个品种的猪都可感染猪链球菌而患病,病猪及死猪的尸体是本病传播的主要来源,病愈带菌猪也可传播本病。病猪的排泄物,病死猪从天然孔流出的带菌血液,在处理过程中的污物污水均可造成环境污染和疾病传播。该菌可通过多种途径感染猪。

【症状】该病病程为 2 ~8 天,如不及时治疗,死亡率可达 70% ~80% 。

1. 最急性型

体温升高到 41 ~42℃,卧地不起,呼吸急迫,很快死于败血症。

2. 急性型

病例的病程长一些,体温 42 ~43℃,精神沉郁,厌食,头低垂,病猪喜欢喝水,眼结膜充血潮红,流泪,呼吸急促,心跳加快到 130 次/分以上,病猪迅速消瘦,极度衰竭。临死前出现明显的神经症状,如共济失调、麻痹、四肢做划水动作、颈部强直、角弓反张、震颤、全身出血,死亡时从天然孔流出暗红色血液。

3. 慢性型

病猪呈现一肢或四肢关节炎,关节肿大,触之有明显的疼痛感,站立困难,终因极度衰竭瘫痪麻痹而死。病程可拖到 1 个月以上。

【剖检】颈下、腹下、四肢等区域可见到皮肤有紫红色片状或斑点状出血,死尸皮肤发红,急性死亡猪常见从鼻腔或从其他天然孔流出暗红色凝固不良的血液。全身淋巴结充血,体积明显增大。右心室扩张,心耳、冠状沟及左心室内膜有出血斑点。脾、肾均充血、出血、体积增大。喉头、气管和支气管黏膜充血,多充满泡沫。肺充血,切面有大量的红色泡沫及血液流出。肝呈暗红色,肿大,切开流出暗红色血液。四肢关节发生浆液性纤维素性炎症。关节腔滑膜充血、粗糙,腔中滑液变浊,常伴有黄白色乳酪样块状物,严重时关节周围肌肉组织化脓或坏死。

【诊断】早期诊断必须结合当地的流行病学、病理解剖学及细菌学分离鉴定来确诊。

【治疗】临床首选是青霉素,按1.5万~2万国际单位/千克体重肌内注射,4小时后以同样的剂量再注射1次,病猪体温很快下降,食欲恢复正常,即使已出现跛行的病猪,也可完全康复,如同时注射链霉素,则效果更好。采用磺胺类药物治疗,也可收到明显效果。对猪链球菌有较好抑制作用的药物分别是青霉素、链霉素、金霉素、四环素、磺胺噻唑钠。中药治疗可用:野菊花25克、忍冬藤30克、紫花地丁、夏枯草、七叶一枝花各20克,灌服。

【防治措施】

1. 隔离消毒

发病猪应立即进行隔离,对圈舍、运动场地、用具进行彻底消毒,常用10%生石灰或2%氢氧化钠。

2. 菌苗注射

仔猪60日龄第一次免疫,以后每年春、秋季各免疫1次。不论大仔猪一律肌内或皮下注射猪链球菌病氢氧化铝菌苗3毫升或油苗1毫升,免疫期约6个月。

十七、猪丹毒病

猪丹毒病又叫“打火印”,是猪的一种急性、败血性传染病。主要症状败血症和皮肤上出现紫红色疹块,慢性病猪主要表现为心内膜炎和关节炎。

【病原及流行特点】由猪丹毒杆菌侵入消化道后引起,也可由皮肤伤口侵入,当健康猪吃了病猪粪、尿、血液污染的饮水、饲料后便可感染。病猪、带菌猪和未煮熟的病猪肉均为传染来源。该菌对外界抵抗力强，在埋藏的尸体里能生存 280 天，在腌肉里能生存 170 天，10% 漂白粉、20% 石灰水能将其杀死。

【症状】潜伏期约为 7 天，夏秋季多发，根据病程分为 3 种情况。

1. 急性型

急性型又称败血型，体温高达 42°C，食欲废绝，站立不稳，有脓性结膜炎。先便秘后腹泻，有时带血丝。出现败血型症状 1 ~ 2 天或在病的末期，体表皮肤（如耳、颈、腹下等）出现大小和形状不一的。不整齐的红色疹块，指压褪色。最终由于心脏衰弱、呼吸困难及肺水肿而死亡。

2. 亚急性型（疹块型）

体温升高，食欲减少或废绝，便秘，呕吐。病猪背部和体侧有圆形或四方形疹块，凸出皮肤表面，有的病猪经过半个月后症状减轻可以痊愈，有的迅速死亡，也有的转为慢性型。

3. 慢性型

发生关节炎和心内膜炎，关节肿大，行动僵硬。心脏衰弱，呼吸困难，稍微运动就有可能衰竭，生长迟缓，病期达 2 个月至半年以上。

【治疗】肌内注射青霉素有效，剂量按 8 000 ~ 16 000 国际单位/千克体重，每天注射 2 次，连用数天。肌内注射磺胺嘧啶钠 0.07 克/千克体重。病初抗猪丹毒血清与青霉素联合应用，疗效更好。

病初可用下列中药方：

方一：地龙 30 克、石膏 30 克、大黄 30 克、元参 15 克、知母 15 克、金银花 20 克、连翘 15 克 水煎，分 2 次胃管灌服。

方二：黄连 6 克、黄芩 9 克、大黄 20 克、栀子 15 克、连翘 15 克、金银花 20 克、黄柏 12 克、牛蒡子 25 克、丹皮 15 克、龙胆草 11 克、淡豆豉 12 克、大青叶 30 克、野菊花 12 克、甘草 6 克，水煎服，分 2 次灌服。

【预防】在疫区和受该病威胁的地方，每年在该病流行前预防注射猪丹毒氢氧化铝菌苗，每头猪皮下注射 5 毫升，注射 2 周可产生免疫力。断奶后的猪免疫期可达半年,哺乳期猪由于免疫期短,可在断奶后重复注射一次。野猪场环境和饲养管理用具,应进行消毒。猪粪垫草集中堆肥。发酵腐熟后作肥料用,病死野猪深埋或化制。急宰场地、用具及污染的地方,进行彻底消毒。

十八、附红细胞体病

猪附红细胞体病是由猪附红细胞体寄生于细胞和血浆中而引起的一种急性热性传染病。主要引起猪(特别是仔猪)高热、贫血、黄疸和全身发红,猪感染可引起死亡。

【病原】附红细胞体对干燥和化学药品的抵抗力很低,但耐低温,在冷藏时可保存数十天,冻干保存可活几年。一般常用消毒剂均能杀死病原。

【流行特点】本病为人畜共患病,本病多发于7~9月,但有的地区11月也发生,有的地区阳性率达30%以上。气候干旱时发生少,病猪是主要传染源,吸血昆虫以及污染针头、器械为主要传播途径,不同年龄猪均可感染,1月龄左右的仔猪病死率高。本病一般呈隐性感染,无明显临床症状,多在应激时发病。呈地方性流行。

【症状】潜伏期6~10天,体温39.5~42℃,怕冷,呈稽留热,食欲减退或废绝,战抖,转圈或不愿站立,离群卧地。粪便初干或球状,附有黏液和血液,粪便呈黑褐色,有时便秘、下痢交替。叫声嘶哑、气喘、呼吸困难,有的呈犬坐,张口呼吸,鼻有分泌物,心搏加快,可视黏膜初充血,后苍白,轻度黄疸,尿呈黄色。全身皮肤红紫,以耳下、颈下、腹下、鼻镜、腹股沟、四肢先发红,后出现不规则紫斑,边缘界限不明显,指压不褪色。后变为青紫色,界限不明显。耳发绀、变干,边缘向上卷起。血液稀薄,采血后流血持久不止,后期血液黏稠,呈紫褐色。有的全身发痒,乱蹬,部分公猪尿鞘积尿。病猪生长缓慢,营养不良。

【剖检】尸僵不全,全身皮肤黄染,且有大小不等的紫色出血点或出血斑,四肢末梢、耳尖、腹下、股内侧皮肤出现紫红色斑块。全身脂肪显著黄染,血液稀薄、色淡、凝固不良,在腹部、胸、气管两侧皮下结缔组织呈胶冻样水肿，腹腔、胸腔有大量淡黄色积水，肺、气管水肿。肝肿大呈土黄色或棕黄色，质脆，并有出血点或坏死点，有的表面凹凸不平，有黄色条纹坏死区。胆囊肿大，内充满绿色黏稠胆汁。胸前、腹股沟、肠系膜淋巴结水肿，切面多汁，呈淡灰褐色，颌下淋巴结灰白色。心脏苍白较软，心房有散在出血点，心包有淡红色液体。脾肿大，质软脆，表面有暗红色出血点，有的萎缩，灰白色，边缘不整齐，肾肿大，混浊，贫血严重，肾盂黄色胶冻样，膀胱贫血有出血点。

【诊断】根据临床特有症状，排除与该病症状相似处的疾病，如猪肺疫、猪李氏杆菌病，猪弓形体病、猪瘟、猪焦虫病、猪传染性胸膜肺炎等病，从病猪的耳尖采血涂片检查和病理剖检进行确诊。

【防治措施】加强猪场卫生措施，避免圈舍潮湿，采光差，通风不良等因素。在免疫及治疗时应一猪一针头，对所用器械严格消毒。杜绝不良应激因素，加强种猪管理，对阳性猪及时淘汰。该病阳性猪呈隐性感染，所以养殖场、户对猪进出严格检查、检验。驱除蜱、虱、蚤等吸血昆虫，隔离节肢动物与猪群接触。在治疗时以杀灭病原体为主，对重症者采取对症疗法。拌料，(金花素 1 000 克 + 盐酸土霉素 800 克 + 阿散酸 150 克)/吨饲料，连用 9 ~ 10 天。(用于猪附红细胞体感染的控制净化)贝尼尔，4 毫克/千克体重分点肌内注射，对严重的病猪间隔 48 小时重复注射 1 次，或生理盐水 10 毫升稀释，加入 10% 葡萄糖 100 ~ 300 毫升，再加入维生素 C 2 ~ 4 毫升静脉注射。黄色素，3 毫克/千克体重静脉注射。盐酸四环素，25 毫克/千克体重口服。阿卡普林，2 毫克/千克体重次，皮下注射。

十九、葡萄球菌皮炎

猪葡萄球菌主要引起猪的渗出性皮炎，又称仔猪油皮病，是最常见的葡萄球菌感染。此外，感染猪还可能出现败血性多发性关节炎。

【病原】葡萄球菌对环境的抵抗力较强，在干燥的脓汁或血液中可存活 2 ~ 3 个月，加热 80℃ 条件下 30 分才能杀灭，但煮沸可迅速使其死亡。葡萄球菌对消毒剂的抵抗力不强，一般的消毒剂均可杀灭。葡萄球菌对磺胺类、青霉素、金霉素、土霉素、红霉素、新霉素等抗生素较敏感，但易产生耐药性。

【流行特点】葡萄球菌广泛存在于自然环境中。无免疫力猪群常由于引入带菌猪而发病。猪葡萄球菌感染一般呈散发，但猪的渗出性皮炎可呈现流行性，感染猪很可能是其他猪的主要传染源。已知从许多健康猪的皮肤、口腔、上呼吸道、阴茎包皮、阴道和肠道中分离到金黄色葡萄球菌。该病原菌的传播可能是通过上呼吸道，或直接皮肤接触，或间接接触污染的墙壁和用具。该病有明显的接触传染性，并可通过皮肤划痕或皮下注射复制成功。从饲料、污染的水和垫草中摄取金黄色葡萄球菌是很普遍的。交配时往往导致一些猪生殖道感染。乳腺、鼻和皮肤病灶的局部侵入也很常见。

【症状】该病多见于哺乳期仔猪，是 5 ~ 6 周龄的仔猪常发的一种接触性皮肤疾病，通常在感染后 4 ~ 6 天发病；初生仔猪 10 日龄以后亦可发病。病初在眼睛周围、耳郭、面颊及鼻背部皮肤以及肛门周围和下腹部等无被毛处皮肤出现红斑，继之成为小的微黄色水疱并迅速破裂，渗出清朗的浆液或黏液，常与皮屑、皮脂和污物混合，干燥后形成棕褐、黑褐色坚硬厚痂皮，并呈横纹龟裂，具有臭味，触之黏手如接触油脂样感觉，故俗称“猪油皮病”。强行剥除痂皮，露出红色多汁的创面，创面多附着带血的浆液或脓性分泌物。皮肤病变发展迅速，从发现一小片皮肤病变后，在 24 ~ 48 小时内可蔓延至全身。触摸患猪皮肤温度增高，被毛粗乱，渗出物直接粘连，继而可出现口腔溃疡，蹄球部的角质脱落。发病猪食欲不振和脱水，严重者体重迅速减轻并会在 24 小时死亡，大多数在发病 10 天后陆续死亡。耐过病猪，皮肤细胞逐渐修复，经 30 ~ 40 天后厚痂皮脱落。该病也可引起较大日龄仔猪、育成猪或母猪乳房发病，但病变较轻，多无全身症状，并可逐渐康复。

如果仔猪通过母源抗体获得了一定程度的免疫，就会表现为慢性经过，患部表现为直径 5 ~ 10 毫米的病斑，与健康皮肤之间有明显边界,不扩散。面部皮肤的葡萄球菌感染可造成面部坏死,往往由于仔猪相互争食、攻击出现损伤而感染,特别是在母猪奶水不足的情况下多见。

病死猪尸体消瘦,严重脱水,全身皮肤上覆盖着一层坚硬的黑棕色厚痂皮,厚痂皮有横向裂口直达皮肤。剥除痂皮时往往会连同猪毛一起拔出,露出带有浆液或脓性分泌物的暗红色创面。尸体眼睑水肿、睫毛常被渗出物黏着,皮下有不同程度的黄色胶样浸润,腹股沟等处浅表淋巴结常有水肿充血,内脏多无相关病变。发生继发感染时病变复杂化。

【剖检】除了在临床症状表现的皮肤病变外,在仔猪败血症中,看不到眼观病变。严重病例呈现脱水、消瘦、皮肤变厚有时水肿,浅表淋巴结肿胀水肿。胃正常,内很少有食物。头、耳、躯干与腿的皮肤及毛上积有渗出物。去除渗出物后,下面的皮肤呈红色。内脏的显著病变为输尿管及肾脏肿大,肾脏中的尿液呈黏液样。猪的腹腔、心包腔和子宫腔可能积脓,特别是那些脐部感染的青年猪。此外,还可能见到严重的局灶性渗出性皮炎,严重急性病例可见到淋巴结肿大和化脓。

【诊断鉴别】一般根据皮肤的症状即可做出初步诊断。应注意与猪牛皮癣、皮肤坏死性杆菌病、增生性皮肤病、疥螨感染、湿疹、猪痘、锌缺乏症等相区分。

【治疗】对葡萄球菌感染猪应及早治疗,对已发生严重肾脏损害的病猪最好淘汰。

对猪葡萄球菌病进行治疗,可选用头孢类药物(如头孢噻呋,头孢氨苄)、恩诺沙星、磺胺嘧啶－甲氧苄啶,也可选用氨苄青霉素或壮观霉素－林可霉素合用,但对青霉素的敏感性正在逐年降低。发病部位的局部用药也有疗效,可用氯己定与矿物油混合向仔猪皮肤喷洒,或将患病仔猪浸入氯己定溶液中。治疗的同时,应给予患猪充足的饮水和电解多维。

【预防】由于葡萄球菌广泛存在于养猪环境中,预防措施对于控制葡萄球菌的感染是十分重要的。应防止仔猪相互之间的争斗;手术、切齿、断尾、断脐带等按常规操作;修齐初生仔猪的牙齿;防止养猪环境中的不良因素引起发病,如要保证围栏表面不粗糙,消除带有尖锐的物品;防止划伤皮肤等;采用干燥、柔软的猪床等能降低葡萄球菌感染的发病率;经常打扫干净猪舍及环境,严格消毒;母猪进入产房前应先清洗、消毒,然后放进清洁、消毒过或熏蒸过的产仔栏。对母猪和仔猪的局部损伤应立即进行处治,有助于防止该病的进一步发展。

在葡萄球菌感染严重的猪场,可采用药物预防,用长效土霉素制剂给初生仔猪进行注射。在经常严重发病的猪场,也可采用猪群分离制备的葡萄球菌灭活疫苗对母猪进行免疫接种,分别于产前第四周及第二周对母猪进行注射,以便提高其初乳中抗体的含量。

二十、副猪嗜血杆菌病

副猪嗜血杆菌病是由副猪嗜血杆菌引起的猪的疾病,表现为猪的多发性浆膜炎、关节炎、纤维素性胸膜炎和脑膜炎等。

【病原】副猪嗜血杆菌对外界抵抗力不强。干燥环境易死亡,60℃可存活 5 ~ 20 分,4℃可存活 7 ~ 10 天。常用消毒药可将其杀死。副猪嗜血杆菌对结晶紫、杆菌肽、红霉素、林可霉素、土霉素、卡那霉素、磺胺类等药物敏感。本菌对喹诺酮类药物比较敏感,对部分氨基糖苷类药物已具抗药性。

【流行特点】副猪嗜血杆菌主要通过空气、猪与猪之间的接触及排泄物进行传播,主要传染源为病猪和带菌猪。

副猪嗜血杆菌病通常只感染猪,有较强的宿主特异性。通常情况下,母猪和育肥猪是副猪嗜血杆菌的携带者。

副猪嗜血杆菌病可影响 2 ~ 4 周龄猪,主要在断奶后和保育期间发病。感染高峰为 4 ~ 6 周龄的猪。副猪嗜血杆菌病的发病率在 10% ~ 15%,严重时病死率可达 50%

【症状】主要表现为体温升高到 41.5℃,精神沉郁,食欲减退,消瘦,咳嗽,腹泻,关节肿胀。少数病例急性死亡,表现严重呼吸困难,心力衰竭。多数呈现慢性经过，体温稍高，腹式呼吸，咳嗽，腹泻，逐渐减食，有的病例口鼻流出泡沫样黏性渗出液，膝关节肿胀，有的跛行；鼻背、颌下、两耳、四肢内侧以及胸腹少毛处出现大片蓝紫色斑，通常在1～3天死亡。

【剖检】病死猪胸腔内有大量淡红色液体、纤维性渗出物及凝块；肺脏呈纤维素性胸膜肺炎，肺鼓胀，暗紫红色，表面覆有纤维素性渗出物，有的与胸壁粘连，支气管内充有黄白色或淡红色泡沫样渗出物；心包膜上有奶酪样坏死，并与心脏粘连；腹腔内有多量透明黄褐色漏出液，有的呈胶冻状凝块；全身淋巴结肿大，呈浆液性卡他性炎，暗红色。

【防治措施】

1. 治疗

可采用丁胺卡那霉素和磺胺间甲氧嘧啶肌内注射，连用4天。

2. 预防

消除诱因，加强饲养管理与环境消毒，减少各种应激，做好蓝耳病的预防免疫工作。在饲料中添加药物也可以很好地预防本病，一般可在产前1周、产后1周的母猪料、乳猪料、保育猪料中添加预防量药物，如阿米卡星、氨苄青霉素、磺胺间甲氧嘧啶等。疫苗预防可用灭活苗免疫母猪，初产猪产前40天首免，产前20天二免。经产猪产前30天免疫1次，首免后过15天再重复免疫注射1次。

第四节　野猪常见寄生虫病防治

一、胃肠道寄生虫病

常见的胃肠道寄生虫有下列几种：棘头虫、类圆虫、蛔虫，寄生于小肠；鞭虫，寄生于盲肠；结节虫、猪大肠线虫，寄生于大肠内；颚口线虫、猪螺咽胃虫、有齿螺蛔虫和六翼泡首线虫，寄生在胃中。

【症状】异嗜，食欲减退，常有呕吐，发育不良，被毛粗乱，消瘦拉稀，腹痛，有时粪中带血，可视黏膜淡白，严重者可因衰弱而死亡。

（一）蛔虫病

蛔虫病是猪蛔虫寄生在猪的小肠中引起的。对6月龄以内的猪危害最大。猪蛔虫体长而圆像蚯蚓，表皮光滑，头尾两端较细，但头端较尖，有口唇三片，唇上有细小的牙。雄虫长达12～25厘米，雌虫长20～40厘米。虫卵呈椭圆形，黄褐色或灰色，卵壳由四层膜构成，外面的一层厚而粗糙，凹凸不平，被胆汁染成黄色。

【治疗】丙硫苯咪唑，10～20毫克/千克体重，一次拌料服；左旋咪唑，5～10毫克/千克体重，一次拌料服；磷酸哌吡嗪，0.3克/千克体重，一次拌料服；伊维菌素或阿维菌素，0.3克/千克体重，一次皮下注射。

（二）类圆线虫病

这种线虫在养猪地区普遍存在，主要寄生在1月龄左右的仔猪，2月龄以后的仔猪逐渐减少。虫体较小，长3.5～4.5毫米。

【治疗】左旋咪唑，10毫克/千克体重，一次混入饲料中给予。龙胆紫，每头一次给予0.1～0.3克，有良好效果。

（三）棘头虫病

虫体呈灰白色，前端稍粗大，后端较细，有明显的环状皱纹，在头端的吻突上，有向后弯曲的钩。雄虫长7～15厘米，雌虫长30～68厘米。

【治疗】左旋咪唑，15毫克/千克体重，一次内服。

（四）鞭虫病

猪鞭虫虫体很明显地分成两部分，头部细而长，尾部粗而短，虫体外观很像鞭子。雄虫尾端呈大螺旋状蜷曲，体长40～50毫米。雌虫尾直，末端呈圆形，体长40～50毫米。

【治疗】敌百虫和丙硫苯咪唑均有效。

（五）结节虫及猪大肠线虫

有齿结节虫为小型白色或灰棕色不透明的线状蠕虫。雄虫体长8～9毫米，猪大肠线虫，雄虫体长9～12毫米，雌长11～13.5毫米。

【治疗】左旋咪唑,硫化二苯胺,0.5%福尔马林500~1 000毫升深部灌肠,0.1%碘溶液1 000毫升深部灌肠,丙硫苯咪唑等均可选用。

(六)毛圆线虫病

猪毛圆线虫虫体细小,呈淡红色或鲜红色,头部略膨大,体有40~45条纵纹。雄虫长4~7毫米,雌虫长8~10毫米。

【治疗】二硫化碳驱除本虫有良好的效果,剂量每千克体重0.1~0.2毫升,胃管灌服。

(七)颚口线虫病

猪的颚口线虫病是由钢刺颚口线虫寄生在胃中所引起。钢刺颚口线虫是一种较粗大的圆术形线虫,全身有细刺,头部凸出呈球形,其后部与体部之间有一沟。虫体前部略粗,向尾部逐渐变细。雄虫长15~25毫米,雌虫长25~45毫米。

【治疗】丙硫苯咪唑,每千克体重10~20毫克,一次内服。

二、猪囊尾蚴病

【病原】猪囊尾蚴病是由人的有钩绦虫的幼虫(猪囊尾蚴)寄生在猪身体内引起的一种寄生虫病。猪囊尾蚴主要寄生于肌肉组织内,例如心肌、咬肌、颈肌、臀肌、臂肌、腰肌和其他肌肉内,有时也见于大脑,较少见于实质器官。

【病原】有钩绦虫寄生在人小肠中。成虫长1.5~6米,由800~900个节片组成,头呈球形,头上有吸盘与小钩。成熟节片脱落随粪便排出,被猪吞食后,六钩蚴逸出并钻入肠壁,经血流到达猪体各部组织中经8~10周发育为幼虫(囊尾蚴)。猪囊尾蚴为半透明的囊泡,内充满液体,囊壁上有一个白色米粒样头节。人吃了有囊尾蚴的未煮熟的猪肉,幼虫到十二指肠后,发育为成虫。

【症状】患猪通常不表现明显的临床症状,只有在屠宰以后做肉品检验时才能发现存在幼虫。当猪患广布性囊虫病(即严重感染时),表现为发育不良。运动、呼吸和吃食发生困难,血液循环发生障碍。

【治疗】该病目前还没有理想的治疗措施，可试用吡喹酮，30毫克/千克体重，一次内服，连用3天。

【预防】关键在于做到妥善的饲养管理，实行圈养圈喂，避免猪吃人粪，人粪必须经过发酵处理后才能作为肥料使用；加强兽医卫生检验工作，禁止出售病猪肉；对于患者（即身体内寄生有钩绦虫的病人）及时进行治疗。

三、疥癣

疥癣病是由猪疥螨虫在猪的皮肤里钻掘“隧道”而使皮肤发炎、发痒、被毛无光、脱落的一种慢性寄生虫病。轻者食欲减退，生长缓慢，严重的可引起消化紊乱，衰竭死亡。

【病原】猪疥螨虫是一种像蜘蛛样的小寄生虫，色灰白或带黄色，肉眼不易看到，用放大镜或低倍显微镜就可观察到虫体。

猪疥螨虫寄生于猪皮内，在表皮角质层内挖掘一条与皮肤表面平行而弯曲的隧道。每条虫在隧道有若干个通气孔，作为幼虫外出的孔道。成熟雌虫在隧道中产卵，卵经3～4天孵化为幼虫，经2～3天后变成稚虫，再经3～4天后变成成虫。

【症状】猪疥癣多发生于幼猪，成年猪也感染本病。患部皮肤发红表现剧烈的奇痒，经常在墙角、柱栅等粗糙处摩擦或以肢搔痒。数天后患部皮肤出现针尖大小的小结节，随后形成水疱或脓疱。当破溃后由渗出液淤结成痂皮，体毛脱落，皮肤粗糙肥厚或成皱褶。

【诊断】用凸刃刀蘸些植物油或煤油，在患部边缘轻轻地先将疥屑刮至出血为止。将后来刮下的湿润白色皮屑放在一块预先用油灯烟熏黑的玻璃上，再将玻璃在灯上微微加热，细心观察，可看到玻璃上有很小的灰白点在颤动，这就是活的疥螨虫在活动。将上法刮取的皮屑加适量的5%甘油水溶液，放在载玻片上，用低倍显微镜观察虫体。

【治疗】患部面积过大，在药物毒性较强的情况下，应进行患部划区治疗，隔2～3天轮治1次，以免药物中毒。由于虫卵一时难以杀灭，故应间隔数日，待卵发育为幼虫、稚虫后进行第二次治疗。治疗工作应选择天气晴朗时进行。

烟叶 1 份,水 20 份,混合煮 30 分。取液涂洗猪体。硫黄 30 克、雄黄 15 克、枯矾 45 克、花椒 24 克、蛇床子 24 克,共研为末,调油涂擦皮肤。

第五节　野猪常见普通病防治

一、白肌病

【病因】硒和维生素 E 缺乏。2 月龄仔猪和 4 ~5 月龄育肥猪死亡率 5% ~10% 。

【症状与病变】主要表现为运动机能障碍(爱卧、起立困难、爬行、四肢麻痹)、心力衰竭(心跳加快、呼吸不匀、频数)、精神沉郁、哺乳减少或停止;猪全身皮下水肿,以颈部、下腹及股骨侧显著,颈部水肿最突出。

死亡后发现骨骼和心肌营养不良、变性、坏死、颜色变淡、苍白,似煮肉样,变化是对称性的,四肢及背部,臀部多见。肌肉含水量多称为“水猪肉”;心肌白色条纹和桑色斑点出血;肝脏表面凹凸不平,大小不等坏死灶。

【防治措施】注射 0.1% 亚硒酸钠生理盐水液。维生素 E 制剂或硒 - 维生素 E 制剂,即在母野猪产前 30 天开始,间隔 6 ~7 天喂服 1 次亚晒酸钠维生素 E(粉剂)。即将该药 20 克均匀拌入 10 ~20 千克饲料内投喂;或在母野猪临产前的 20 天、3 天各注射 1 次亚硒酸钠维生素 E 注射液 3 毫升,在饲料中加入 20% 的青饲料。

二、便秘

【病因】长期饲喂粉碎不好的粗硬饲料,饮水不足,饲料中混有泥沙,饥饱不均,长期缺乏青饲料,运动不足等都可引起便秘。

【症状】病初食欲减退,腹部膨大,常做排粪姿势,但排粪迟滞。口渴喜饮水,病猪表现轻度不安,用手按压腹部有痛感。继而停食,无精神,结膜充血。瘦猪可摸到大肠中充实干涸的粪块。常努责而排粪困难，间或排出少量干硬粪块。

【治疗】温肥皂水灌肠，可促其排粪。菜油 50～200 毫升，或石蜡 50～250 毫升，陈皮酊 20 毫升，鱼石脂 5 克，加温水 500～1 500 毫升，一次灌服。此法对体弱、病程较长及怀孕母猪均有较好效果。硫酸钠或硫酸镁 25～80 克，加温水 1 000 毫升，一次灌服，对病初健壮的猪效果好。大黄末 50～80 克，果导（酚酞片）4～8 片，加水一次灌服。人工盐 40～80 克，甘草流浸膏 40～60 毫升，陈皮酊 20 毫升，土霉素 0.5 克 ×4 片，加水一次灌服。麻仁 60 克，滑石、大黄、元明粉各 15 克，枳实 9 克，煎水去渣，一次灌服。

三、食盐中毒

【病因】长期喂给酱菜加工废弃物、腌菜水或者人为地在饲料中加入超过规定量的食盐等，都会引起中毒。

【症状】口渴，粪便干燥，结膜充血，口流白沫，体温正常，少数病例体温可达 41℃以上。大部分病猪出现神经症状，如阵发性或持续性的无目的地徘徊或转圈，步态不稳，眼球震颤，严重时瞳孔变大，呼吸困难，侧卧，麻痹，全身肌肉震颤和痉挛，四肢呈游泳状等，如果不及时治疗，数天内可死亡。

【治疗】由于食盐在猪体内的毒性作用主要是来自氯化钠中的钠离子，食盐中毒时血液中钙离子和钠离子平衡失调，故应该调整钙离子和钠离子的浓度，同时以镇静、解痉为治疗原则。下述注射和灌服药物剂量均按猪体重约 60 千克计算：

10% 葡萄糖酸钙 50～60 毫升，加入 10% 葡萄糖中静脉注射。每天 2 次。也可用 10% 氯化钙 10～30 毫升，加入葡萄糖液中静脉注射。

镇静解痉，可肌内注射氯丙嗪、苯巴比妥钠、安定等药；或肌内注射 40% 硫酸镁液 10 毫升。

必要时可静脉输入葡萄糖液，但不能输入氯化钠溶液。

【预防】要掌握好食盐的用量，一般每头每天喂盐量应控制为：大猪 15 克，架子猪 8～10 克，仔猪 3～5 克。

利用酱油渣、酱渣、咸菜水等含食盐量多的物质做饲料时，应该与其他饲料混掺后喂猪。

四、产后败血症

【病因】母猪产后，由于链球菌、葡萄球菌、大肠杆菌或传染性流产杆菌等，从产道或子宫壁黏膜的损伤部位侵入体内，随血液和淋巴系统蔓延到全身，引起败血症。

【症状】有重剧的全身症状，有腹膜炎的症状，常从阴门中流出少量带有恶臭的褐色排泄物，阴道肿胀，呈污褐色。

【治疗】

首先应排除聚集在子宫内的腐败物，可皮下或肌内注射脑垂体后叶素 10～20 国际单位，也可肌内注射乙烯雌酚 3～10 毫克，使子宫收缩以促进其排出。发现阴道有创伤时，涂以抗生素软膏或磺胺类软膏。禁止以冲洗的方法排出子宫内的有害物质。

应用抗生素药物或磺胺脒药物以抑制病原菌的繁殖和消灭侵入血液中的病原菌。青霉素、链霉素、土霉素、红霉素均可采用，磺胺嘧啶、磺胺二甲基嘧啶等也可使用。

心脏衰弱时可用安钠加、洋地黄等强心药。有脱水现象时选用糖盐水、任氏液。适当补给钙剂和乌洛托品、维生素制剂等。

五、母猪无乳症

【病因】母猪怀孕期和哺乳期饲料缺乏或饲料营养价值不全，母猪患有慢性消耗性疾病，内分泌机能失调，过早交配，发育不全，或是年龄过大，生理机能减退，乳腺闭锁不通，乳腺炎等，均可造成缺奶或无奶。

【症状】乳房皮肤松弛，乳腺不发达，挤不出奶或奶量逐渐减少。仔猪哺乳次数增加但吃不饱，经常追赶母猪吮乳，致使乳头破损，甚至溃烂。母猪拒绝哺乳，仔猪因饥饿而嘶叫。母猪无奶时常可引起全窝仔猪死掉。

【治疗】

加强饲养管理，及时治疗原发病。每天用热毛巾敷乳房数次，并适当按摩。下列中药方可选用：

方一：蒲公英120克、地丁草120克、鲜芦根180克、忍冬藤120克，煎服，连用2剂，适于虚弱无奶的母猪。

方二：王不留行36克、天花粉36克、漏芦24克、僵蚕18克、猪蹄2个，水煮半小时，加入中药再煮半小时，滤出，加黄酒50～100毫升，分2次灌服。

方三：王不留行24克、通草、白术各9克、白芍、党参、黄芪、当归各12克，研服或煎服。

方四：当归60克、木通30克、鲜柳树皮20克，煎水，加蒸熟的小米混合喂给。

六、霉变饲料中毒

【病因】进食发霉饲料、霉菌及其毒素是导致畜禽大量发病和死亡的原因，其中主要是黄曲霉毒素，以雏鸭最敏感，其次为猪。

【症状与病变】主要表现为肝脏变化，同时破坏血管的通透性，毒害神经中枢，故中毒的野猪表现出出血性，水肿和神经症状。病猪口渴，便血，皮肤充血出血；随后出现抽搐，黄疸，兴奋，角弓反张和共济失调等症状。病变主要表现在肝肿大，坏死，颜色发黄；全身皮下、肌肉均可见出血点、出血斑；肾弥漫性出血，胸腔积液，胃肠道见出血块。

【防治措施】防霉去毒（干燥处理）；停喂发霉饲料，换以优质饲料；采用催吐，洗胃，服缓泻剂；对症疗法：镇静，防止水盐电解质失衡。

七、难产

分娩是母猪的一种生理过程，这一过程能否正常进行，将取决于产力、产道和胎儿3个因素。正常情况下，三者总是相互协调的，从而使分娩能顺利地进行。如果其中任何一种因素发生异常，不能将胎儿顺利排出，就会使胎儿的产出过程延迟或受阻，造成难产。根据造成难产的原因将难产分为产力性难产、产道性难产和胎儿性难产。

（一）难产检查

病史调查：了解母畜是初产还是经产，怀孕是否足月或超过预产期；了解分娩开始的时间，努责的强度及频率，胎水是否流出；分娩前是否患过阴道脓肿、阴门裂伤以及骨盆骨折等。另外，要认真观察母猪全身状况。

（二）助产

野猪由于体型的原因，如果发生难产只能进行剖宫产。

1. 术前准备

根据手术部位确定患猪右侧卧保定，手术部位选在左侧腹壁即髋结节下方肷部三角区中央，向由后上方向前下方进行斜切。

术部剪毛消毒，剪毛和剃毛，并用温肥皂水洗净，擦干后用3%碘酒进行2～3次局部消毒。

麻醉，左侧腰旁神经（第二、第三腰椎横突末端后下缘）各注射2%盐酸普鲁卡因注射液5毫升作传导麻醉，术部用0.5%普鲁卡因浸润麻醉，并用创巾固定术部。

2. 手术

（1）切开腔壁　在手术部位切开皮肤15～20厘米，钝性剥离皮下结缔组织和肌肉，为防止肠道脱出，将消毒过的纱布块堵压术部两侧。

（2）拉出子宫　术者手消毒后伸入腹腔，确定孕角，隔着子宫壁握住胎儿缓慢拉向切口，使之突出于创口外6～7厘米，用大纱巾块将子宫与腹腔隔离，防止切开子宫时胎水和异物流入腹腔。

（3）取出胎儿　先沿左子宫角中部大弯切开子宫15厘米左右，助手固定子宫切口两侧，术者从子宫处压迫胎儿接近切口，撕破胎膜，拉出胎儿断脐，交助手处理。同法取出其他胎猪。

（4）缝合　用温生理盐水洗净子宫壁及切口，向子宫内注入青霉素320万国际单位，然后缝合。先用肠线以全层连续缝合法封闭子宫切口，再行浆膜及肌层连续内翻缝合，用0.1%高锰酸钾液洗净子宫壁，将子宫还纳于腹腔原位，分两层结节缝合腹壁肌肉及皮肤。

(5)术后护理　术后每天在切口处涂碘酒消毒,同时注射抗生素以防止创口感染,并给予易消化的营养饲料,术后7天拆除皮肤缝线。

八、脓肿

野猪由于外伤或未消毒注射而引起局部感染而出现脓肿。

【症状】初期局部肿胀,凸出于皮肤表面,与周围组织无明显的界限。触诊时局部温度增高,坚实,疼痛剧烈。脓肿成熟以后,界限明显,有红、肿、热、痛等典型症状,压之剧痛,有波动感。后来中央逐渐软化,皮肤变薄,破溃,排出脓汁,但常因皮肤溃口过小,脓汁不易排净。

【防治措施】随时检查,发现外伤立即消毒;注射时做好消毒工作;搞好环境卫生,减少感染机会;发现脓肿可涂鱼石脂软膏,以促进脓肿吸收或成熟;成熟的脓肿要切开排脓,并彻底消毒。

第九章　野猪产品加工

早期的野猪生活在高山密林中，以植物的根叶、松籽、橡籽、野果等为主要食物。其肉有大补功效，肉质独特，口感极佳。现在饲养的野猪，人们都根据野猪的习性会喂一些生食，其次配些家猪的饲料，这样野猪的食料既不像家猪那样的单一，又添加了更多的营养，所以生产的野猪肉具有脂肪含量低、瘦肉率高、肉质脆嫩鲜美等特点，同时含有丰富的动物蛋白和不饱和脂肪酸，特别是亚油酸含量极高。其营养价值可以称之为“三高一低”，即蛋白质、氨基酸、亚油酸含量高，脂肪含量低。

第一节　野猪肉的营养价值与保健作用

一、野猪肉的营养价值

野猪肉具有很高的营养价值和很好的保健作用，肉香味浓厚，野味特色明显，营养丰富，脂肪含量低。野猪肉的脂肪只有家猪的50%，粗蛋白含量比家猪高20%。亚油酸含量要比家猪的高出2.5倍。亚油酸被科学界认为唯一的人体最重要和必需的脂肪酸，而这种脂肪酸人体自身是不能合成的，必须通过日常饮食从食物中获取，它对人体的生长发育有着极为重要的意义。亚油酸能促进脂溶性维生素的吸收，与胆固醇结合，能促进胆固醇的降解，从而维持血脂代谢平衡，防止胆固醇在血管壁沉积。同时，亚油酸具有抗凝、抗血栓、抗组织细胞氧化的作用。因此亚油酸含量较高的野猪肉，不仅是野味佳肴，同样具有相当的食疗和保健价值。在野味当中，野猪肉性较平和，适宜温补，经常食野猪肉能降低血脂，防治动脉硬化和滋润肌肤，适合当今人们对天然保健食品的消费时尚。

野猪是保健的最佳食材，是营养滋补的保健品，具有经济产品、保健、野味三大优势，据明朝李时珍在《本草纲目》记载，野猪产品的对人体的滋补和药疗作用主要表现为：野猪肉主治癫痫、补养肌肤、益五脏、补虚劳，经常食用也可起到美容的效果；野猪脂可使妇人多乳，服后脸色怡人，消除风肿毒，而野猪蹄更是妇女肌肤和缺乳汁的最佳食疗食品，并能降低和预防动脉硬化症；野猪胆可治恶热毒气、癫痫，小儿各种疳积；野猪皮主治恶疮，消除人的高度疲劳和小儿发育不良；野猪肝有补肝明目养血的功效；野猪肚即猪胃，性微温、味甘，有中止胃炎、健胃补虚的功效。

毛硬皮厚的野猪食性杂，竹笋、草药、鸟蛋、蘑菇、野兔、山鼠、毒蛇、蜈蚣，只要能吃的东西都要下肚。虽然现在科学家对野猪是否具有毒素免疫力还没有一致的定论，但从野猪没有因为吃有毒食物而死亡的情形看，野猪的胃可以说百毒不侵。据说，野猪在吞食毒蛇后，毒蛇的毒牙将咬住野猪肚内壁，而在长期各种中草药浸泡下的野猪肚，自有一套疗毒愈合伤口的高招，会在伤口基底生出肉芽组织，进而形成纤维组织和瘢痕组织在胃表面胃黏膜上留下一个“疗”，“疗”越多，药用价值就相对越高。而且现代医学实验也表明野猪肚含有大量人体必需的氨基酸、维生素和微量元素，可助消化，促进新陈代谢，对胃出血、胃溃疡、胃炎、肠溃疡有一定的药理疗效。

野猪肉含有 17 种氨基酸、亚油酸 C18－2 含量很高，长期食用野猪肉具有降低血脂，有利于动脉硬化所指的冠心病和心脑血管硬化性疾病的防治，亚油酸进入人体后可以转化成为二十碳五烯酸（EPA）、二十二碳六烯酸（DHA），EPA 被誉为“血管清道夫”，能清除血管中的脂类垃圾，调节血脂、降低血液黏稠度，预防心脑血管疾病及动脉硬化。DHA 被誉为“护脑专家”，能营养脑神经细胞促进生长发育，增强记忆力，缓解视力疲劳和衰退，促进前列腺素的分泌，预防老年痴呆。因此，野猪肉的营养价值较高。

二、野猪肉与家猪肉营养成分的比较

（一）野猪肉与家猪肉常规营养成分的比较

野猪肉的蛋白质、维生素 A、维生素 E 含量分别为 242 毫克/克、0.2 毫克/克、0.122 毫克 /克，显著高于家猪肉（表 9－1）；野猪肉中磷、铜、铁、锌的含量分别为 5.40 毫克/克、13.60 毫克/克、27.40 毫克/克、30.90 毫克/克，显著高于家猪肉（磷 <0.05 毫克/克），钙的含量野猪肉为 5.01 毫克 /克，家猪肉为 5.00 毫克/克，两者相比差异不显著（磷 >0.05 毫克/克）。野猪肉中所含蛋白质含量显著高于家猪肉（磷 <0.05 毫克/克）。蛋白质作为人的生命活动过程中所必需的营养物质，主要参与构成和修补人体的组织，维持和增强人的免疫力以及提供人体所需要的能量，并且研究表明，人体所摄取的蛋白质主要来自于猪肉、鸡蛋，故蛋白质在猪肉中的含量越高其营养价值就越高。

表 9－1　野猪肉与家猪肉营养成分的比较

营养成分	野猪肉中的含量(毫克/千克)	家猪肉中的含量(毫克/千克)
蛋白质	(242 ± 2 012[a])毫克/克	(132 ± 8.53)毫克/克
维生素 A	0.02	0.001 6
维生素 E	0.122	0.009 5
钙	5.01 ± 0.072	5.00 ± 0.38
磷	5.40 ± 1.38[a]	1.30 ± 0.08
铜	13.60 ± 1.20[a]	8.40 ± 0.95
铁	27.40 ± 0.96[a]	10.00 ± 1.20
锌	30.90 ± 1.50[a]	8.4 ± 1.02
硒	(141 ± 3.01)微克/千克	(106 ± 3.30)微克/千克

注:带 a 为显著差异($P < 0.05$)。

野猪肉中的维生素 A、维生素 E 的含量显著高于家猪肉。研究表明,维生素 A 在促进皮肤组织生成、分化和增强视力方面起重要作用。维生素 E 可防止动脉硬化、人体衰老等有关的过氧化脂的生成,促进末梢血液循环,有改善循环作用。两种维生素在人体生命活动中必不可少,含量高的猪肉能增加人体的摄取量。因此野猪肉的营养价值更优于家猪肉。

野猪肉中的矿物质元素主要有钙、磷、铜、铁、锌,其中除了钙的含量在野猪肉中与家猪肉中差异不显著,其他几种元素均差异显著。研究表明,钙、铁、锌能调节器官细胞功能,催化人体生化反应。钙、铁、锌的缺乏会影响到其他营养成分如蛋白质、糖类等的吸收,带来整体营养不良的后果,这 3 种矿物质野猪比家猪高,而且总的矿物质野猪高于家猪,故野猪肉的营养价值更高。

(二)野猪肉与家猪肉氨基酸的比较

从表 9－2 可知,野猪肉中所含的 17 种氨基酸除了异亮氨酸与家猪肉相比差异不显著(磷 >0. 05 毫克/克) 其余 16 种氨基酸差异显著(磷 <0.05 毫克/克),其中必需氨基酸亮氨酸、赖氨酸、蛋氨酸、

苯丙氨酸、苏氨酸、缬氨酸、组氨酸在野猪肉中的含量均高于家猪肉中的含量且差异显著，必需氨基酸的总和，家猪肉为6.98%，野猪为10.40%。野猪肉中含有7种必需氨基酸，分别是：异亮氨酸、亮氨酸、赖氨酸、蛋氨酸、苯丙氨酸、苏氨酸、缬氨酸、组氨酸，其中组氨酸是儿童所必需的氨基酸。研究表明，食物蛋白质营养价值的高低是由食物所含有人类必需氨基酸的多少和有无决定的，蛋白质如果缺少某种必需氨基酸或必需氨基酸含量低，则其他氨基酸就不能被充分利用，从而降低了蛋白质的消化率，而且肌肉中某些氨基酸（如谷氨酸、丙氨酸、天冬氨酸等）为鲜味氨基酸，这些氨基酸的含量决定了肌肉的鲜美程度，谷氨酸具有形成肉味鲜美和缓冲碱、酸等不良味道的特殊作用，组氨酸对婴儿特别重要。

表9-2　野猪肉与家猪肉氨基酸的比较

氨基酸	野猪肉中含量（%）	家猪肉中含量（%）
异亮氨酸[a]	0.80 ±0.09	0.78 ±0.05
亮氨酸[a]	2.92 ±0.12[b]	1.33 ±0.08
赖氨酸[a]	0.92 ±0.13[b]	1.44 ±0.02
蛋氨酸[a]	0.56 ±0.07[b]	0.46 ±0.01
胱氨酸	0.15 ±0.05[b]	0.20 ±0.03
苯丙氨酸[a]	1.14 ±0.17[b]	0.68 ±0.32
酪氨酸	0.91 ±0.04[b]	0.59 ±0.28
苏氨酸[a]	0.92 ±0.12[b]	0.69 ±0.11
缬氨酸[a]	1.02 ±0.21[b]	0.86 ±0.31
精氨酸	1.34 ±0.52[b]	0.85 ±0.11
组氨酸[a]	2.12 ±0.35[b]	0.74 ±0.41
丙氨酸	1.97 ±0.25[b]	0.86 ±0.13
天冬氨酸	0.98 ±0.12[b]	1.52 ±0.08
谷氨酸	3.64 ±0.50[b]	2.54 ±0.12

续表

氨基酸	野猪肉中含量(%)	家猪肉中含量(%)
甘氨酸	1.72 ± 0.23^{b}	0.72 ± 0.18
脯氨酸	0.15 ± 0.05^{b}	0.62 ± 0.02
丝氨酸	1.49 ± 0.15^{b}	0.56 ± 0.12
氨基酸总含量	23.79	14.75
必需氨基酸总含量	10.40	6.98

注:a 表示必需氨基酸,b 表示差异显著(磷 <0.05 毫克/克)。

通过对野猪肉与家猪肉所含的成分的对比与分析可得,野猪肉的营养价值较高,因野猪多是野外放养,肉中药残留和兽药残留很少或检不出,绿色、营养、安全,市场前景非常广阔。

第二节　野猪肉的加工烹调技术

一、腌腊野猪肉制品的加工

(一)腊野猪肉

腊肉是指用较少的食盐配以其他风味辅料腌制后,再经长期风干、发酵或经烘烤、日晒、熏制等工艺加工而成的一类耐储藏并具特殊风味的肉制品。优质腊肉制品色泽金黄、香味浓郁、味鲜甜美、肉质细嫩、肥瘦适中,食后回味无穷。

我国 2005 年颁布的《腌腊肉制品卫生标准》新增加了过氧化值、酸价等 6 项卫生标准。以前腊味标准对过氧化值没有要求,对食品的卫生检测也不会抽检过氧化值,但新标准中要求过氧化值不得超过 0.5 毫克/100 克腊肉制品;酸价指标用来衡量肉制品的酸败程度,以前腊味标准里有这一项要求,但新标准要求更为严格,即规定每 100 克腊肉制品中含量不得超过 4.0 毫克。

1. 工艺流程

原料选择→剔骨、切肉条→配料→腌制→烘烤→包装→成品。

2. 质量控制

(1)原料选择　选择新鲜野猪肉,符合卫生标准。以皮薄肉嫩,肥膘在1.5厘米左右的猪肋条为上乘。

(2)剔骨、切肉条　将猪肋肉切成长35~40厘米，宽3~4厘米，每条重180~200克的薄肉条，并在肉的上端用尖刀穿一小孔，系15厘米长的麻绳，浸泡在30℃左右的清水中漂洗1~2分，除去浮油、污物，取出沥干。

(3)配料　去骨肋条肉100千克，白糖3.75千克，硝酸钠0.05千克，盐1.88千克，大曲酒(60℃)1.56千克，白酱油6.25千克，麻油(滴珠油)1.5千克 。

(4)腌制　腌制8~12小时，滚揉有助于腌制的速度和质量，腌制结束后取出挂杆。

(5)烘烤　烘房温度升温到50~60℃后，将腌制好的肉悬挂在烘房烘烤36小时左右，送入干燥通风的晾挂室中晾挂冷却，降到室温即可。

(6)包装　真空包装腊肉保质期可达6个月以上。

3. 质量标准

(1)感官要求(GB 2730—2005)　无黏液、无霉点、无异味、无酸败味。

(2)理化指标(GB 2730—2005)　理化指标应符合表9-3的规定。

表9-3　腌腊肉制品理化指标(GB 2730—2005)

项目	指标		
过氧化值(以脂肪计)/(克/100克)	火腿	≤	0.25
	腊肉、咸肉、灌肠制品	≤	0.50
	非烟熏、烟熏板鸭	≤	2.50
酸价(以脂肪计)(氢氧化钾)/(毫克/克)	灌肠制品、腊肉、咸肉	≤	4.0
	非烟熏、烟熏板鸭	≤	1.6
三甲胺/(毫克/100克)	火腿	≤	2.5
苯并芘(a)/(微克/千克)		≤	5

续表

项目		指标
铅(Pb)/(毫克/千克)	≤	0.2
无机砷/(毫克/千克)	≤	0.05
镉(Cd)/(毫克/千克)	≤	0.1
总汞(以 Hg 计)/(毫克/千克)	≤	0.05
亚硝酸盐残留量		按 GB 2760 的规定执行
a 仅使用于经烟熏的腌腊肉		

(二)中式火腿

中式火腿以金华火腿为代表,是我国著名的传统特产,早在 1 200多年前金华火腿已享有盛名。元朝(1271～1368 年)已经传到欧洲,即使今天,意大利的火腿仍保持着中国火腿的式样。到清朝,火腿已大量出口,远销马来西亚、英国等地。

中式火腿分为3 种:南腿以金华火腿为正宗,北腿以苏北如皋火腿为正宗,云腿以云南宣威火腿为正宗。南腿、北腿的划分以长江为界。以下以金华火腿为例介绍中式火腿。

金华火腿脂香浓郁,皮色黄亮,肉色似火,红艳夺人,咸度适中,组织致密,鲜香扑鼻,以色、香、味、形"四绝"为消费者所称誉。野猪肉也可以加工成中式火腿。

1. 工艺流程

原料选择→修腿→排血与腌制→洗晒→整形→发酵→修整→成品。

2. 质量控制

(1)原料选择　符合卫生标准的野猪肉鲜腿为原料,以皮薄骨细,腿心(股骨部)饱满,膘厚适中,腿坯重 5.5～6.0 千克的后腿为好。

(2)修腿　数 2～3 腰椎间横劈断椎骨,使刀锋稍向前倾,垂直切断腰部,刮净细毛、黑皮、污垢等,削骨刀削平耻骨、修整坐骨、除去尾椎、斩去脊骨,尽可能使肌肉外露,去掉多余的脂肪,将腿边修成弧形，腿面平整。再用手挤出大动脉内的淤血，最后使腿坯修成柳叶形。

(3)腌制　根据不同气温，适当地控制时间、加盐数量、加盐方法。由于食盐溶解吸热一般要低于自然温度(4～5℃)，因此腌制火腿的最适宜温度应使腿温不低于0℃，室温不高于8℃。在正常气温条件下，金华火腿在腌制过程中共上盐并翻倒7次。总用盐量占鲜腿重的9%～10%，腌制时间30～40天。

第一次上盐俗称小盐。目的是排出肉中的水分、淤血。用盐量为1.9%。将腿坯肉面上均匀地撒上一薄层盐和稍许硝盐，然后肉面朝上反复重复堆叠，并在每层之间隔以竹条。第二次上盐俗称上大盐。用盐量为腿重的3.6%，在第一次上盐24小时后进行，腌制时间4～5天。第三次上盐一般为腿重的2.4%。腌制4～5天。第四次上盐称复四盐，用盐量少。根据三签处上盐溶化程度决定，如图9－1，如不够再适量补盐。第五、第六次复盐，两次上盐的间隔也是7天左右，重量较大的腿适当补盐。上盐部位更明显地收拢在三签头部位，露出更大的肉面。此时火腿大部分已腌透，火腿肌肉颜色由暗红色变成鲜红色，小腿部变得坚硬呈橘黄色。大腿坯可进行第七次上盐。在翻倒几次后，经30～35天即可结束腌制。

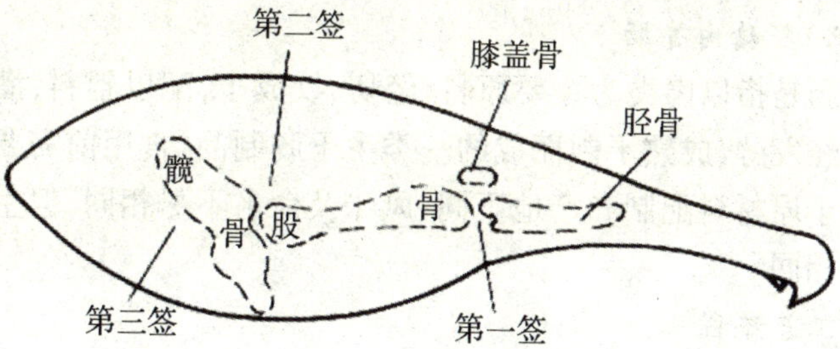

图9－1　火腿的三签部位

(4)洗晒和整形　好的火腿要经过浸泡、洗刷、挂晒、印商标、整形等过程。

1)浸泡和洗刷　可减少肉表面过多的盐分和污物，使火腿的含盐量适宜。在10℃水中浸泡10小时左右。浸泡后即进行洗刷，肉面的肌纤维由于洗刷而呈绒毛状，可防止晾晒时水分蒸发和内部盐分向外部的扩散，不致使火腿表面出现盐霜。

第二次浸泡控制水温在5～10℃，时间在4小时左右。如果火腿浸泡后肌肉颜色发暗，说明火腿含盐量小，浸泡时间需相应缩短。

2）晾晒和整形　洗刷后的火腿要进行吊挂晾晒。待皮面无水而微干后打印商标，再晾晒3～4小时即可开始整形。气温在10℃左右时，晾晒3～4天，在平均气温10～15℃条件下，晾晒80小时后减重26%是最好的晾晒程度。此时火腿形固定，火腿皮呈黄色或淡黄色，皮下脂肪洁白，肌肉呈紫红色，火腿面各处平整，内外坚实，表面油润。

（5）发酵　将火腿储藏一定时间，使其发生变化，形成火腿特有的颜色和芳香气味。将晾晒好的火腿吊挂发酵2～3个月，直到肉面上逐渐长出霉菌菌丝体时（这时火腿的正常发酵）即完成发酵。如菌丝生长较少，则表示时间不够。发酵过程中，这些霉菌分泌的酶，使火腿中蛋白质、脂肪发生分解作用，从而使火腿逐渐产生香味和鲜味。

（6）修整　在发酵过程中由于水分继续蒸发，火腿部肌肉干燥而收缩，火腿骨外露。为使火腿外形美观，仍需要进一步修整，达到火腿正直，两旁对称均匀，火腿身成竹叶形的要求。

（三）野猪肉香肠

香肠是指以肉类为主要原料，经切、绞成丁，配以辅料，灌入动物肠衣经发酵、成熟干制而成的一类生干肠制品，食用前需要熟加工。由于原材料配制和产地不同，风味及命名不尽相同，但生产方法大致相同。

1. 工艺流程

原料肉修整→切丁→拌馅、腌制→灌装→晾晒→烘烤→成品。

2. 质量控制

（1）原料选择与修整　原料肉以野猪肉为主，最好是不经过排酸鲜冻成熟的野猪肉。瘦肉以腿臀肉为最好，肥膘以背部硬膘为好，腿膘次之。瘦肉用绞肉机以0.4～1.0厘米的筛板绞碎，肥肉切成0.6～1.0厘米^3。肥肉丁切好后用温水清洗1次，以除去浮油及杂质，捞入筛内，沥干水分待用，肥瘦肉要分别存放。肠衣选择：根据香肠品种要求选择猪、羊小肠肠衣或其他天然肠衣。

（2）配料　各地有所不同，介绍几种如下：

广式香肠配料标准（单位：千克）：瘦肉70，肥肉30，食盐2.2，砂糖7.6，白酒（50°）2.5，白酱油5，硝酸钠0.05。

哈尔滨香肠配料标准（单位：千克）：瘦肉75，肥肉25，食盐2.5，酱油1.5，白糖1.5，白酒0.5，硝石0.1，苏砂0.018，大茴香0.01，豆蔻0.017，小茴香0.01，桂皮粉0.018，白芷0.018，丁香0.01。

川式香肠配料标准（单位：千克）：瘦肉80，肥肉20，精盐3.0，白糖1.0，酱油3.0，曲酒1.0，硝酸钠0.005，花椒0.1，混合香料0.15（大茴香、山柰1份，桂皮3份，甘草2份，荜茇3份混合）。

（3）拌馅与灌装　和辅料混合均匀，腌制2～4小时，灌入肠衣后用排气针扎刺湿肠，排出内部空气。每隔10～20厘米打结后清水漂洗以便晾晒、烘烤。

（4）晾晒和烘烤　日光下暴晒2～3天，或45～49℃烘烤3～4天，再晾挂到通风良好的场所风干10～15天即为成品。

二、高温杀菌火腿肠

高温杀菌火腿肠的生产技术是由日本传入我国，很快在市场上占有一席之地，其主要原因是这类火腿肠既有一般西式火腿的鲜嫩可口、食用方便的特点，又有在常温下能保藏、保鲜、携带方便的特点。

（一）工艺流程

原料肉处理→腌制→斩拌→充填→杀菌→冷却。

（二）质量控制

1.原料肉的处理

原料处理过程中环境温度不应超过10℃。野猪肉经剥皮、剔骨、去脂肪后，还要去除筋腱、肌膜等结缔组织。采用湿腌法腌制时，需将肉块切成边长为2～3厘米（20～50克）的方块。可加10%～30%的猪脂肪。

2. 真空斩拌

腌制好的原料肉在真空斩拌机中进行斩拌、乳化。同时加入香辛料、淀粉等其他辅料，并加入一定量的冰屑。

3. 灌装结扎

灌装结扎是通过灌装结扎机把斩拌好的肉馅充填于PVDC薄膜袋内。可以灌装25克、50克、75克、100克、150克、200克等多种规格的产品。在生产时要特别注意焊缝是否偏移、焊接强度是否牢靠、结扎是否严密。另外，还须注意灌装生产量与杀菌锅容量配套，防止中间堆放过久影响成品质量。

4. 高温杀菌

目前大多采用高压蒸汽灭菌法。杀菌锅加热罐温度控制在80～90℃，灭菌锅内温度121℃，杀菌时间20～30分。在反压冷却时要注意温度及压力变化，以防包装袋破裂。

5. 干燥、储藏

高压灭菌后移入周转箱，在干燥间用鼓风机尽快使肠体表面水分干燥，以防两端结扎处因残存水分引起杂菌污染，出现霉变。同时检出弯曲、变形或破裂的不合格产品。干燥后要及时粘贴商标，装入成品箱，储藏在15～20℃的成品库中。

三、酱卤野猪肉制品

酱卤肉制品是我国传统的一大类肉制品，是畜禽肉及可食副产品加调味料和香辛料，以卤水(老卤+新卤)为加热介质煮制而成的肉制品。酱卤制品几乎在全国各地都有生产，但由于各地的消费习惯和煮制过程中所用的配料、操作技术不同形成许多品种，有的成为当地名产或特产。如苏州的酱汁肉、北京月盛斋的酱牛肉等。下面以常温下可以长期保藏的五香野猪肉的加工为例说明酱卤野猪肉制品的加工。

(一)工艺流程

野猪肉选择→解冻→拔毛喷毛→腌制→焯水→清汤→配料卤煮→出锅冷却→修削整理→计量装袋→真空封口→摆盘杀菌→保

温观察→装外包袋→装箱入库。

（二）操作要点

1. 解冻

将冻野猪肉放入解冻池，流水解冻 10～14 小时。

2. 拔毛、喷毛

捞出解冻的野猪肉，先拔净长毛，用喷灯燎净绒毛，然后在水中浸泡，用硬毛刷刷净表面灰点，用弯刀刮净污物，清洗干净。

3. 切块腌制

将野猪肉按要求切成 0.5 千克重的肉块。按配方配制腌制液，将野猪肉浸入腌制液中 2～4℃湿腌 12～24 小时，再浸入 5～10℃的流水中浸泡 1～2 小时。

4. 焯水

将干净野猪肉放入开水中浸烫 8～10 分，撇净浮沫，捞出。

5. 清汤

野猪肉老汤加水烧开，捞去表面杂质，撇净浮沫。

6. 配料、卤煮

按配方加入食盐、蔗糖、酱油、味精、胡萝卜、生姜、洋葱和调料包等辅料，烧开，将野猪肉下锅，大火煮开后，撇净表面浮沫，微火煮制 3.0～4.5 小时至熟。煮制过程中撇除浮油，每隔 0.5～1 小时翻搅 1 次。

7. 出锅、冷却

出锅前烧沸卤汁，小心捞出野猪肉，放入斗车中，推入内包间，摆在操作案上，晾凉。需要时可以进行烟熏处理。

8. 修削整理

修削掉不宜食用的部分。小块瘦肉与大块肉合理搭配，拔掉猪皮上的残余野猪毛，刮净。

9. 计量装袋

修好的野猪肉经质检员检验合格后，装入杀菌袋内。注意袋口不得沾染汤汁、油污，否则影响封口质量。

10. 真空封口

把装好的袋子平直放在封口机真空室内,0.095 兆帕,210℃,真空封口。封口一定要严密、平直,不能漏气、打折,若漏气、歪斜或存在直通折子,必须重封。

11. 摆盘杀菌

将包装袋放入杀菌车的杀菌盘内,推入灭菌罐,关紧锅门,关掉排气阀,依次打开排水阀和蒸汽阀,排气 2 分,关掉排水阀,按 121℃ 灭菌 30~60 分,做好记录。杀菌结束后,关掉蒸汽阀,打开空压阀升压到一定程度,慢慢打开进水阀,保压下使压力和温度同步下降至 60℃,排水后打开锅门,冷却至 38℃,再推入观察室。注意及时增加反压,避免物理性胀袋。

12. 保温观察

把杀菌好的野猪肉推入恒温观察间,挑出胀袋、破袋的送回内包二次利用,合格的放入筐内,每筐 30~40 袋,做好标记上架,37℃ 观察 7 天,每天 1 次,挑出胀破袋。

13. 套外包装袋

保温观察合格的产品,擦净表面污物、水珠,装入干净外包装袋,封口温度 180℃,速度调到最大,封口、打码。

14. 装箱、入库

每层 6~8 袋,三层整齐放入野猪肉专用包装箱或礼品箱,放入合格证、封箱、打码、入库。

四、野猪肉干的加工

肉干类制品是指瘦肉经预煮、切丁(条、片)、调味、浸煮、收汤、干燥等工艺制成的干熟肉制品。

(一)工艺流程

原料肉→初煮→切坯→煮制汤料→复煮→收汁→脱水→冷却、包装。

(二)质量控制

1. 原料预处理

野猪肉干的加工一般选用新鲜的野猪前后腿瘦肉为佳。将野猪肉剔去皮、骨、筋腱、脂肪及肌膜后顺着肌纤维切成1千克左右的肉块，用清水浸泡1小时左右除去血水、污物沥干后备用。

2. 初煮

初煮的目的是通过煮制进一步挤出血水，并使肉块变硬以便切坯。初煮时以水盖过肉面为原则，一般不加任何辅料，但有时为了去除异味可加1% ~2%的鲜姜。初煮时水温保持在90℃以上，并及时撇去汤面污物。初煮时间随肉的嫩度及肉块大小而异，以切面呈粉红色、无血水为宜。通常初煮1小时左右。肉块捞出后，汤汁过滤待用。

3. 切坯

肉块冷却后，可根据工艺要求在切坯机中切成小片、条、丁等形状。不论什么形状，要大小均匀一致。

4. 复煮、收汁

复煮是将切好的肉坯放在调味汤中煮制，其目的是进一步熟化和入味。复煮汤料配制时，取肉坯重20% ~40%的过滤初煮汤，将配方中不溶解的辅料装袋入锅，煮沸后加入其他辅料及肉坯，用大火煮制30分左右后，随着剩余汤料的减少应减小火力，以防焦锅。用小火煨1 ~2小时，待卤汁基本收干即可起锅。

复煮汤料配制时，盐的用量各地相差无几，但糖和各种香辛料的用量变化较大，以适合消费者的口味为原则。以下是几中常见肉干配方：

(1)麻辣肉干配方(单位：千克)　猪肉100、食盐3.5、酱油4.0、老姜0.5、混合香料0.2、白糖2.0、酒0.5、胡椒粉0.2、味精0.1、海椒粉1.5、花椒粉0.8、菜油5.0。

(2)五香肉干配方(单位：千克)　猪肉100、食盐2.85、白糖4.50、酱油4.75、黄酒0.75、花椒0.15、八角0.20、茴香0.15、丁香0.05、桂皮0.30、陈皮0.75、甘草0.10、姜0.50。

5. 脱水

肉干常规的脱水方法有3种：

(1)烘烤法　汁后的肉坯铺在竹筛或铁丝网上，放置于三用炉或远红外烘箱烘烤。烘烤温度前期可控制在80～90℃，后期可控制在50℃左右，一般需要5～6小时则可使含水量下降到20%以下。在烘烤过程中要注意定时翻动。

(2)炒干法　结束后，肉坯在原锅中文火加温，并不停搅翻，炒至肉块表面微微出现蓬松绒毛时，即可出锅，冷却后即为成品。

(3) 油炸法　肉切条后，用2/3的辅料(其中白酒、白糖、味精后放)与肉条拌匀，腌渍10～20分后，投入135～150℃的菜油锅中油炸。炸到肉块呈微黄色后，捞出并滤净油，再将酒、白糖、味精和剩余的1/3辅料混入拌匀即可。

在实际生产中，亦可先烘干再上油衣，即烘干后用菜油或麻油炸酥起锅。

6. 冷却、包装

冷却以在清洁室内摊晾、自然冷却较为常用。必要时可用机械排风，但不宜在冷库中冷却，否则易吸水返潮。包装以复合膜为好，尽量选用阻气、阻湿性能好的材料。最好选用PET/A1/PE等膜，但其费用较高；PET/PE、NY/PE效果次之，但较便宜。

7. 肉干成品标准

目前没有特定的野猪肉干的国家标准，可以参照普通肉干标准(GB/T 23969—2009)执行。

(1)感官要求　符合表9－4的规定。

表9－4　肉干的感官要求(GB/T 23969—2009)

项目	指标
形态	呈片、条、粒状，同一品种大小基本均匀，表面可带有细小纤维或香辛料
色泽	呈棕黄色、褐色或黄褐色，色泽基本均匀
滋味与气味	具有该品种特有的香气和滋味，甜咸适中
杂质	无肉眼可见杂质

(2)理化指标　指标见表9－5。

表9－5　肉干的理化指标(GB/T 23969—2009)

项目	指标
水分(%) ≤	20.0
脂肪(%) ≤	12.0
蛋白质(%) ≥	28.0
氯化物(以氯化钠计)(克/100 克) ≤	5.0
总糖(以蔗糖计)(克/100 克) ≤	35
铅(Pb)毫克/千克 ≤	0.5
无机砷/毫克/千克 ≤	0.05
镉(Cd)/毫克/千克 ≤	0.1
总汞(以 Hg 计)/毫克/千克 ≤	0.05
亚硝酸盐	按 GB 2760 执行

(3)微生物指标　微生物指标见表9－6。

表9－6　肉干微生物指标(GB/T 23969—2009)

项目	指标
菌落总数(cfu/克) ≤	10 000
大肠菌群/(MPN/100 克) ≤	30
致病菌(沙门菌、金黄色葡萄球菌、志贺菌)	不得检出

五、野猪肉脯的加工

肉脯是指瘦肉经切片、调味、腌制、摊筛、烘干、烤制等工艺制成的干、熟薄片型的肉制品。与肉干加工方法不同的是肉脯不经水煮,直接烘干而制成。

(一)工艺流程

原料肉选择→修整→冷冻→切片→解冻→腌制→摊筛→烘烤→烧烤→压平→切片成形→包装。

（二）操作要点

1. 原料肉预处理

选用新鲜的野猪后腿肉，去掉脂肪、结缔组织，顺肌纤维切成1千克大小肉块。要求肉块外形规则，边缘整齐，无碎肉、淤血。

2. 冷冻

将修割整齐的肉块移入－20～－10℃的冷库中速冻，以便于切片。冷冻时间以肉块深层温度达－5～－3℃为宜。

3. 切片

将冻结后的肉块放入切片机中切片或手工切片。切片时须顺肌肉纤维切片，以保证成品不易破碎。切片厚度一般控制在1～3毫米。但国外肉脯有向超薄型发展的趋势，最薄的肉脯只有0.05～0.08毫米，一般在0.2毫米左右。超薄肉脯透明度、柔软性、储藏性都很好，但加工技术难度较大，对原料肉及加工设备要求较高。

4. 拌肉、腌制

将粉状辅料混匀后，与切好的肉片拌匀，在不超过10℃的冷库中腌制2小时左右。腌制的目的一是入味，二是使肉中盐溶性蛋白尽量溶出，便于在摊筛时使肉片之间粘连。肉脯配料各地不尽相同，常见肉脯辅料配方（单位：千克）：原料肉100，食盐2.5，硝酸钠0.05，白酱油1.0，碳酸氢钠0.01，蔗糖1，高粱酒为2.5，味精0.30，维生素C 0.02。

5. 铺筛

在竹或不锈钢筛网上涂刷食用植物油，将腌制好的肉片挨紧或稍重叠平铺在筛网上，肉片之间彼此靠溶出的蛋白粘连成片。

6. 烘烤

烘烤的主要目的是促进发色和脱水熟化。将摊放肉片的竹筛上架晾干水分后，进入三用炉或远红外烘箱中脱水、熟化。其烘烤温度控制在75～55℃，前期烘烤温度可稍高。肉片厚度为2～3毫米时，烘烤时间2～3小时。

7. 烧烤

烧烤是将半成品放在高温下进一步熟化并使质地柔软，产生良好的烧烤味和油润的外观。烧烤时可把半成品放在远红外空心烘炉的转动铁网上，用200℃左右温度烧烤2～5分至表面油润、色泽深红为止。成品中含水量小于20%，一般13%～16%为宜。

8. 压平、成形、包装

烧烤结束后用压平机压平，按规格要求切成一定的形状。冷却后及时包装。塑料袋或复合袋须真空包装。马口铁听装加盖后锡焊封口。

9. 野猪肉脯的卫生标准

参照普通肉脯的国家标准（GB 2726—2005）执行。感官指标，无异味、无酸败味、无异物；无焦斑和霉斑。理化和微生物指标见表9－7和表9－8。

表9－7 肉脯的理化指标（GB 2726—2005）

项目		指标
水分（%）	≤	16.0
铅（Pb）（毫克/千克）	≤	0.5
无机砷（毫克/千克）	≤	0.05
镉（Cd）（毫克/千克）	≤	0.1
总汞（以Hg计）（毫克/千克）	≤	0.05
亚硝酸盐		按GB 2760执行

表9－8 肉脯微生物指标（GB 2726—2005）

项目		指标
菌落总数/（cfu/克）	≤	10 000
大肠菌群/（MPN/100克）	≤	30
致病菌（沙门菌、金黄色葡萄球菌、志贺菌）		不得检出

六、野猪肉烹调加工

（一）红焖野猪肉

1. 原料

（1）主料 野猪肉500克，鲜蘑菇200克。

(2)调料　料酒、味精、食盐、酱油、葱段、姜片、胡椒粉。

2. 制备方法

将野猪肉洗净,放入沸水锅焯一下,捞出洗净血污切块。锅烧热,放入野猪肉煸炒几下,烹入酱油、料酒煸炒几下,加入精盐、葱、姜和适量清水。焖烧至肉熟烂,加入蘑菇烧一段时间,加入味精、胡椒粉,推匀出锅即成。

蘑菇具有悦神、开胃、理气、化痰的功效。二者组成此菜,可为人体提供丰富的蛋白质、脂肪、维生素、矿物质等营养成分。具有补虚、开胃、化痰的功效。可作为体虚羸瘦、营养不良、食欲不振、乏力、咳嗽等多种病症患者的辅助营养菜肴。健康人食用更能强身防病,润肤健美。

(二)野猪肉羹

1. 原料

(1)主料　野猪肉 1 000 克。

(2)调料　料酒、精盐、胡椒粉、味精、葱、姜。

2. 制法

(1)将野猪肉洗净切成丁,葱姜切碎成末。肉、姜葱同入锅中,加入适量清水共煮,加入精盐、料酒,煮至肉熟烂,用胡椒粉调味即成。

野猪肉性味甘咸、平,有治疗虚弱羸瘦、痔疮出血等功效。野猪肉羹对身体虚弱、痔疮出血、肛边疼痛患者可经常服用。

(三)卤野猪肉

1. 材料

猪后腿肉 1 500 克,香叶、草果、茴香、八角、桂皮、花椒粒、老抽、冰糖、盐各适量,大葱 1 棵,生姜 150 克。

2. 做法

野猪肉洗干净,根据锅的大小切成块。生姜切片,大葱切段。将香叶、草果、茴香、桂皮、八角、花椒粒装入调料袋。锅内加适量水,烧开后放入调料袋、冰糖、老抽、盐、葱段和姜片。再次烧开后分次放入肉块。慢火煮熟。吃时切片，调蒜泥汁、酸辣汁、麻辣汁蘸食。

根据自己的口味加入调料。要卤很多肉时，要不断调整盐、老抽和冰糖的用量，这样才能保证色、香、味俱全。尽量选猪腿部和头部的肉，吃起来肥而不腻，滋味鲜美。

（四）爆炒野猪肉

1. 原料

（1）主料　野猪肉 250 克，笋片 50 克，水发木耳 50 克，胡萝卜 50 克。

（2）调料　精盐、料酒、味精、酱油、葱花、姜丝、胡椒粉、湿淀粉各适量。

2. 制法

将野猪肉洗净切片，水发木耳去杂洗净撕小片。胡萝卜刮去表皮，洗净切片。锅烧热，投入野猪肉煸炒至水干，烹入料酒、酱油煸炒几下，加入精盐、葱、姜和适量水，煸炒至肉熟，加入胡萝卜片、笋片、木耳煸炒至入味，用湿淀粉勾芡，加入味精、胡椒粉，推匀出锅装盘即成。

此菜由野猪肉、笋片、木耳、胡萝卜等组成，可为人体提供丰富的蛋白质、脂肪、碳水化合物、维生素、矿物质等营养成分。具有健脾开胃、补虚等功效，适用于脾胃虚弱、营养不良、乏力、食欲不振、消化不良、咳嗽等病症患者食用。健康人食用更能增进食欲，强身防病。

（五）野猪肉归参汤

1. 原料

（1）主料　党参 15 克，当归 10 克，野猪肉 250 克。

（2）调料　精盐、葱、姜、胡椒粉、猪油各适量。

2. 制法

将野猪肉洗净切片，葱切段，姜切片，党参、当归洗净润透切片。将锅中放入适量油，烧热后加入野猪肉、葱、姜、盐煸炒，加入清水适量，加入党参、当归共煮，煮至肉熟烂，调味即成。

提示:野猪肉对治疗虚弱羸瘦、便血、痔疮出血有一定的治疗效果。当归具有补血、和血、调经止痛、润燥清肠功效。党参可补中益气、生津。当归偏补血,党参偏补气。归参配野猪肉有气血双补作用,对气血两亏、脾气虚弱。血虚头痛、眩晕、痔疮下血等患者宜经常服用。如患者血虚为主可加重当归用量,如患者大便溏泻,当归的用量适当减少。

(六)野猪肉大枣汤

1. 原料

(1)主料　野猪肉500克,大枣30克。

(2)调料　精盐、葱姜、料酒、胡椒粉各适量。

2. 制法

将野猪肉洗净,放入沸水锅中焯去血水,捞出洗净切片。大枣洗净去核,葱姜拍破。将肉、大枣、盐、葱、姜、料酒同入锅中,加入清水适量共煮。煮至肉烂熟,拣去葱姜用胡椒粉调味即成。

大枣具有补脾和胃、益气生津、调和营卫、解药毒等功效。二者组成此菜,具有健脾胃、补虚羸的功效。适用于体虚羸瘦、饮食减少、营养不良、久泻、贫血等病症患者食用。

第三节　野猪屠宰副产品加工

一、五香野猪头肉、猪拱、猪舌、猪耳的加工

(一)工艺流程

野猪头解冻→拔毛喷毛→劈半解体→去淋巴→腌制→焯水→清汤→配料卤煮→出锅冷却→修削整理→猪头肉、猪舌和猪拱→计量装袋→真空封口→摆盘杀菌→保温观察→装外包袋→装箱入库。

修削整理→猪耳→计量装袋→真空封口→低温保藏。

(二)操作要点

1. 解冻

将冻猪头放入解冻池,流水解冻10~14小时。

2. 拔毛、喷毛

捞出解冻的猪头，拔净长毛，用喷灯燎净绒毛，然后在水中浸泡，用硬毛刷刷净表面灰点，用弯刀刮净污物，尤其耳朵、鼻孔等隐蔽处，清洗干净。

3. 劈半解体

沿猪下颚中线起刀，划开下颚，用砍刀劈开下颚骨。将猪舌、猪耳小心割下，同时刮净舌苔，修净猪耳的残余污物，再次清洗干净。割猪舌、猪耳时注意大小适宜。

4. 去淋巴

用弯刀去除净猪头肉里面淋巴腺体，修净不宜食用的边肉。

5. 腌制

按配方配制腌制液，将猪头肉（含猪耳、猪舌）全部放入腌制液中2～4℃湿腌12～24小时，再浸入5～10℃的流水中浸泡1～2小时。

6. 焯水

将干净野猪头放入开水中浸烫8～10分，撇净浮沫，捞出。

7. 清汤

野猪头老汤加水烧开，捞去表面杂质，撇净浮沫。

8. 配料、卤煮

按配方加入食盐、蔗糖、酱油、味精、胡萝卜、生姜、洋葱、调料包等辅料，烧开，将野猪头肉、猪舌下锅，大火煮开后，撇净表面浮沫，微火煮制3.0～4.5小时至熟。煮制过程中撇除浮油，每隔0.5～1小时翻搅1次。猪耳需单独配卤煮汤。

9. 出锅、冷却

出锅前烧沸卤汁，小心捞出野猪头肉、猪舌，放入斗车中，推入内包间，趁热去掉猪头骨，然后摆在操作案上，晾凉。

10. 修削整理

切下猪拱，切开唇孔，修削掉不适宜的部分即为猪拱。按要求将头肉切成2～4块，要求头面瘦肉互相搭配合理，修削掉不适宜的部分，如发现肿块、黑变等病变部位要彻底切除。拔掉猪拱和头肉表面上的残余野猪毛，刮净。

11. 计量装袋

修好的野猪头肉、猪拱、猪舌经质检员检验合格后，装入杀菌袋内。猪耳直接装入猪耳专用袋，做成低温产品。－18℃以下低温保存。注意袋口不得沾染汤汁、油污，否则影响封口质量。

12. 真空封口

把装好的袋子平直放在封口机真空室内，0.095 兆帕，210℃，真空封口。封口一定要严密、平直，不能漏气、打折，若漏气、歪斜或存在直通折子，必须重封。

13. 摆盘杀菌

要杀菌的包装袋整齐放入杀菌车的杀菌盘内，推入灭菌罐，关紧锅门，关掉排气阀，依次打开排水阀和蒸汽阀，排气 2 分，关掉排水阀，121℃灭菌 30～60 分，依据净重不同，做好记录。杀菌结束后，关掉蒸汽阀，打开空压阀升压到一定程度，慢慢打开进水阀，保压下使压力和温度同步下降至 60℃，排水后打开锅门，冷却至 38℃，再推入观察室。注意及时增加反压，避免物理性胀袋。

14. 保温观察

把杀菌好的猪头肉、猪舌和猪拱推入恒温观察间，挑出胀袋、破袋的送回内包二次利用，合格的放入筐内，每筐 30～40 袋，做好标记上架，37℃观察 7 天，每天 1 次，挑出胀破袋。

15. 装外包袋

保温观察合格的产品，擦净表面污物、水珠，装入干净外包装袋，封口温度 180℃，速度调到最大，封口。封口袋子要平直、结实，封口距离袋边 1 厘米。打码。

16. 装箱、入库

每层 6～8 袋，三层整齐放入野猪头、猪舌和猪拱专用包装箱或礼品箱，放入合格证、封箱、打码、入库。

二、五香野猪肝的加工

（一）工艺流程

野猪肝解冻→清水冲洗→焯水→清汤→配料卤煮→出锅冷却→切分计量→装袋封口→装箱入库。

（二）操作要点

1. 解冻

将冻猪肝放入解冻池，流水解冻 8～12 小时。

2. 清水冲洗

捞出解冻的猪肝，用清水冲洗干净。

3. 焯水

将干净野猪肝放入开水中浸烫 3～5 分，撇净浮沫，捞出。

4. 清汤

野猪肝老汤加水烧开，捞去表面杂质，撇净浮沫。

5. 配料、卤煮

按配方加入食盐、蔗糖、酱油、味精、生姜和调料包等辅料，烧开，将野猪肝下锅，大火煮开后，撇净表面浮沫，微火煮制 1.0～2.0 小时至熟。煮制过程中每隔 0.5 小时翻搅 1 次。

6. 出锅、冷却

出锅前烧沸卤汁，小心捞出野猪肝，放入斗车中，推入内包间，摆在操作案上，晾凉。

7. 切分、装袋

修削掉不适宜的部分，按要求切成 150～200 克的分量，经质检员检验合格后，装入包装袋，真空封口。

8. 装箱、入库

每层 4～6 袋，三层整齐放入野猪肝专用包装箱或礼品箱，放入合格证、封箱、打码、入库。－18℃低温保藏。

三、五香野猪蹄的加工

（一）工艺流程

野猪蹄选择→解冻→拔毛喷毛→焯水→清汤→配料卤煮→出

锅冷却→修削整理→计量装袋→真空封口→摆盘杀菌→保温观察→装外包袋→装箱入库。

（二）操作要点

1. 解冻

将冻猪蹄放入解冻池，流水解冻10~14小时。

2. 拔毛、喷毛

捞出解冻的猪蹄，对有毛的猪蹄，先用松香拔净长毛，用喷灯燎净绒毛，然后在水中浸泡，用毛刷刷净表面灰点，和干净蹄子放在一起准备下锅。

3. 焯水

将干净野猪蹄放入开水中浸烫8~10分，撇净浮沫，捞出。

4. 清汤

野猪蹄老汤加水烧开，捞去表面杂质，撇净浮沫。

5. 配料、卤煮

按配方加入食盐、蔗糖、酱油、味精、胡萝卜、生姜、洋葱、调料包等辅料，烧开，将野猪蹄下入锅内，大火煮开后，撇净表面浮沫，微火煮制3.0~4.5小时至熟。煮制过程中每隔1小时搅拌1次。

6. 出锅、冷却

煮制好的野猪蹄用大蒸汽烧沸，趁开捞入斗车中，推入内包间，摆在操作案上，晾凉。

7. 修削整理

用砍刀从蹄子中间劈半（或不劈半），去掉猪蹄切面上的零星碎肉，修去血污、杂质，拔掉表面上的残余野猪毛，刮净。同时要注意猪蹄常见病，如肿块、黑变，发现病变部位要彻底切除。

8. 计量装袋

修好的野猪蹄经质检员检验合格后，优劣搭配，称成（300~400）克±5克的分量，装入190毫米×240毫米的杀菌袋内。注意袋口不得沾染猪蹄汤汁，否则影响封口质量。

9. 真空封口

把装好的袋子平直放在封口机真空室内，0.095兆帕，210℃，真空封口。封口一定要严密、平直，不能漏气、打折，若漏气、歪斜或存在直通折子，必须重封。封口破损率控制在1%以内。

10. 摆盘杀菌

封好的袋子按6×6整齐放入杀菌车的杀菌盘内，推入灭菌罐内，关紧锅门，关掉排气阀，依次打开排水阀和蒸汽阀，排气2分，关掉排水阀，按15′－40′－15′/121℃的杀菌公式进行灭菌，做好记录。杀菌结束后，关掉蒸汽阀，打开空压阀升压到一定程度，慢慢打开进水阀，保压下使压力和温度同步下降至80℃，排水后打开锅门，冷却至38℃，再推入观察室。注意及时增加反压，避免物理性胀袋。

11. 保温观察

把杀好菌的猪蹄推入恒温观察间，挑出胀袋、破袋的送回内包二次利用，合格的放入筐内，每筐40袋，做好标记上架，37℃观察7天，每天1次，挑出胀破袋。

12. 装外包袋

保温观察合格的产品，擦净表面污物、水珠，装入干净外包装袋，封口温度180℃，速度调到最大，封口。封口袋子要平、直、结实，封口距离距袋边1厘米。打码。

13. 装箱、入库

每层6～8只，三层整齐放入野猪蹄专用包装箱，放入合格证、封箱、打码、入库。

四、五香野猪肚、猪肠的加工

（一）工艺流程

野猪肚、猪肠解冻→清水冲洗→碱洗→清水冲洗→酸洗→清水冲洗→焯水→清汤→配料卤煮→出锅冷却→计量装袋→真空封口→摆盘杀菌→保温观察→装外包袋→装箱入库。

（二）操作要点

1. 解冻

将冻猪肚、猪肠放入解冻池，流水解冻8～12小时。

2. 清水冲洗

捞出解冻的猪肚、猪肠，翻转，用清水反复冲洗掉黏液和可见污物。

3. 碱洗

用食用碱面配制 1.5% ~2.5% 的碱溶液,将猪肚、猪肠放入搓揉、浸泡 30 ~40 分,用清水冲洗干净。

4. 酸洗

少量清水中加入 20% ~30% 的食醋,放入猪肚、猪肠,搓揉、浸泡 20 ~30 分,用清水冲洗干净,用 pH 试纸测量 pH 值为 7.0 左右。取适量面粉撒于猪肚、猪肠上,来回搓揉,再用清水冲干净。

5. 焯水

将干净野猪肚、猪肠放入开水中浸烫 5 ~8 分,撇净浮沫,捞出。

6. 清汤

野猪肚、猪肠老汤加水烧开,捞去表面杂质,撇净浮沫。

7. 配料、卤煮

按配方加入食盐、蔗糖、酱油、味精、胡萝卜、生姜、洋葱和调料包等辅料,烧开,将野猪肚、猪肠下锅,大火煮开后,撇净表面浮沫,微火煮制 2.0 ~2.5 小时至熟。煮制过程中撇除浮油,每隔 0.5 小时翻搅 1 次。

8. 出锅、冷却

出锅前烧沸卤汁,小心捞出野猪肚、猪肠,放入斗车中,推入内包间,摆在操作案上,晾凉。

9. 计量装袋

修削掉不适宜的部分,按要求切成 150 ~200 克的分量,涂上麻油,经质检员检验合格后,装入杀菌袋,0.095 兆帕,210℃真空封口。

10. 摆盘杀菌

同五香加工猪蹄。

11. 保温观察

同五香加工猪蹄。

12. 装外包袋

同五香加工猪蹄。

13. 装箱、入库

每层6~8袋,三层整齐放入野猪肚、猪肠专用包装箱或礼品箱,放入合格证、封箱、打码、入库。